大学工程制图习题集（3D 版）
（第四版）

郭　慧　钱自强　林大钧　主编

華東理工大學出版社
EAST CHINA UNIVERSITY OF SCIENCE AND TECHNOLOGY PRESS
·上海·

图书在版编目（CIP）数据

大学工程制图习题集 / 郭慧，钱自强，林大钧主编
. —4版. —上海：华东理工大学出版社，2024.6
ISBN 978-7-5628-7313-6

Ⅰ. ①大… Ⅱ. ①郭… ②钱… ③林… Ⅲ. ①工程制图—高等学校—习题集 Ⅳ. ①TB23-44

中国版本图书馆CIP数据核字（2024）第104339号

内容简介

本习题集根据教育部高等学校工程图学课程教学指导分委员会制定的工程图学课程教学基本要求选编而成，与华东理工大学郭慧、钱自强、林大钧主编的《大学工程制图（3D版）（第四版）》教材配套，适用于高等学校化工类各专业及轻工、食品、环境等非机械类专业的工程制图教学。本习题集的选编以培养学生绘制与阅读机械图和化工图的能力为主，突出对学生投影和构形能力的训练。为适应计算机绘图技术的发展，本习题集特别加强了绘制草图技能训练，进一步完善了计算机绘图上机操作内容。本习题集包括制图的基本知识和基本技能，投影基础，换面法，立体的投影，组合体视图的绘制与阅读，草图绘制，形体的构形设计，轴测图，机件常用的表达方法，标准件与常用件，零件图，装配图，展开图，化工设备图，化工工艺图，计算机绘图等内容。不同专业的授课教师在选用时可根据本专业特点、教学时数、教学方法的不同，对内容及顺序做适当的筛选和调整。

策划编辑 / 宋佳茗
责任编辑 / 陈婉毓
责任校对 / 张 波
装帧设计 / 徐 蓉
出版发行 / 华东理工大学出版社有限公司
地址：上海市梅陇路130号，200237
电话：021-64250306
网址：www.ecustpress.cn
邮箱：zongbianban@ecustpress.cn
印 刷 / 常熟市大宏印刷有限公司
开 本 / 787 mm × 1092 mm 1/8
印 张 / 13.5
字 数 / 180千字
版 次 / 2005年2月第1版
2015年3月第2版
2018年2月第3版
2024年6月第4版
印 次 / 2024年6月第1次
定 价 / 38.00元

前　　言

（第四版）

本习题集根据教育部高等学校工程图学课程教学指导分委员会制定的工程图学课程教学基本要求选编而成，与华东理工大学郭慧、钱自强、林大钧主编的《大学工程制图（3D版）（第四版）》及华东理工大学郭慧、赵菊娣、吴炳晖编写的《现代工程制图（3D版）》配套，适用于高等学校化工类各专业及轻工、食品、环境、信息、材料等非机械类专业的工程制图课程教学。

本习题集的选编以培养学生绘制与阅读机械图和化工图的能力为主，在第三版的基础上进行了修订。本次修订保持了前三版的定位宗旨，做了以下调整：

（1）修改了第三版存在的一些问题，将第三版中标准件和常用件的习题内容合并为一章。

（2）采用了先进图形技术——自主开发的安卓版图形识别3D资源软件，以培养学生绘制和阅读工程图样的能力，强化对学生空间思维能力的训练。

（3）零件图、装配图部分内容全部采用了最新国家标准。

本习题集配套了3D扫描识别软件，以方便学生课后学习与自检。读者可扫描下方二维码，回复7313获取。

不同专业的授课教师在选用时可根据本专业特点、教学时数、教学方法的不同，对内容及顺序做适当的筛选和调整。

本习题集由郭慧、钱自强、林大钧主编，参与选编的人员（按章序排序）有郭慧、钱自强、林大钧、张纯楠、蔡祥兴、马惠仙、张艳红等。3D扫描识别软件由郭慧、党一开开发。

由于编者水平有限，本习题集中肯定还会存在疏漏，敬请广大读者批评指正。

华理能源与环境出版中心

编　者

2024.4

前　　言

（第三版）

本习题集根据全国高等工业学校工程制图课程教学指导委员会制定的“工程制图”课程教学基本要求选编，与华东理工大学郭慧、钱自强、林大钧主编的《大学工程制图》教材（第三版）配套，适用于高等学校化工类各专业以及轻工、食品、环境等非机械类专业的工程制图教学。

本习题集的选编以培养学生绘制和阅读机械图和化工图的能力为主，在第二版的基础上进行修订。本次修订保持了前两版的定位宗旨，作了以下调整：

（1）进一步完善了计算机绘图上机操作内容。

（2）补充了立体表面的交线习题，强化空间思维能力训练。

（3）零件图、装配图部分内容全部采用了最新国家标准。

（4）内容的选择和编排力求反映工程制图技术的发展和进步。

不同专业在选用时可根据本专业特点、教学时数、教学方法的不同，对内容及顺序作适当的筛选和调整。

限于我们的水平，且编写时间仓促，习题中肯定还会存在不少错误和不足，敬请广大读者批评指正。

本版习题集由郭慧、钱自强、林大钧主编，参加选编的人员（按章序）有：林大钧、钱自强、郭慧、张纯楠、蔡祥兴、马惠仙。

编　者

2017.12

前　　言

（第二版）

本习题集根据全国高等工业学校工程制图课程教学指导委员会制定的“工程制图”课程教学基本要求选编，与华东理工大学钱自强、林大钧、郭慧主编的《大学工程制图》教材（第二版）配套，适用于高等学校化工类各专业以及轻工、食品、环境等非机械类专业的工程制图教学。

本习题集的选编以培养学生绘制和阅读机械图和化工图的能力为主，突出投影和构形能力的训练。为适应计算机绘图技术的发展，特别加强了草图技能的训练，进一步完善了计算机绘图上机操作内容。全本习题内容包括：制图基本训练、正投影原理及应用、投影变换、轴测投影、草图技能训练、常用机件表达方法、零件图、装配图、化工管路图、化工设备图、计算机绘图及第三角画法等。在本版修订中，全部采用了最新国家标准，部分内容根据教材内容和章序变动作了相应增减和调整。不同专业在选用时可根据本专业特点、教学时数、教学方法的不同，对内容及顺序作适当的筛选和调整。

限于我们的水平，且编写时间仓促，习题中肯定还会存在不少错误和不足，敬请广大读者批评指正。

本版习题集由钱自强、林大钧、郭慧主编，参加选编的人员（按章序）有：林大钧、钱自强、郭慧、张纯楠、蔡祥兴、马惠仙。邹培玲参加了部分绘图工作。

编　者

2015.1

前　言

（第一版）

本习题集根据全国高等工业学校工程制图课程教学指导委员会制定的“工程制图”课程教学基本要求选编，与华东理工大学钱自强、林大钧、蔡祥兴主编的《大学工程制图》教材配套，适用于高等学校化工类各专业以及轻工、食品、环境等非机械类专业的工程制图教学。

本习题集的选编以培养学生绘制和阅读机械图和化工图的能力为主，突出投影和构形能力的训练。为适应计算机绘图技术的发展，特别加强了草图技能的训练，进一步完善了计算机绘图上机操作内容。全本习题内容包括：制图基本训练、正投影原理及应用、投影变换、轴测投影、草图技能训练、常用机件表达方法、零件图、装配图、化工管路图、化工设备图、第三角画法以及计算机绘图等。不同专业在选用时可根据本专业特点、教学时数、教学方法的不同，对内容及顺序作适当的筛选和调整。

限于我们的水平，且编写时间仓促，习题中肯定存在不少错误和不足，敬请广大读者批评指正。

本习题集由钱自强、林大钧、蔡祥兴主编，参加选编的人员（按章序）有：林大钧、钱自强、王蔚青、马惠仙、张纯楠、郭慧、张宝凤、蔡祥兴。邹培玲参加了部分绘图工作。

编　者

2005.1

目　录

1-1　长仿宋体字体练习。

一工三玉主生千半七川十上中下卡

什土正点江注光心次千比例件数重

、一丨丿以手划化厂床月角人旧久

更定建造及拉公去均低地皮段端断

空孔刀倒电凸凹安装线形型尖台介

华东理工大学院校专业班级学号工程制图审核序号描

名称材料重量三视图正投影特性实形积聚主俯视长对

正高平齐宽相等基本几何元素展开机件常用的表达方

法剖视断面局部放大简化画法常用件螺纹紧固键销弹

簧齿轮零件内容工艺结构尺寸标注阅读装配作用合理

关系明细表技术要求绘制化工设备国家标准图纸幅面

格式粗线细直径厚度均布锥度斜密封椭圆柱环球挡圈

1-2　拉丁字母和数字练习。

abcdefghijklmnopqrstuvwxyz

ABCDEFGHJKLMNOPQRST

UVWXYZ

1234567890

1-3　参照左侧所示图形，在右侧指定位置画出全图轮廓。

将斜度改画成1∶6

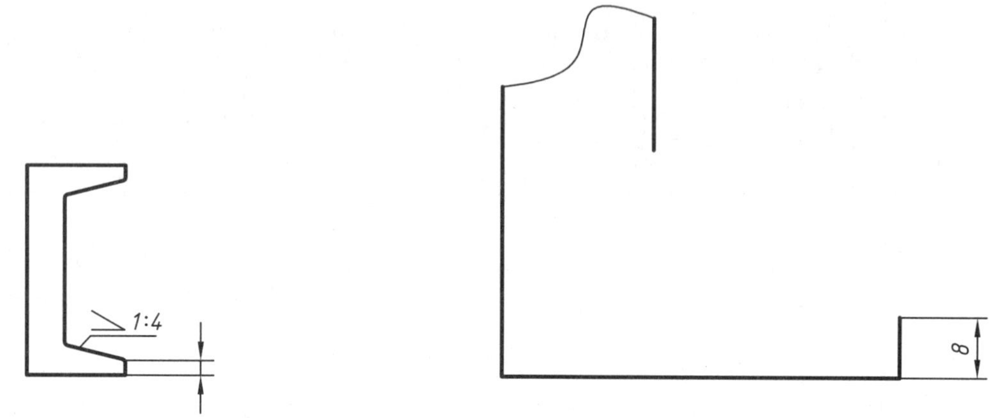

1

将锥度改画成1∶5

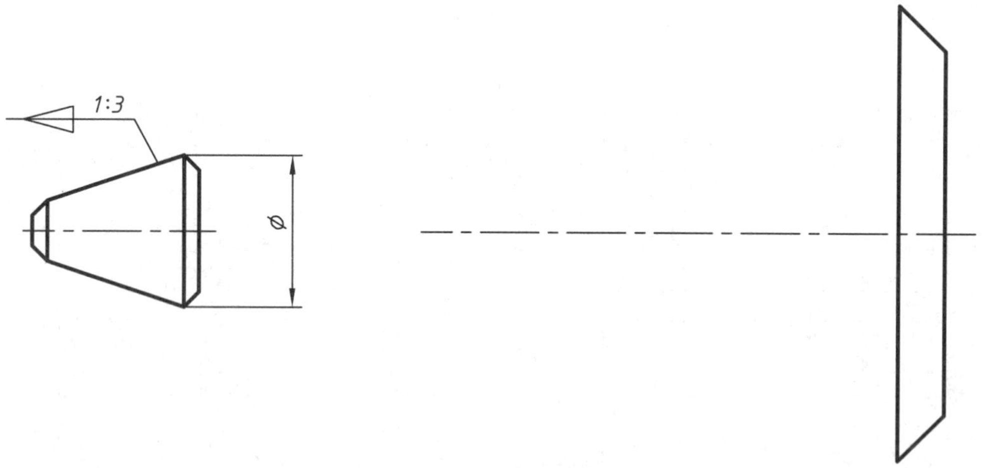

2

1-4 根据下图所示尺寸，按1:10的比例绘制椭圆封头的外形轮廓。

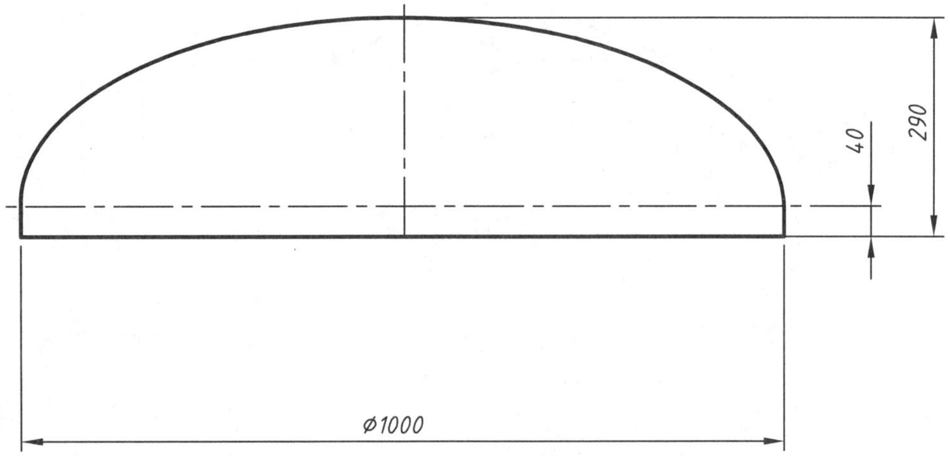

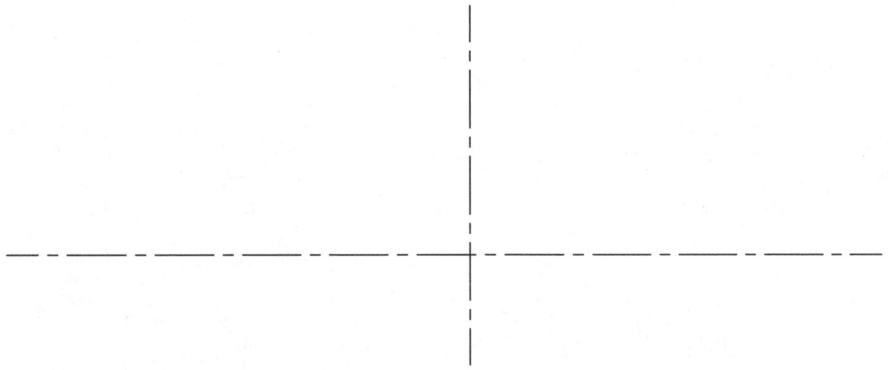

3

1-5 根据下图所示尺寸，按1:1的比例绘制圆弧连接的平面图形。

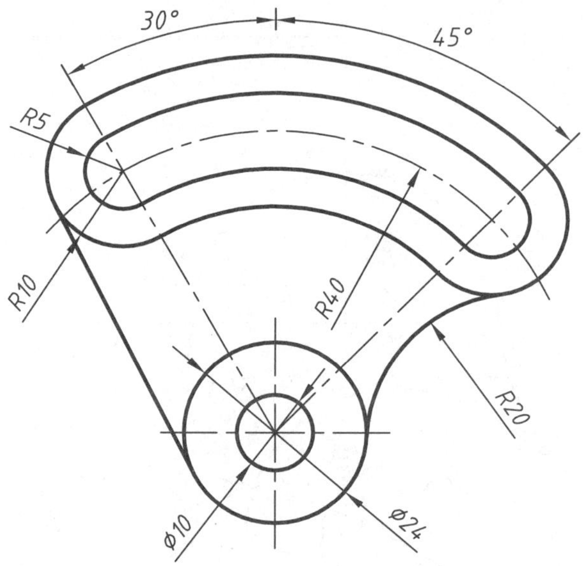

4

1-6 标注下列平面图形的尺寸，按1:1的比例从图中量取相应的尺寸数值(取整数)。

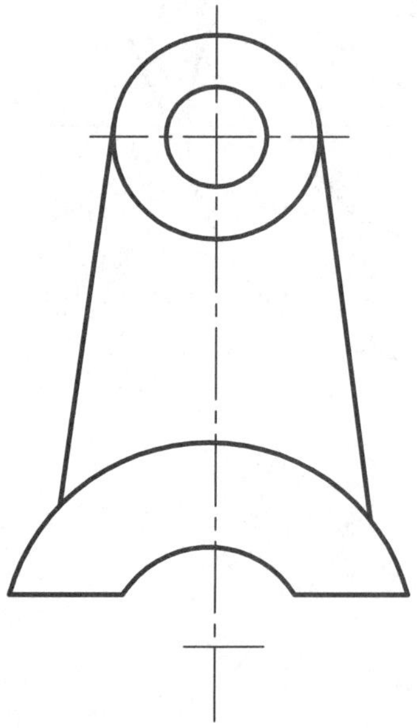

5

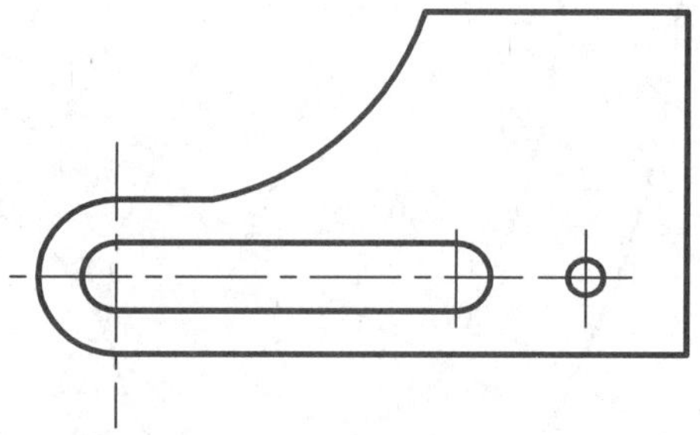

6

1–7　在A3纸上抄画下图。

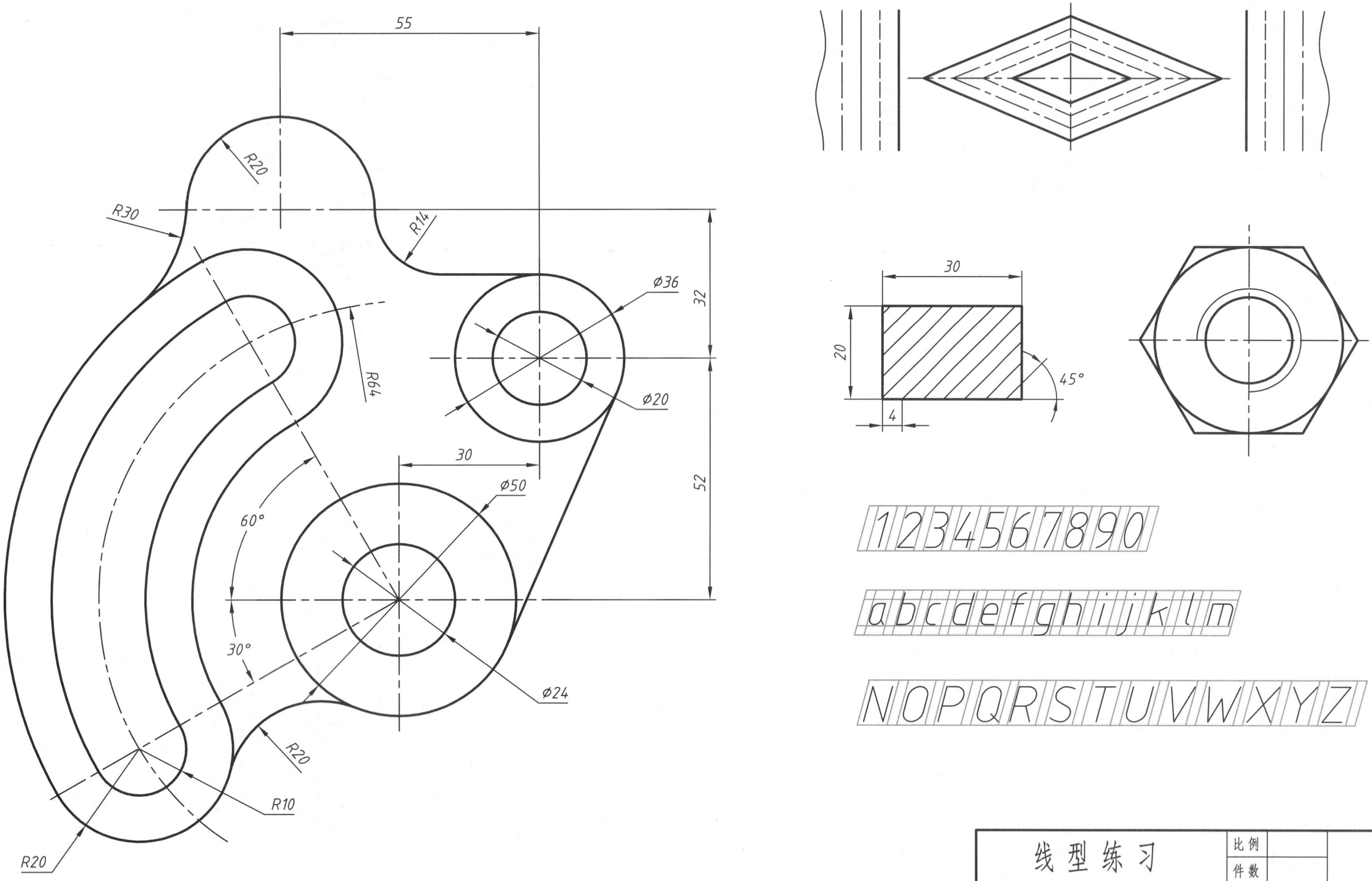

线型练习				比例			
				件数			
制图		日期		重量		材料	
描图		日期		华东理工大学			
审核		日期					

7

2-1　根据下列物体的立体图和已知视图，补画第三视图。

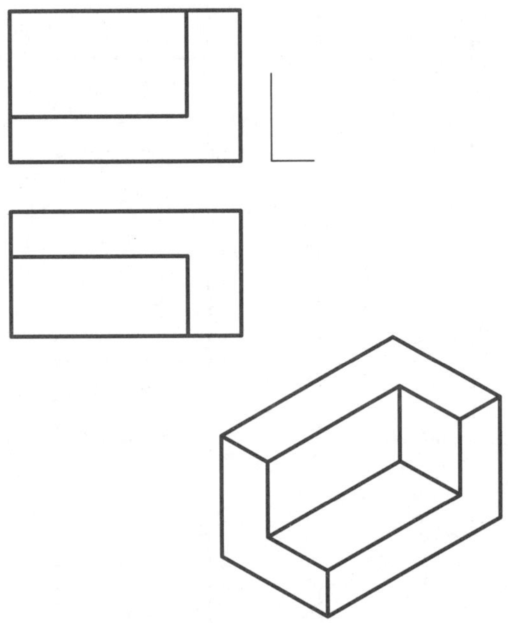

8

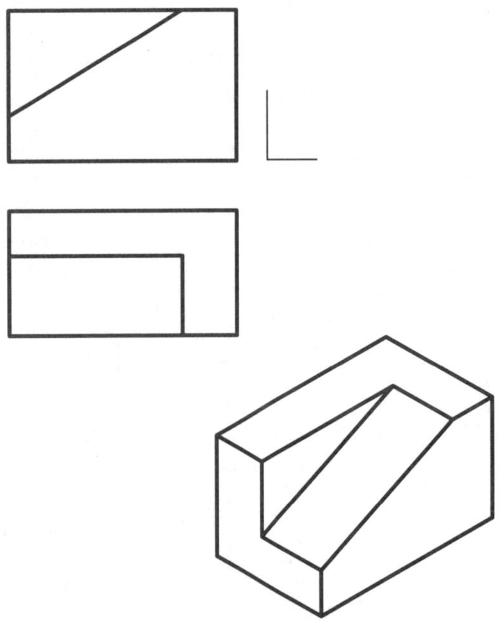

9

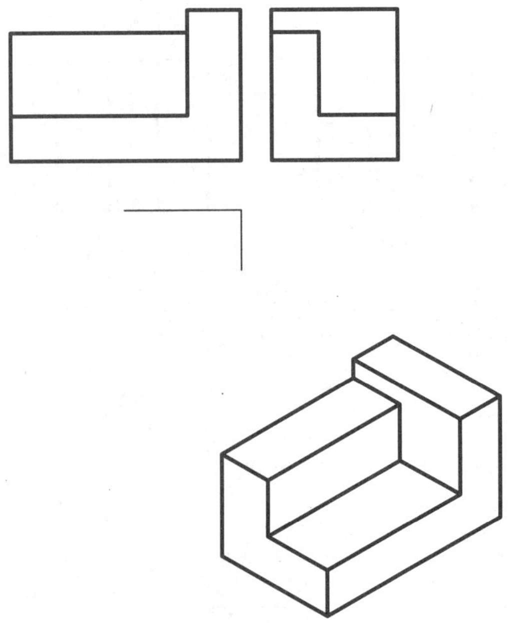

10

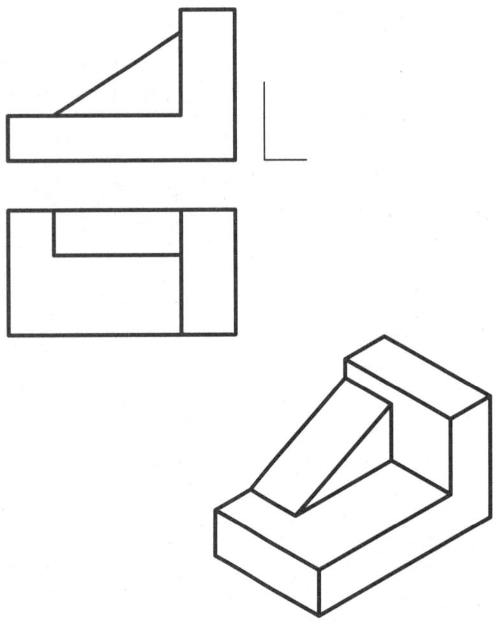

11

2-2　补画下列物体的右视图、仰视图和后视图。

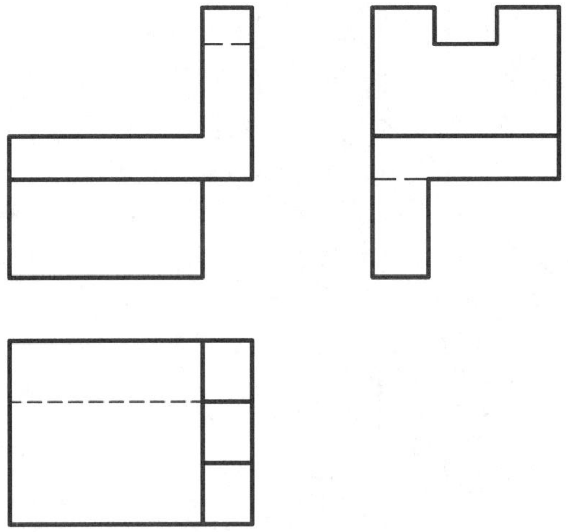

12

2-3　补画下列物体的右视图。

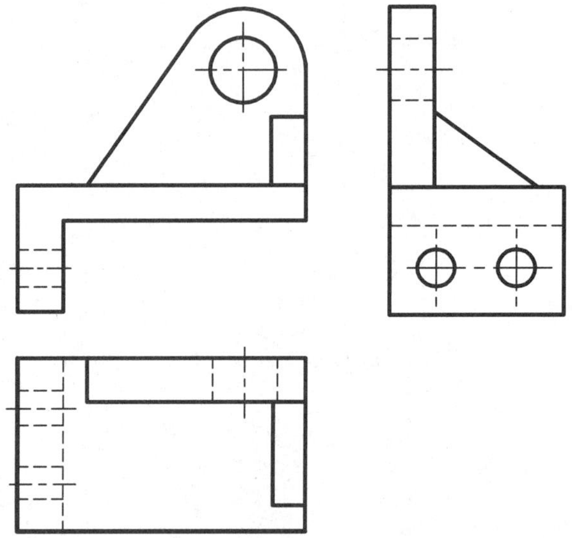

13

2-4 对照左侧的立体图，将右侧对应的视图号填入表中。

A

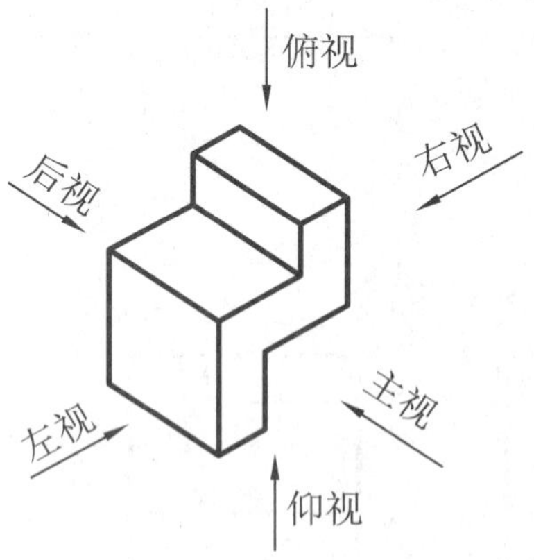

B

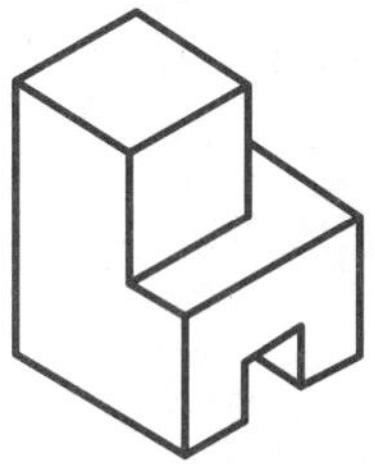

C

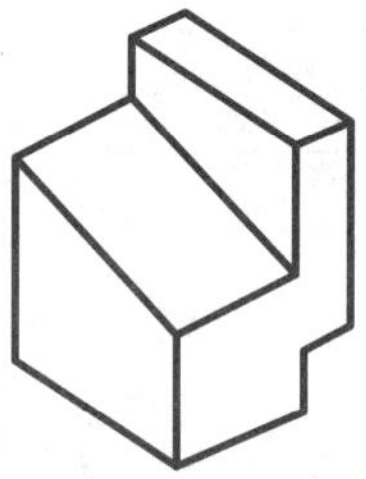

D

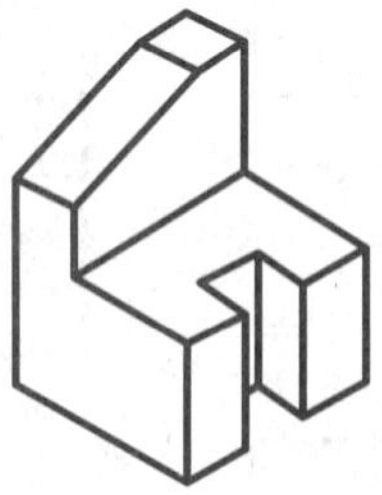

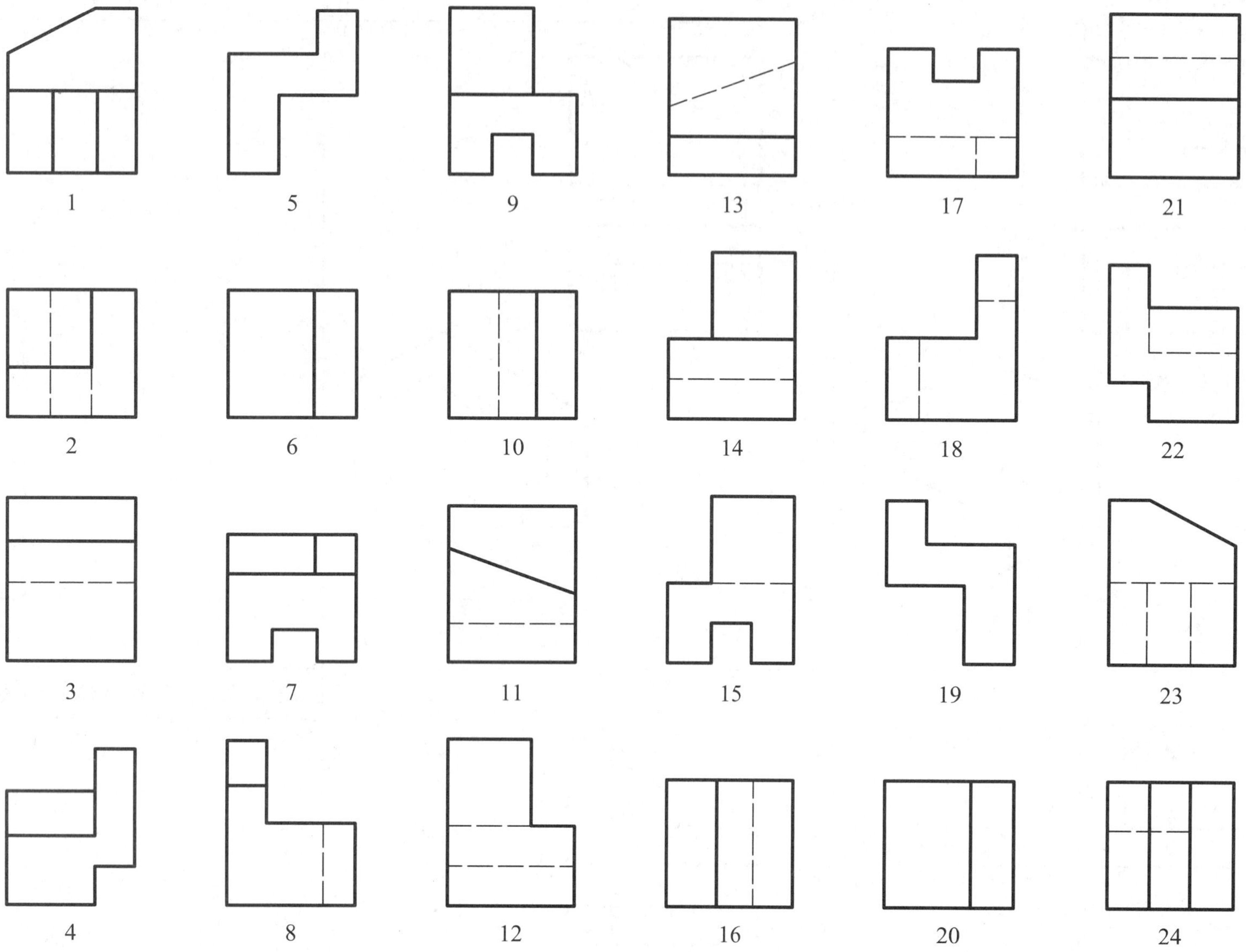

立体图号	主视图	俯视图	左视图	右视图	仰视图	后视图
A						
B						
C						
D						

2-5 根据下面两物体的立体图，画出其对应的主、左、俯三个视图。(尺寸从立体图中量取)

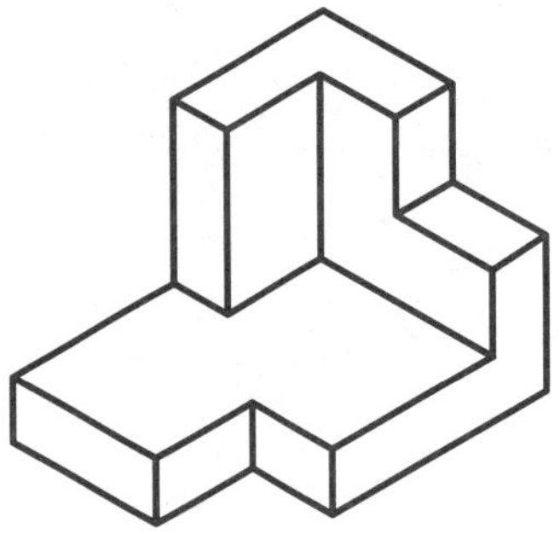

15

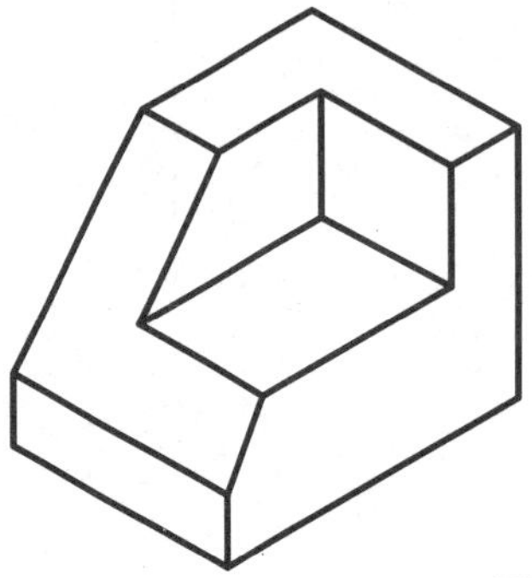

16

2-6 按箭头所示，在对应视图上标注视图名称。

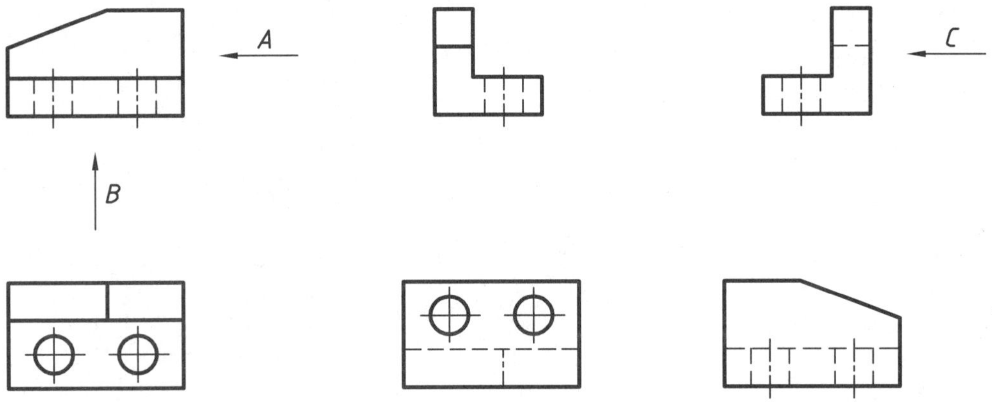

17

2-7 根据立体图和已知视图，在适当位置画出仰视图和后视图，并标注视图名称。

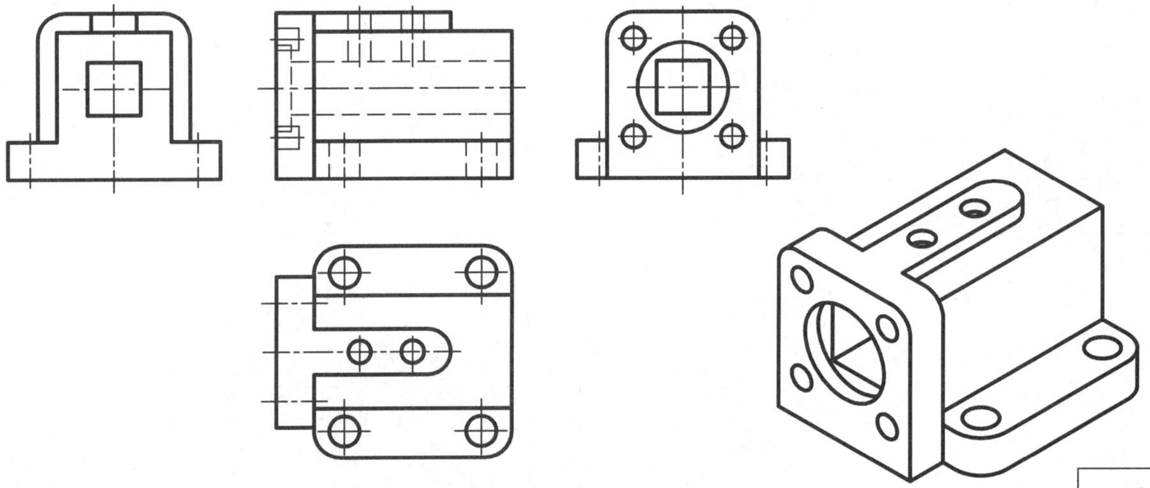

18

2-8 已知点E、F、G的空间位置，求作其投影视图。

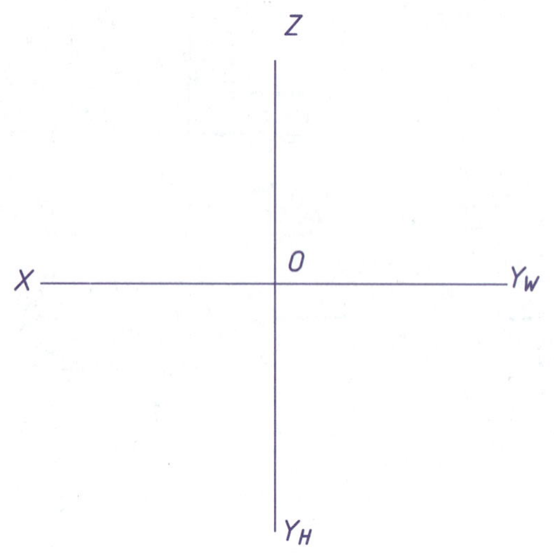

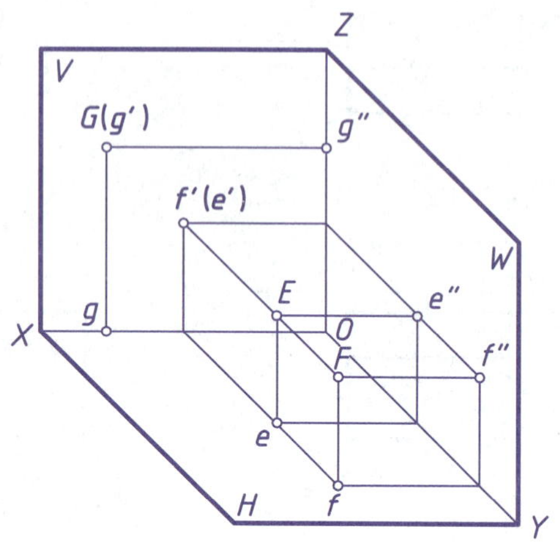

19

2-11 已知直线EF为正平线，它与V面的距离为20 mm，求作直线EF在H面、W面上的投影。

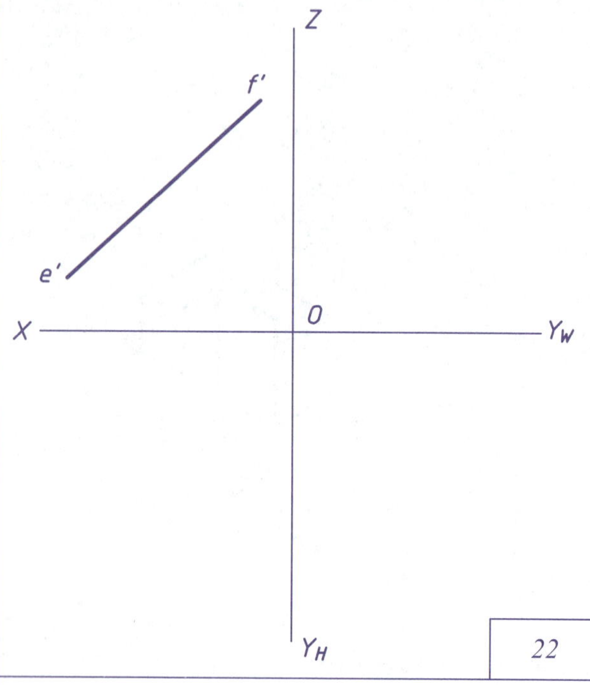

22

2-12 已知直线GH为沿垂线，长20 mm，求作直线GH的三面投影。

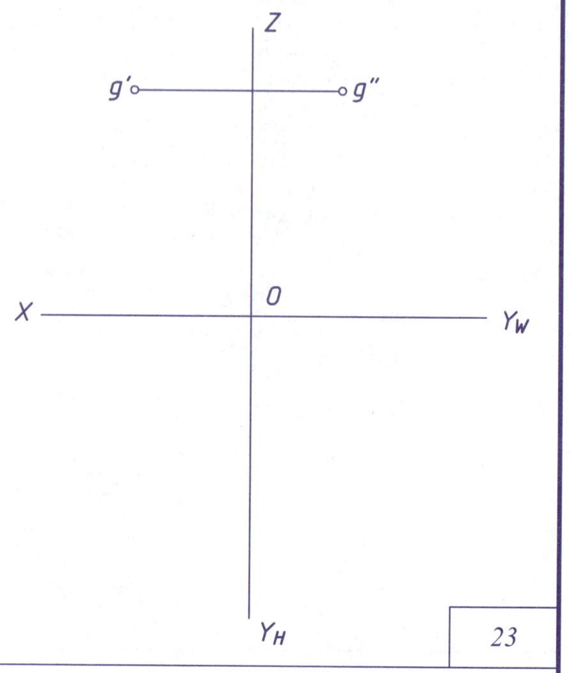

23

2-9 已知点A、B、C的两个投影，求出其第三投影。

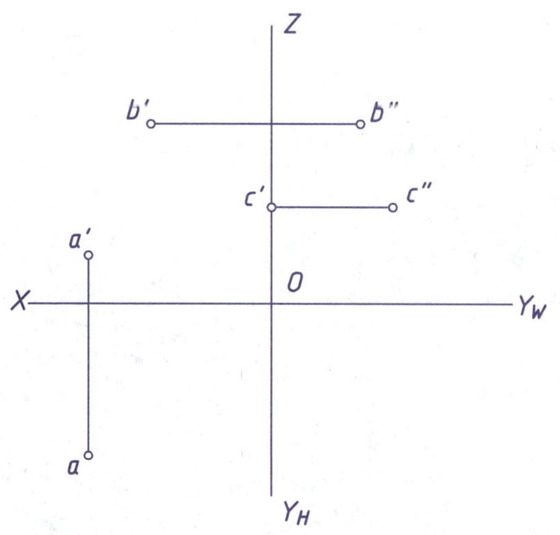

20

2-10 已知点A(15，10，20)，点B在点A之左10 mm、后10 mm、下5 mm处，求作直线AB的三面投影，并说明其空间位置。

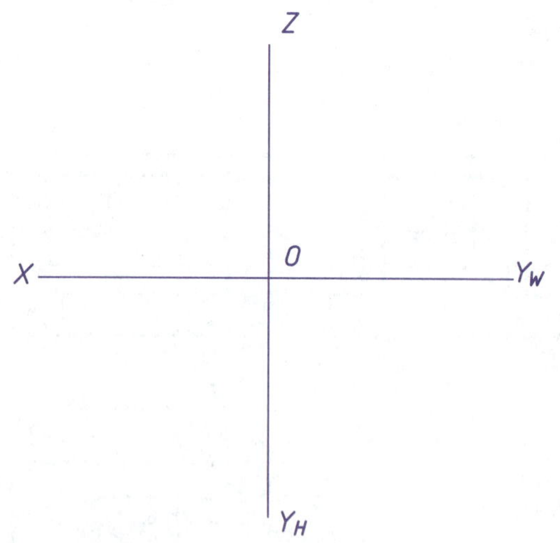

直线AB是________线。

21

2-13 补画下列直线的第三投影，并判别其空间位置。在投影图上标注出相应倾角，并填注各倾角的真实大小。

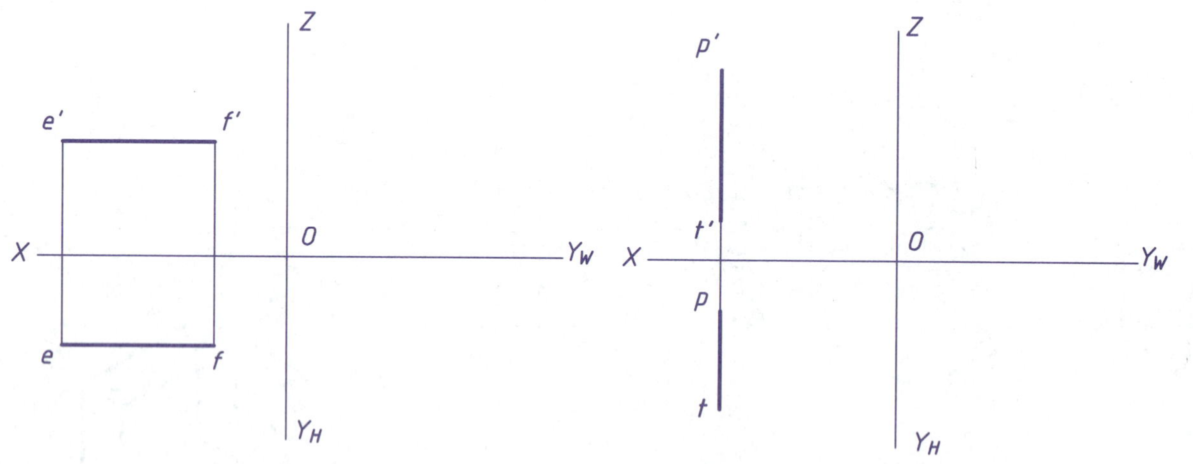

直线EF是________线；

α =________，

β =________，

γ =________。

直线PT是________线；

α =________，

β =________，

γ =________。

24

2.3 直线的投影

2-14 试补画下面物体的主视图，并标出直线 *AB*、直线 *CD* 在投影图上的位置，以及填注各直线的名称。

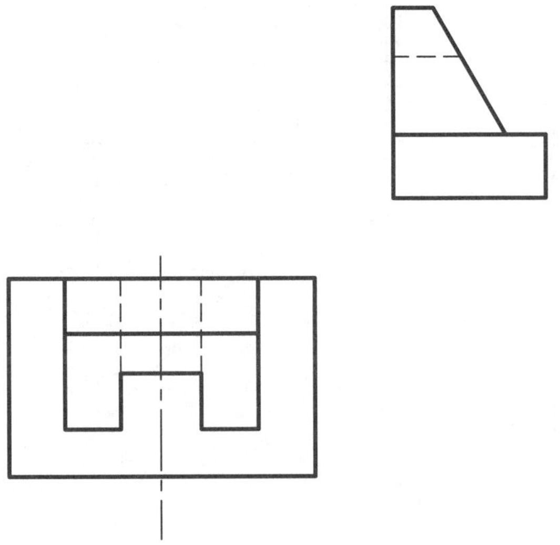

直线 *AB* 是________线，

直线 *CD* 是________线。

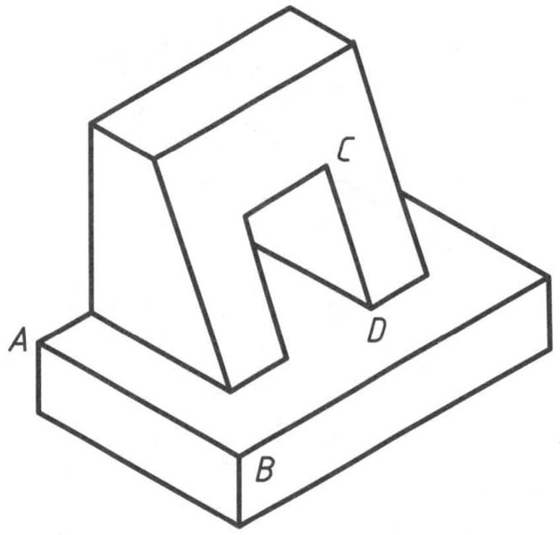

25

2-16 已知侧平线 *AB* 及点 *C* 的投影，试判断点 *C* 是否在直线 *AB* 上。

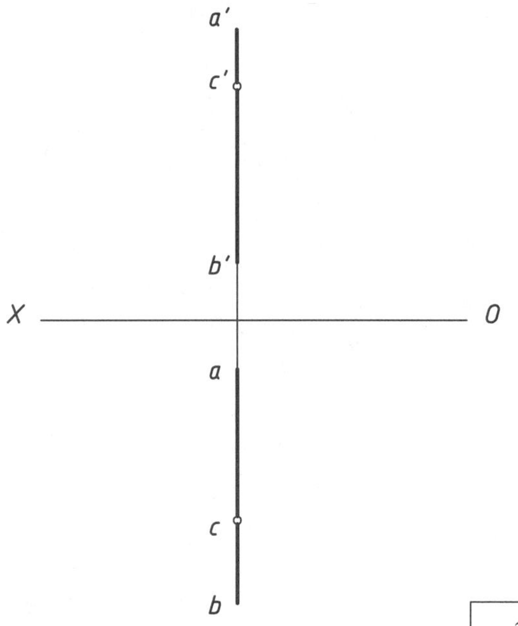

27

2-18 试在直线 *AB* 上取一点 *K*，使 *AK*:*KB*=2:3。（不用第三投影作图）

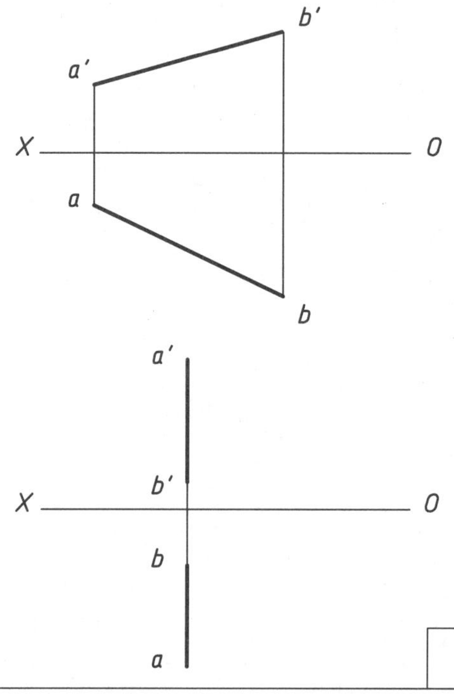

29

2-15 试补画下面物体的俯视图，并标出直线 *DE*、直线 *EF*、直线 *FG* 在投影图上的位置，以及填注它们的名称。

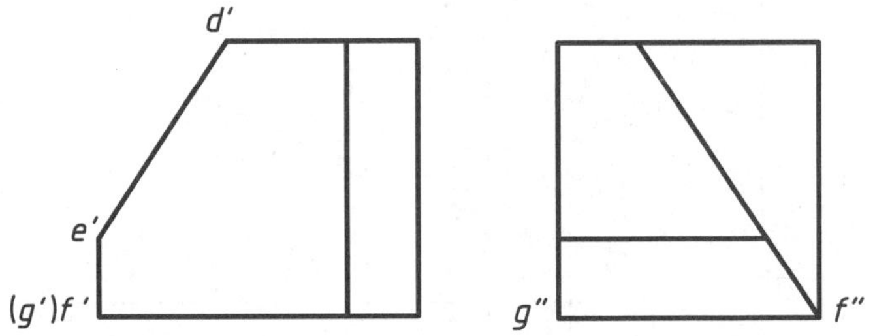

直线 *DE* 是________线，

直线 *EF* 是________线，

直线 *FG* 是________线。

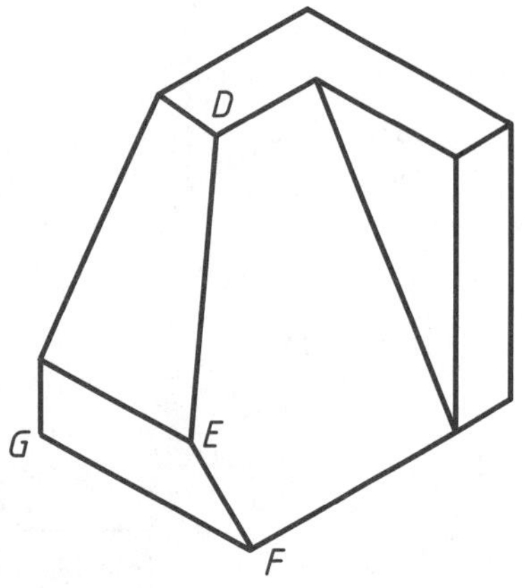

26

2-17 已知 *EF* 与 *GK* 为平行的两直线，试完成其两面投影。

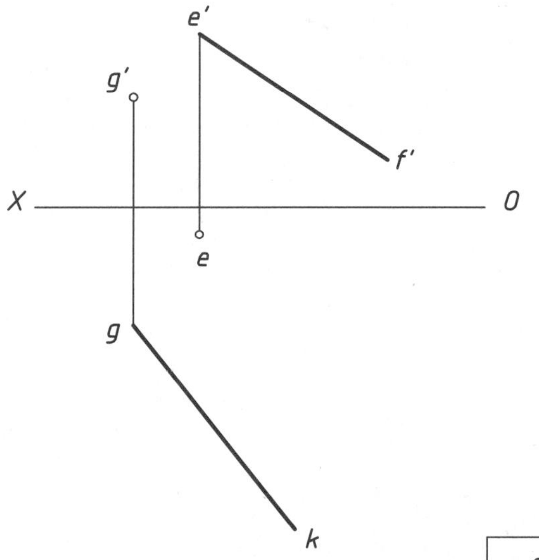

28

2-19 试分析下图中两直线的相对位置（平行、相交、交叉）。

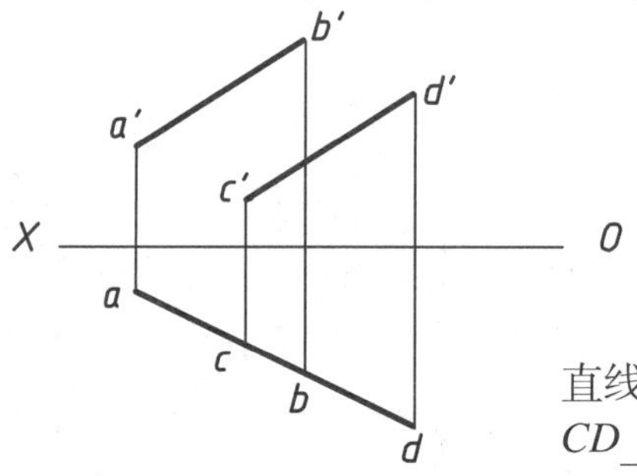

直线 *AB* 与直线 *CD*________。

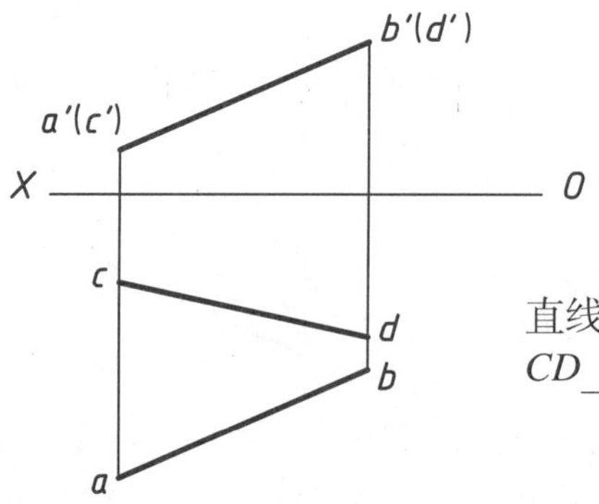

直线 *AB* 与直线 *CD*________。

30

2-20　试判别下图中各直线的相对位置(平行、相交、交叉)。

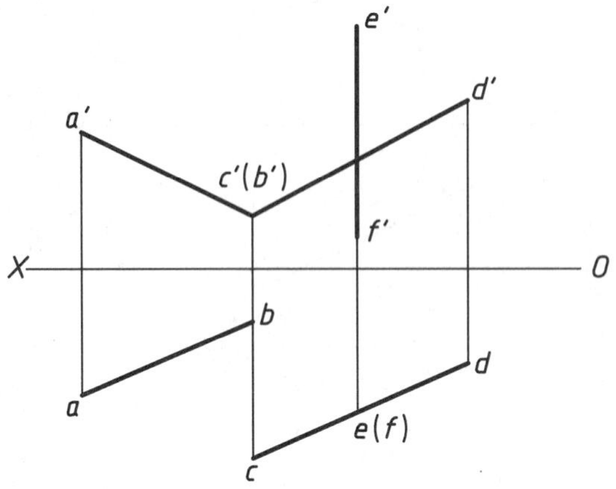

直线AB与直线CD________，

直线CD与直线EF________。

31

2-21　已知AB与CD两直线交于点G，求作$c'd'$。

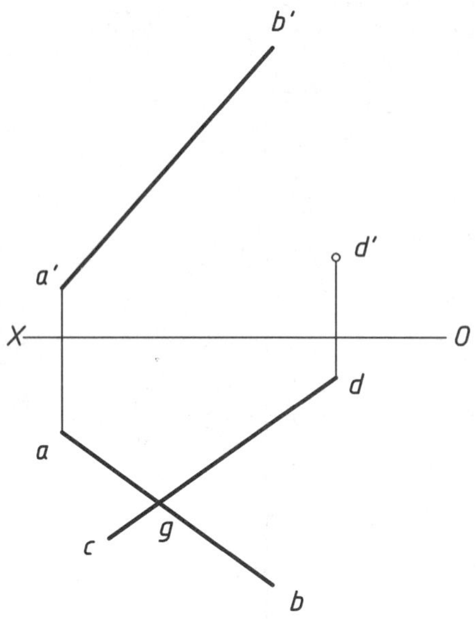

32

2-23　试作一正平线EF，使其距V面15 mm，并分别与直线AB、直线BC相交。

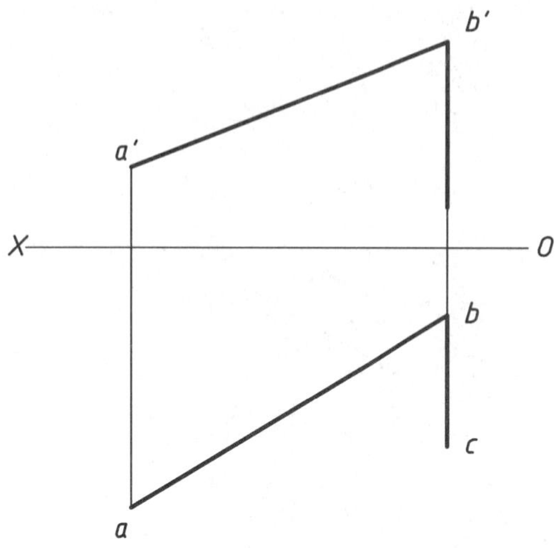

34

2-25　试作直线EF垂直于W面，使其分别与直线AB、直线CD相交。

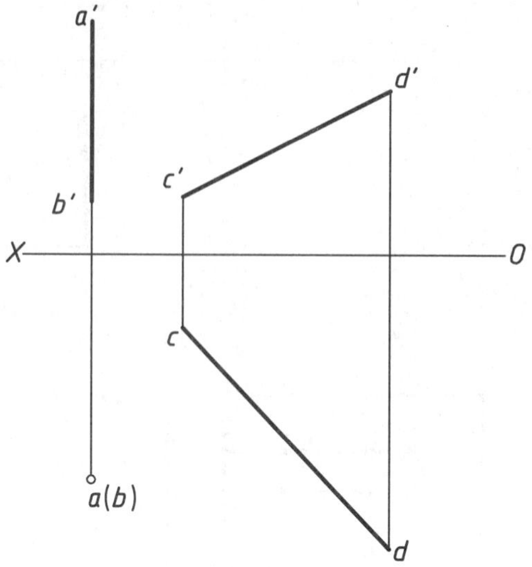

36

2-22　试标注出交叉两直线AB与CD上的重影点及其投影，并判别其可见性。

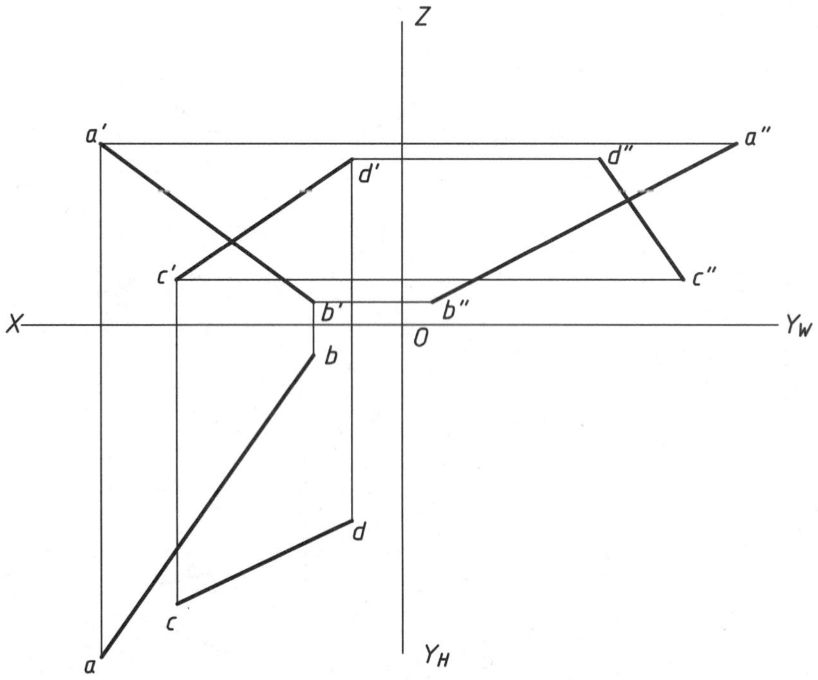

33

2-24　已知点E的正面投影，过点E作直线EF，使$EF//AB$且直线EF与直线CD相交，求作直线EF的水平投影。

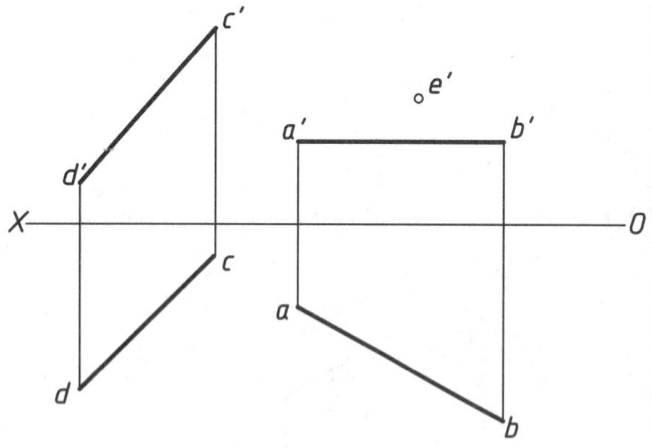

35

2-26　已知等腰三角形ABC的底边在MN上，底边长度为24 mm，试完成等腰三角形ABC的投影图。

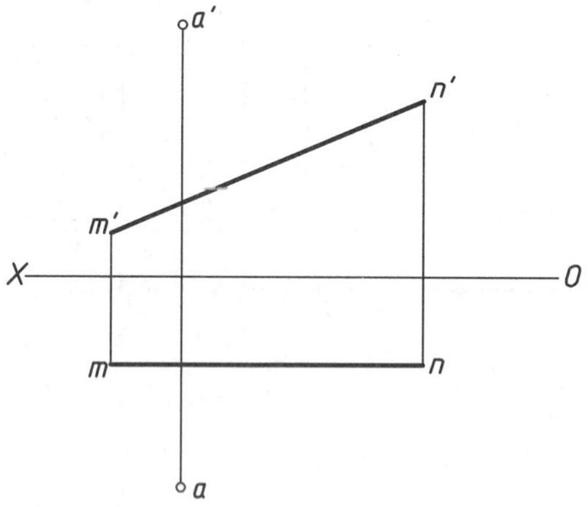

37

2–27 试完成平面图形 *MNGK* 的水平投影。

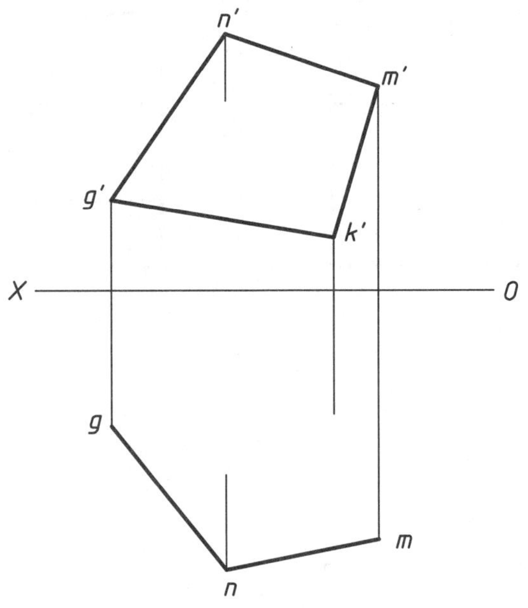

38

2–29 试画出下列物体所缺的视图，标出平面 *P*、*Q*、*R* 的另两个投影，并判别其空间位置。

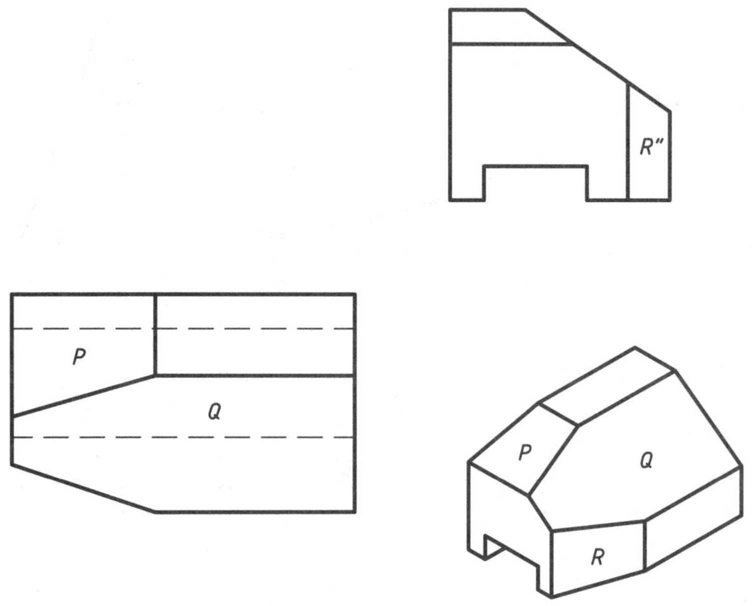

平面 *P* 是________面，

平面 *Q* 是________面，

平面 *R* 是________面。

40

2–28 试根据已知条件，补全下列平面图形的三面投影。

已知平面为正垂面，α =30°。

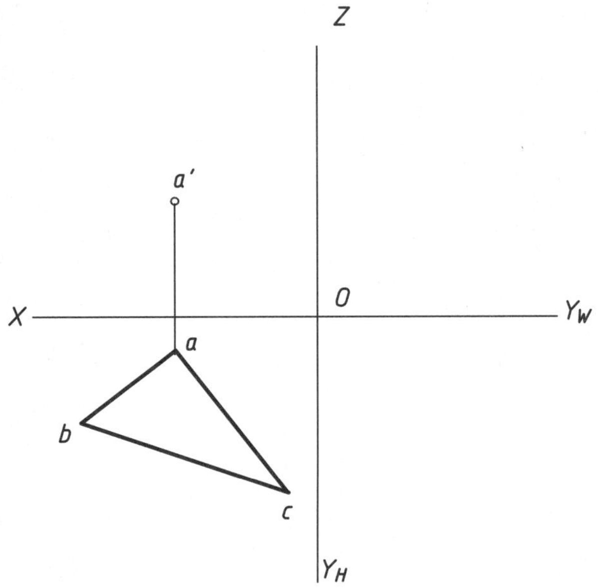

已知平面为侧垂面，β =60°。

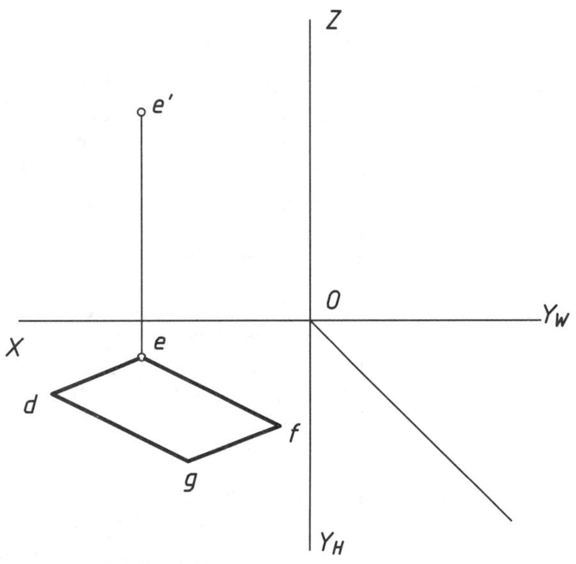

39

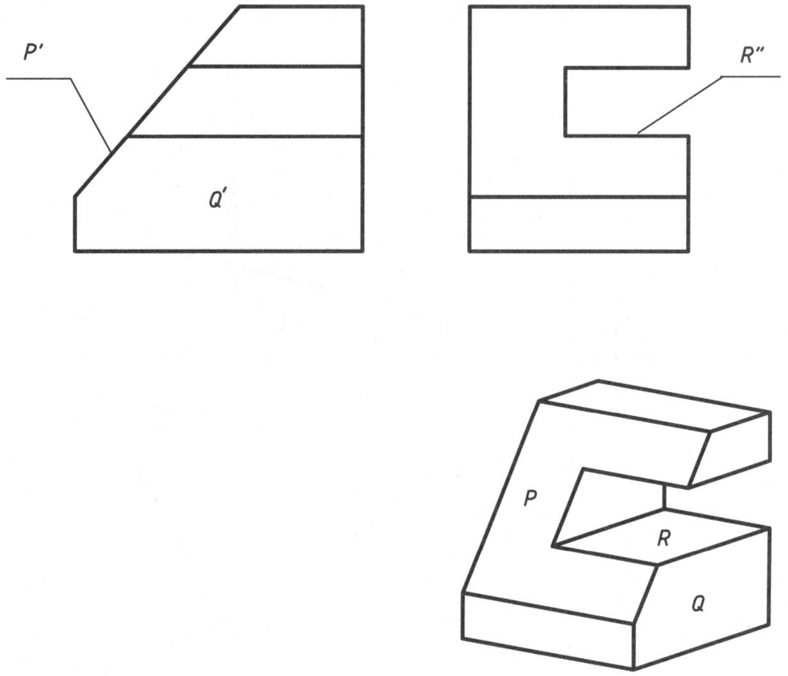

平面 *P* 是________面，

平面 *Q* 是________面，

平面 *R* 是________面。

41

2-30 试完成下列平面图形的第三投影，并标注出点*K*的另两个投影。

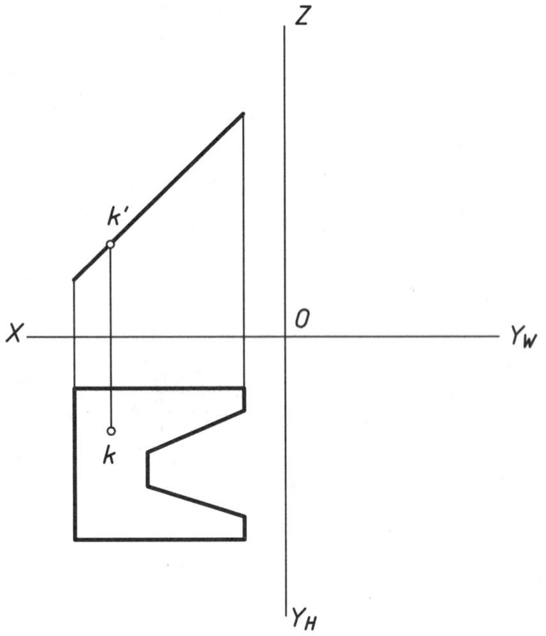

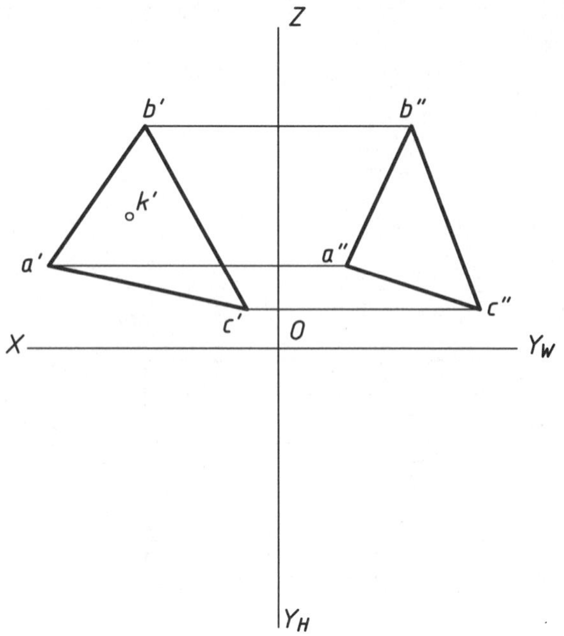

42

2-33 已知物体的两个投影，试补画其第三投影。

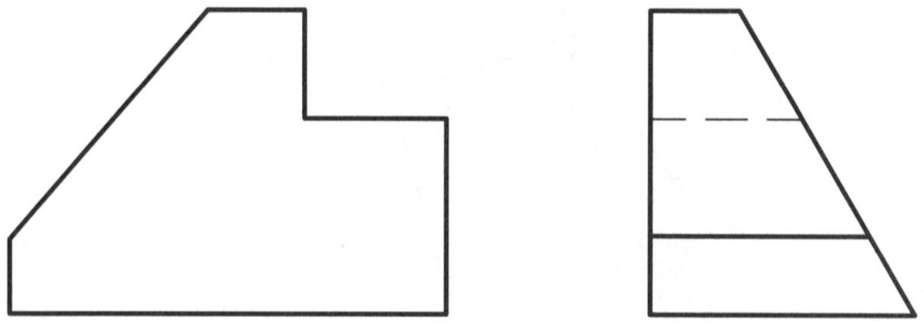

45

2-31 试完成下列平面图形的三面投影。

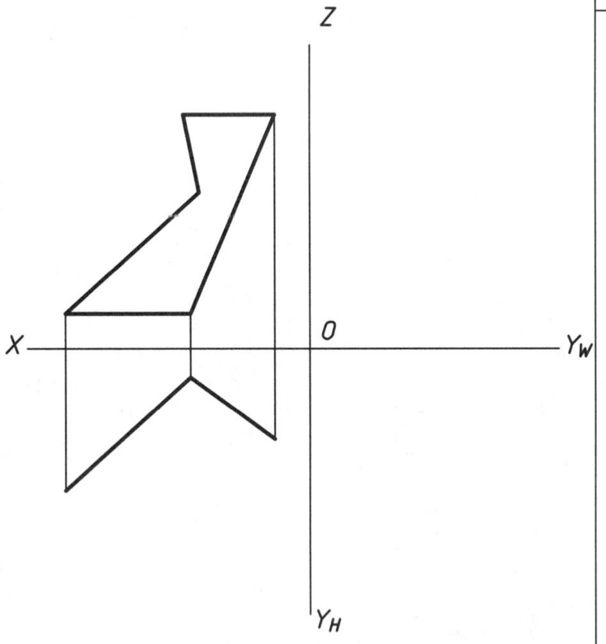

43

2-32 试在已知平面*ABC*内作一点*K*，使其距*H*面15 mm，距*V*面18 mm。

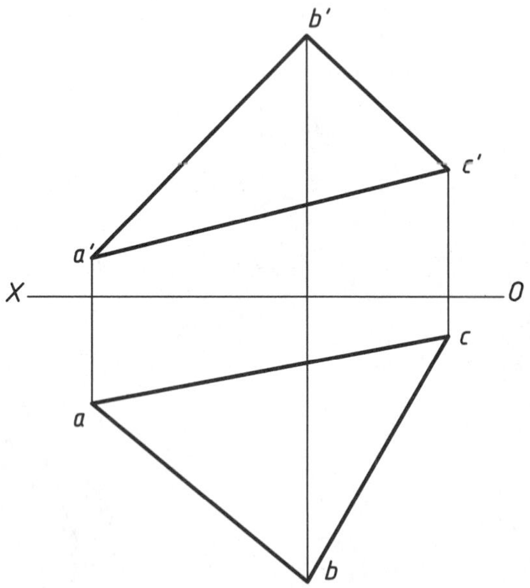

44

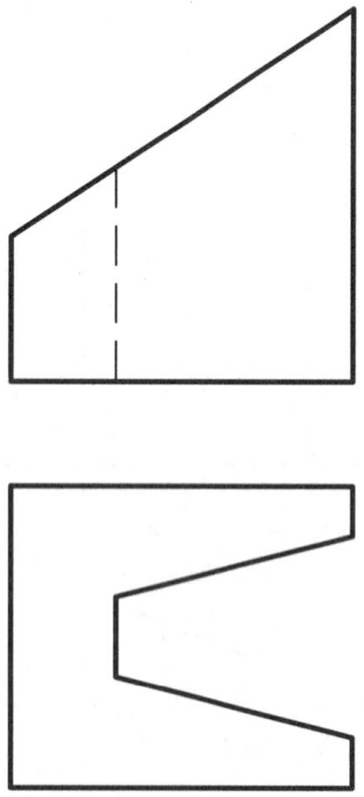

46

3-1　试用换面法求直线 AB 的实长和倾角 β。

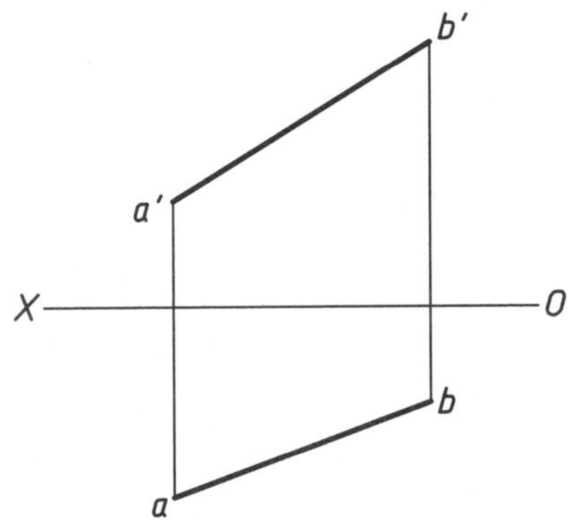

47

3-2　已知 $\angle ABC=45°$，求直线 BC 在 H 面上的投影。

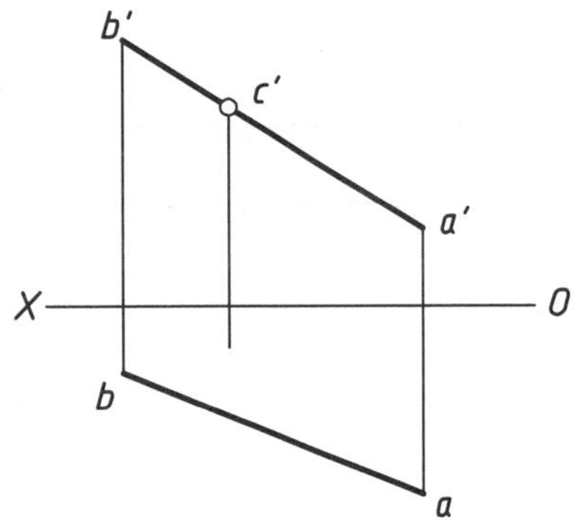

48

3-4　已知等腰三角形 ABC 的底边为 AB，试用换面法求出 $\triangle ABC$ 的水平投影。

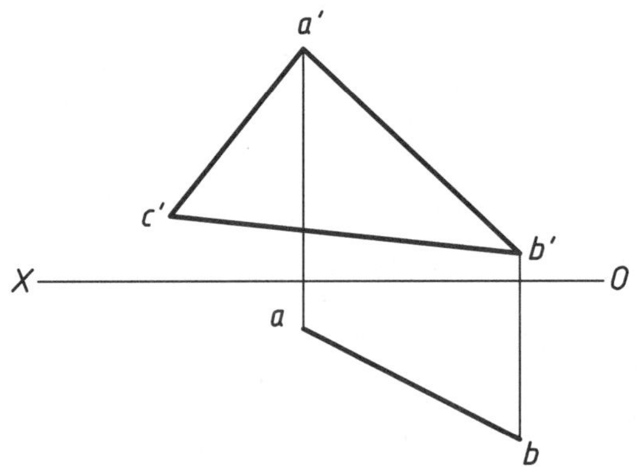

50

3-3　试用换面法求点 M 到 $\triangle ABC$ 的距离。

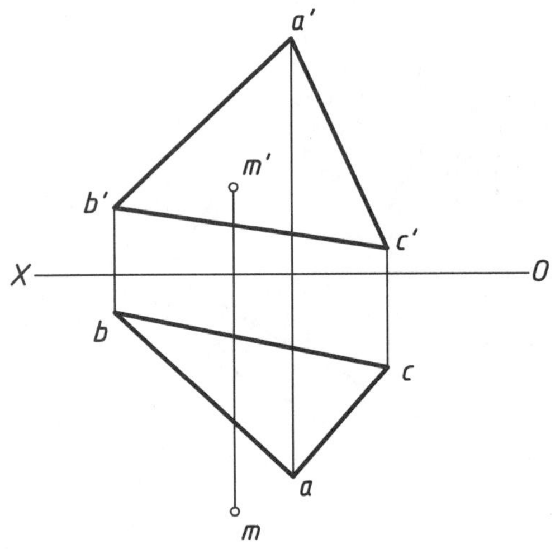

49

3-5　已知直线 AB 与 $\triangle CDE$ 平面平行，且相距 20 mm，求直线 AB 的水平投影。

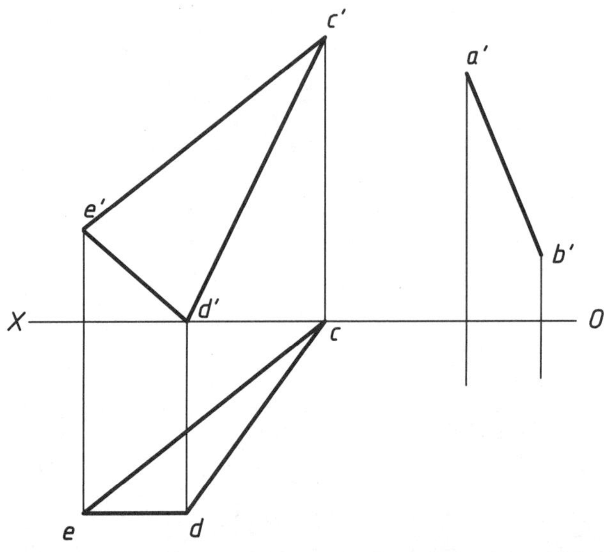

51

3-6　已知直线AB为水平线且是$\triangle ABC$的一条边，点K至$\triangle ABC$平面的距离为15 mm，BC=40 mm，AC=30 mm，求$\triangle ABC$的投影。（只求一解）

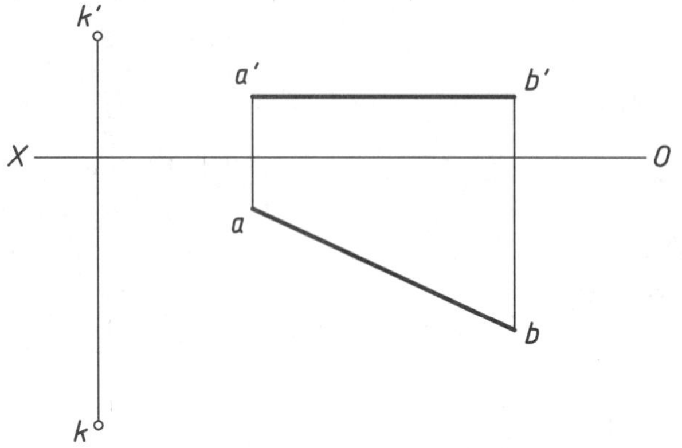

52

3-7　试用换面法求管路ABC段与BCD段所在两平面间的夹角 θ_1，以及BC、CD两管段间的夹角 θ_2。

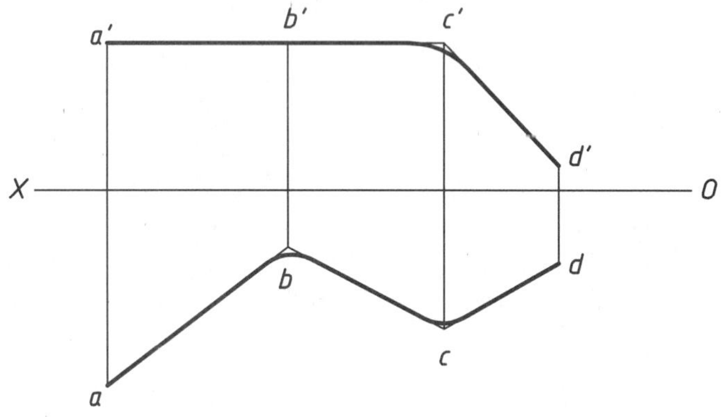

53

3-8　补画下图所示物体的俯视图，并用换面法求出P面和Q面的实形。

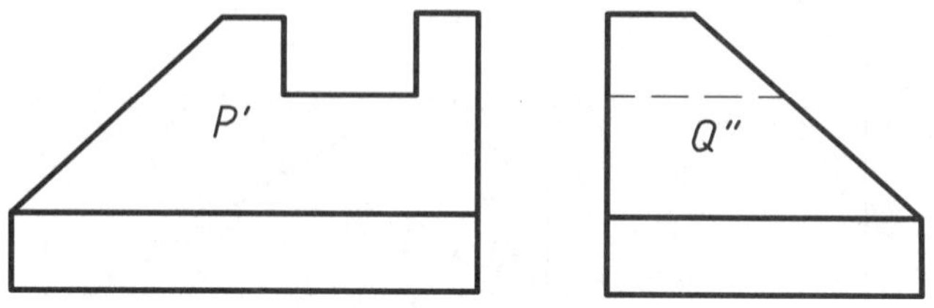

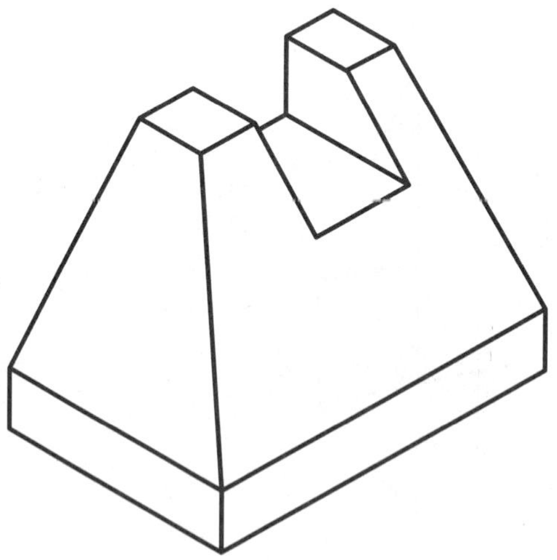

54

4-1 补全三棱锥被切割后的水平投影和侧面投影。

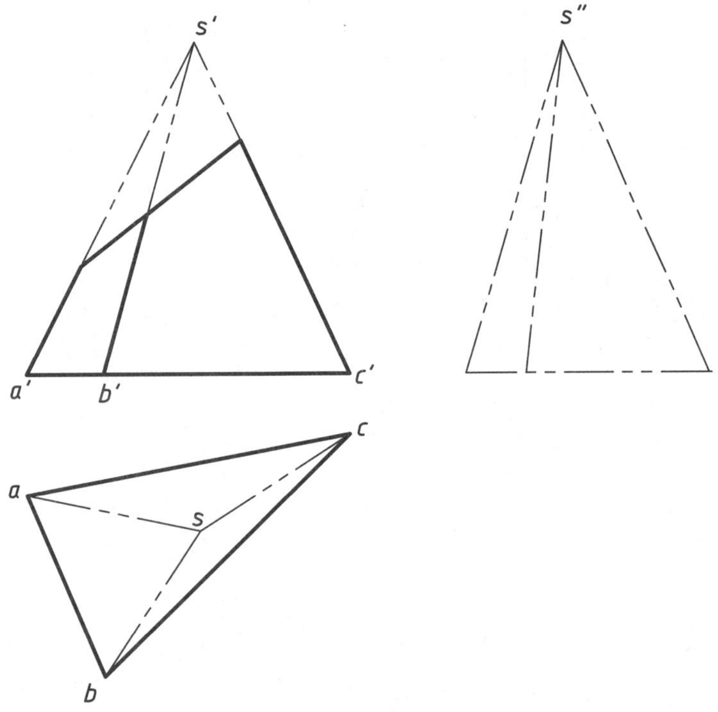

55

4-2 补全四棱锥被切口后的水平投影和侧面投影。

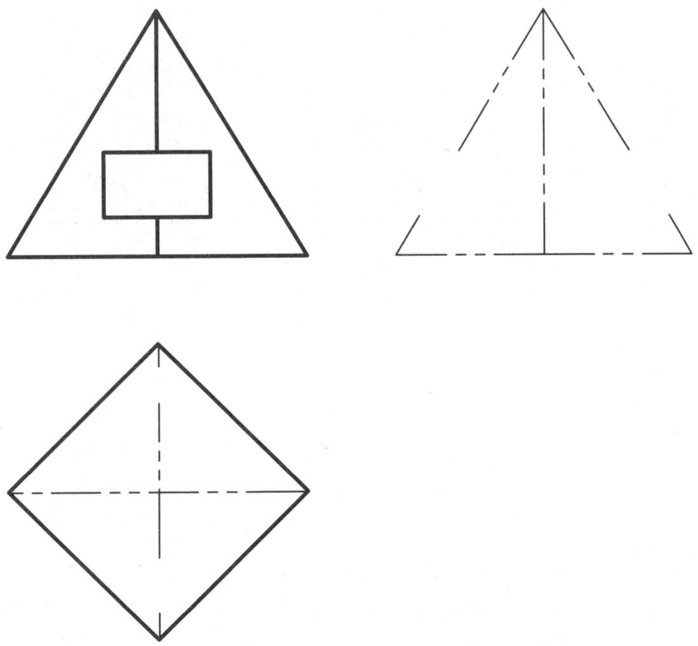

56

4-3 补全四棱锥被切口后的水平投影和侧面投影。

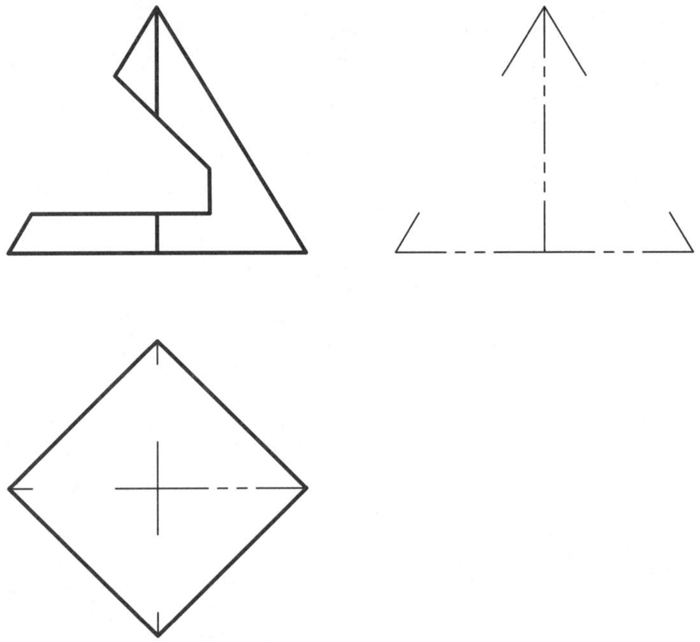

57

4-4 补全四棱柱被切口后的水平投影和侧面投影。

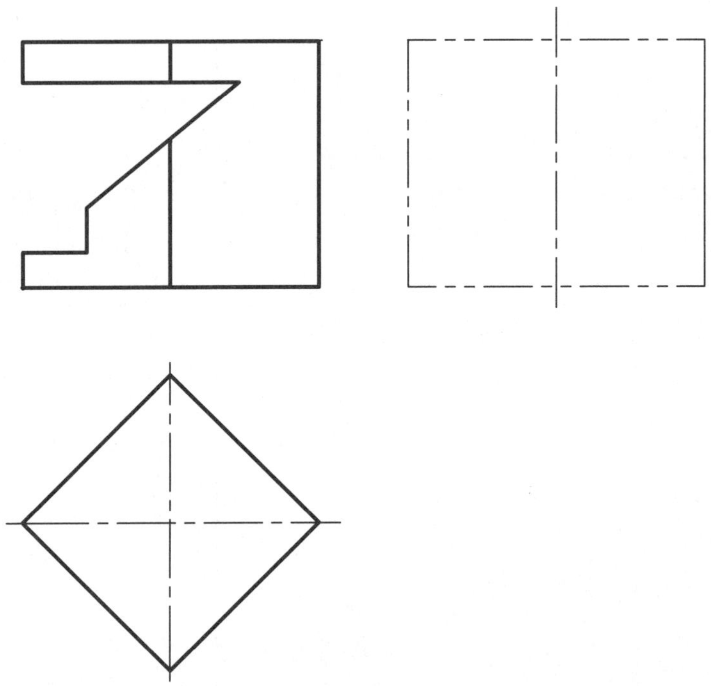

58

4-5　已知下面曲面立体表面上指定点的一个投影，试画全另两个投影。（不可见投影加括号表示）

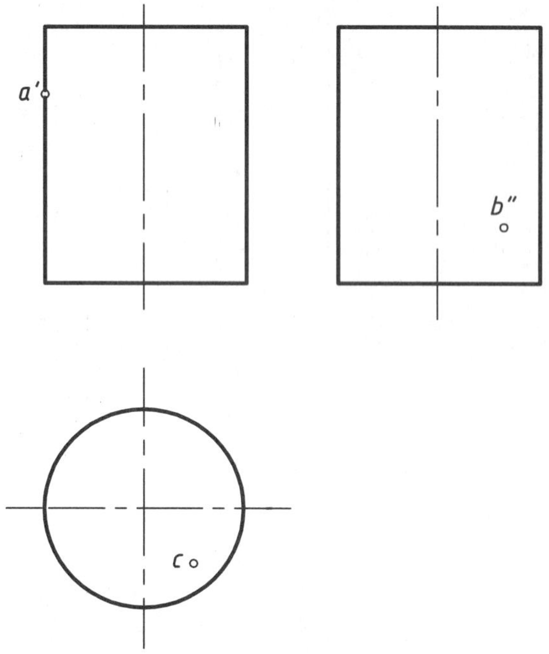

59

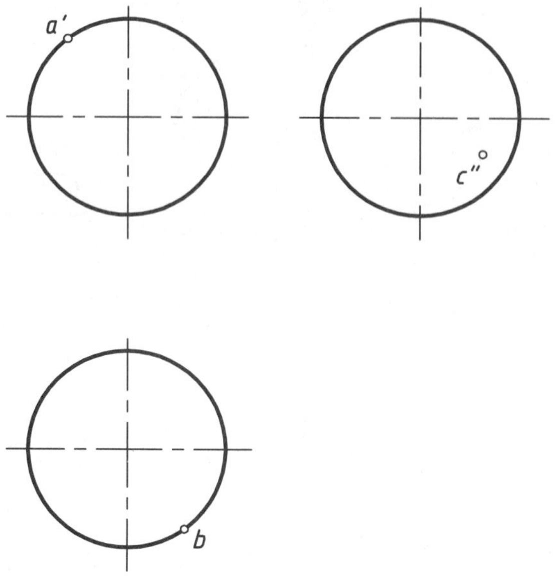

60

4-6　试补画下面曲面立体的左视图，并作出立体表面上指定点的另两个投影。

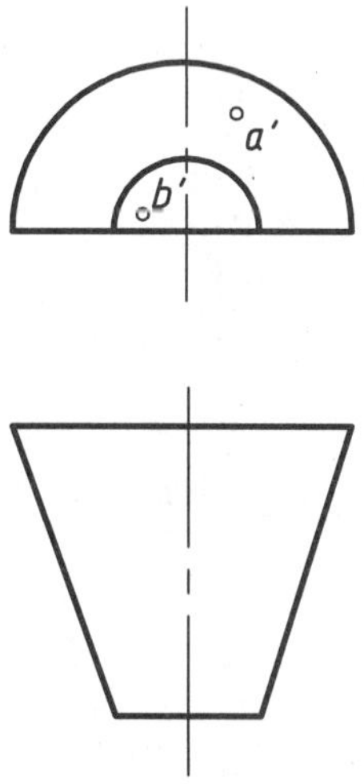

61

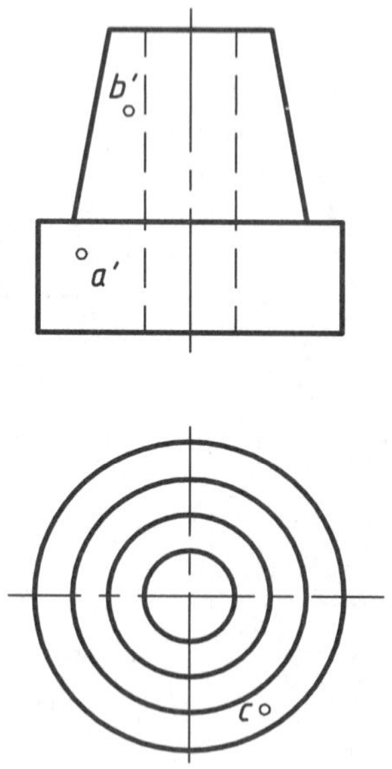

62

4-7　已知曲面立体的两个投影和表面上曲线的一个投影，试画全另两个投影。

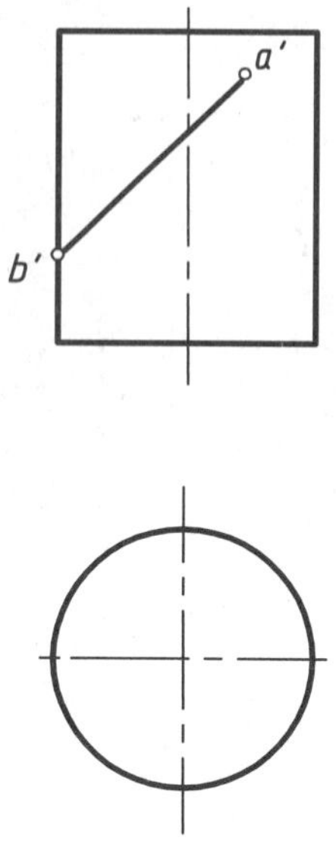

63

4-8　已知曲面立体的两个投影和表面上曲线的一个投影，试画全另两个投影。

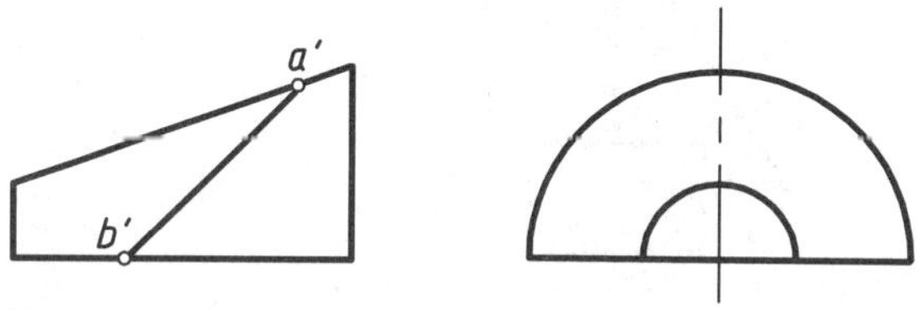

64

4-9 根据物体的一个已知投影及立体图,试画出另两个投影。

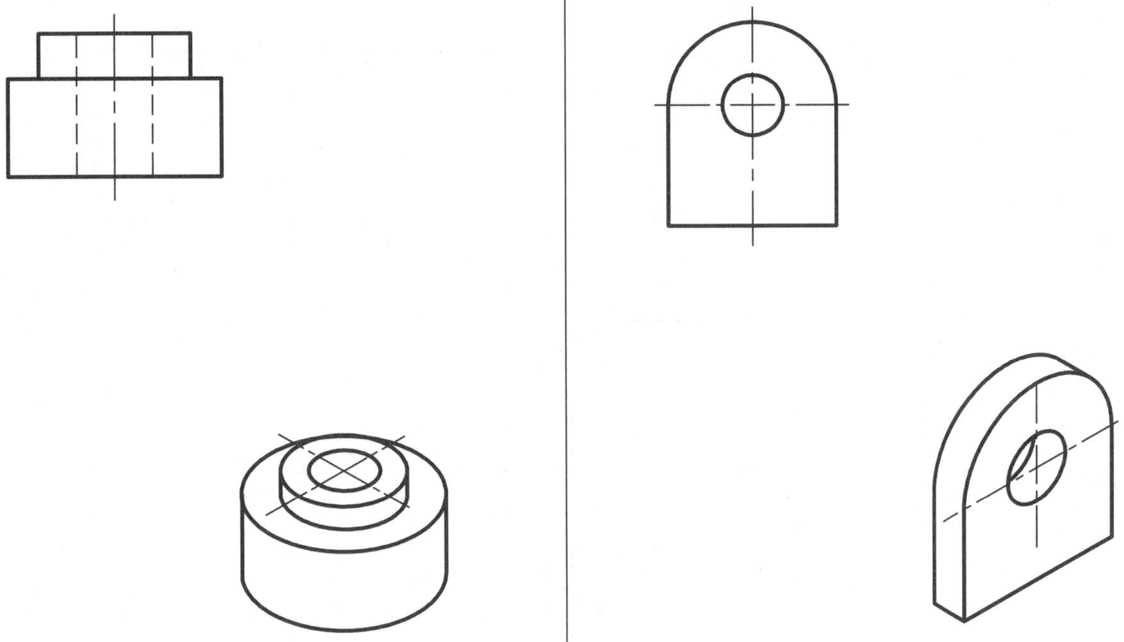

65

4-10 根据物体的一个已知投影及立体图,试画出另两个投影。

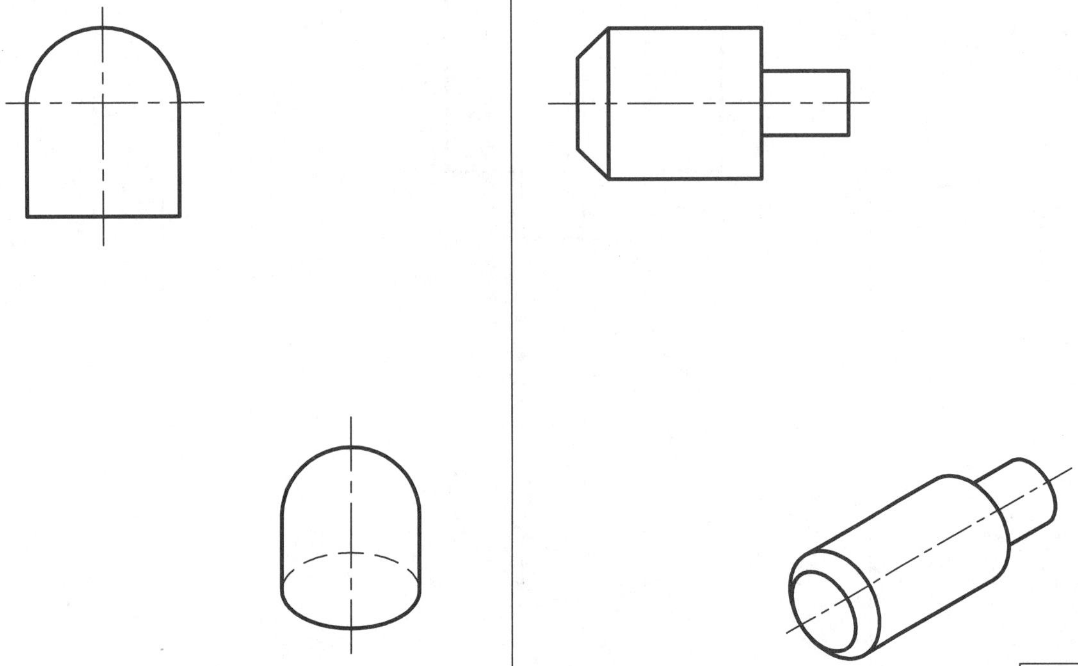

66

4-11 已知物体的两个投影,试画出其第三投影。

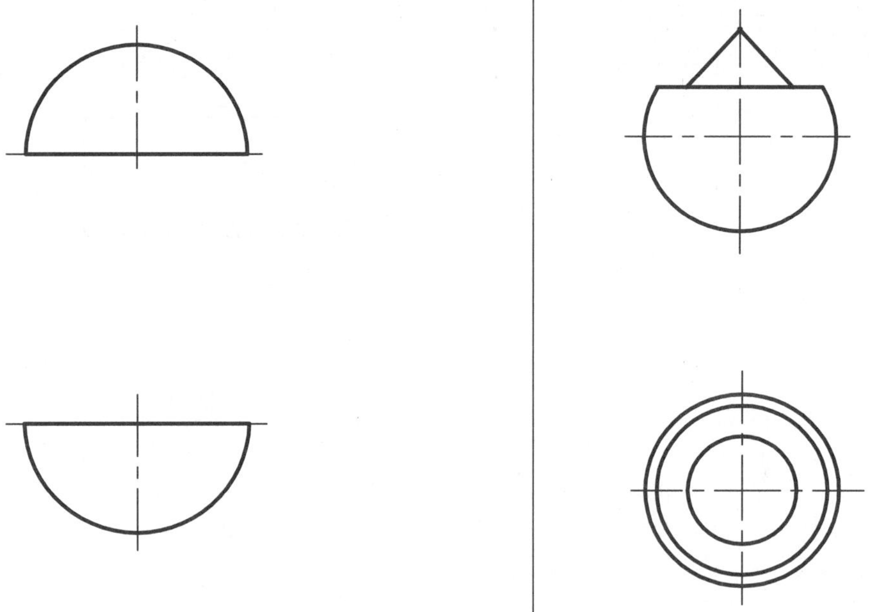

67

4-12 已知物体的两个投影,试画出其第三投影。

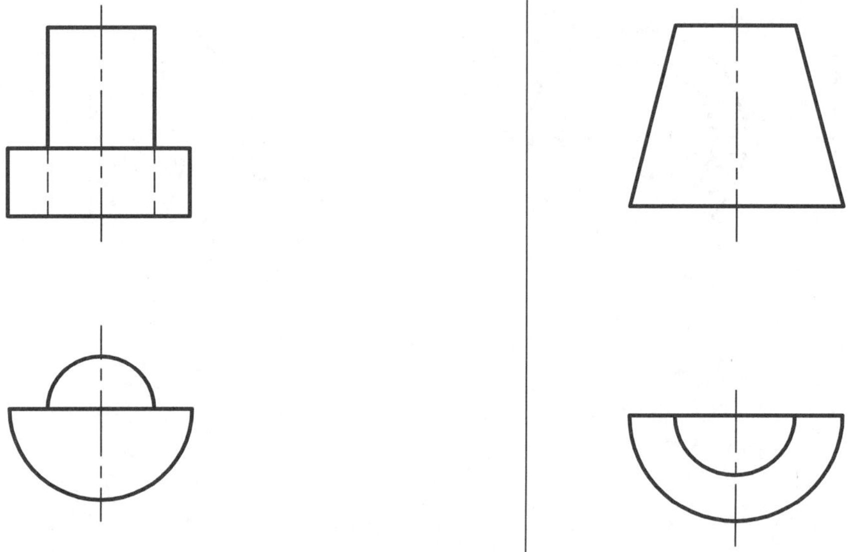

68

4-13 试分析下列物体的表面交线,并画全三视图。

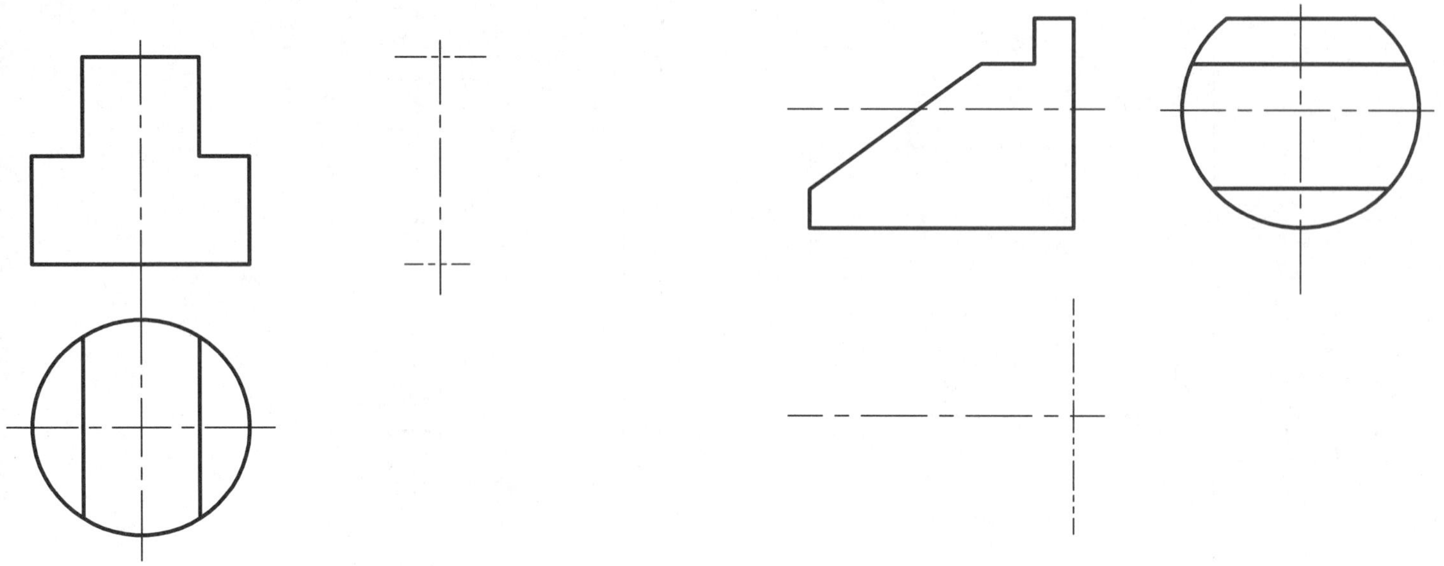

69

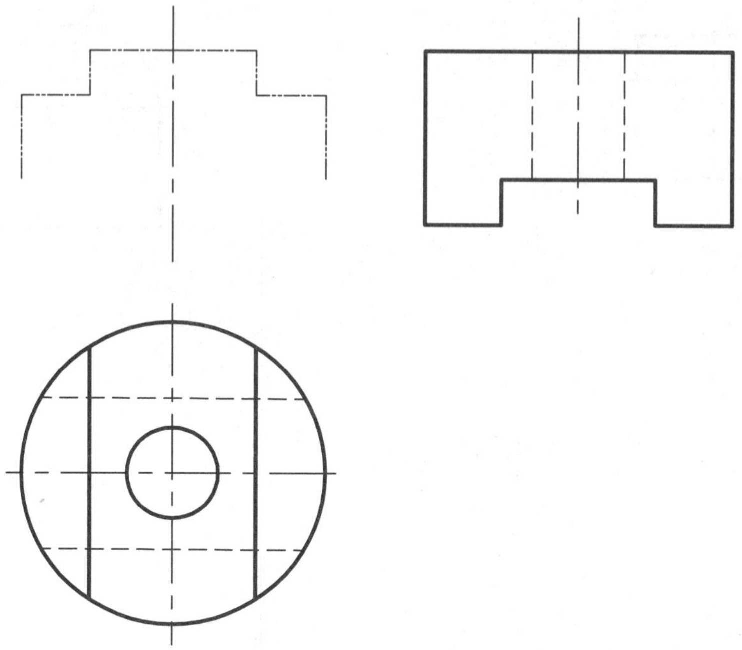

71

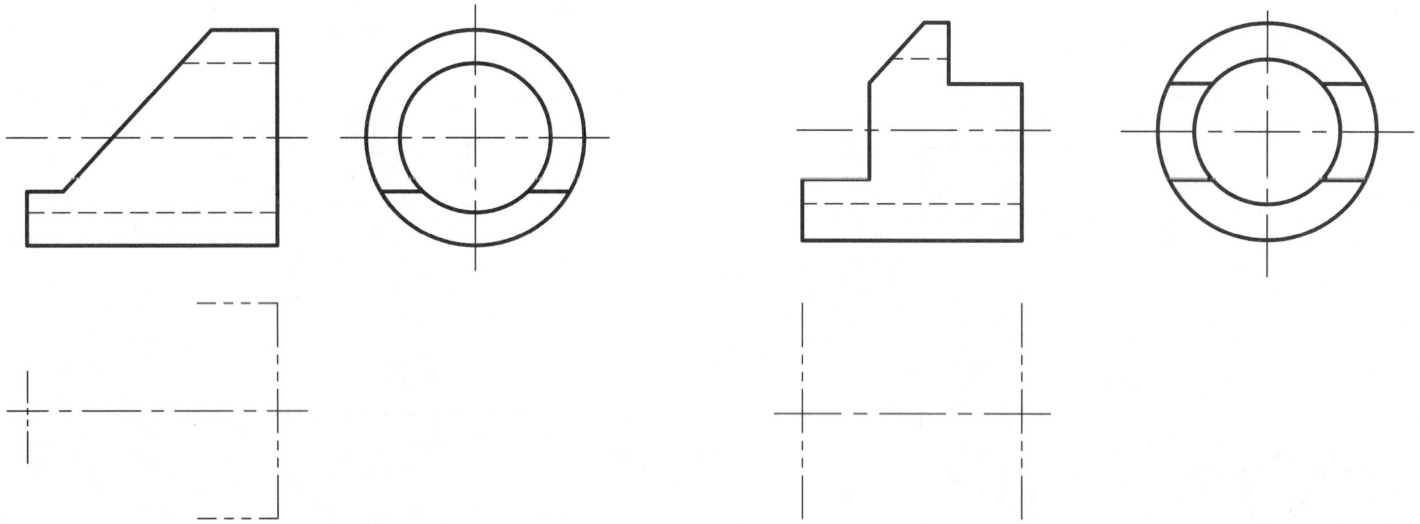

70

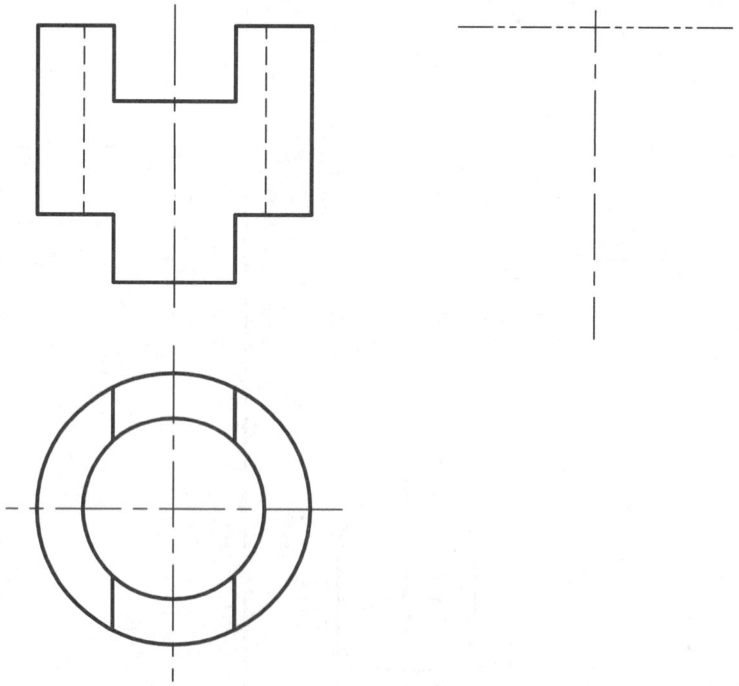

72

4-14　试分析下列物体的表面交线，并画全三视图。

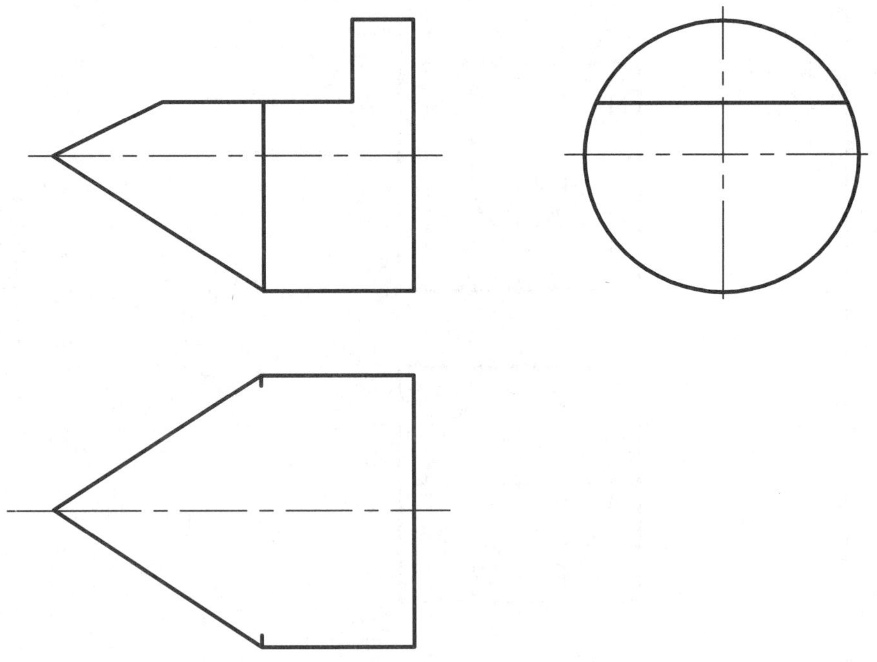

73

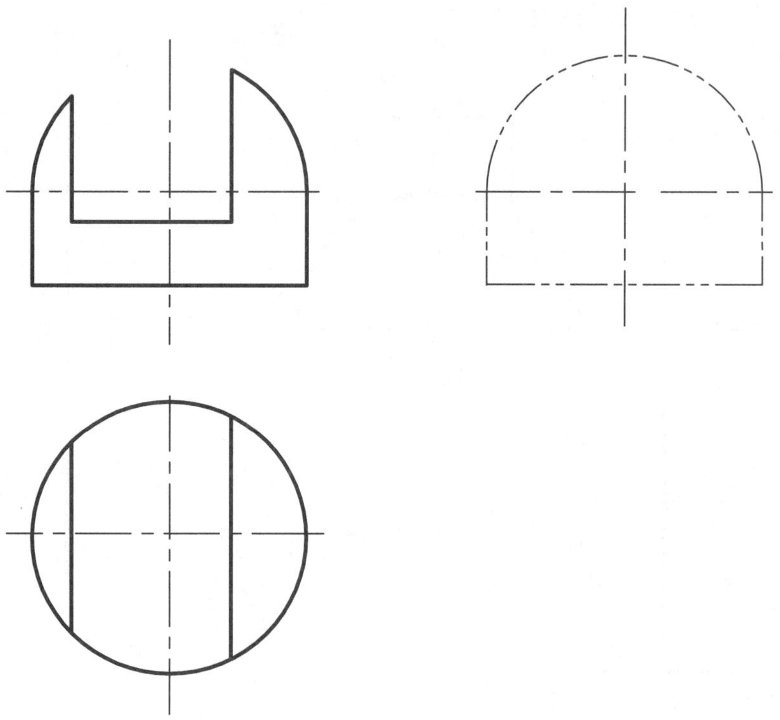

75

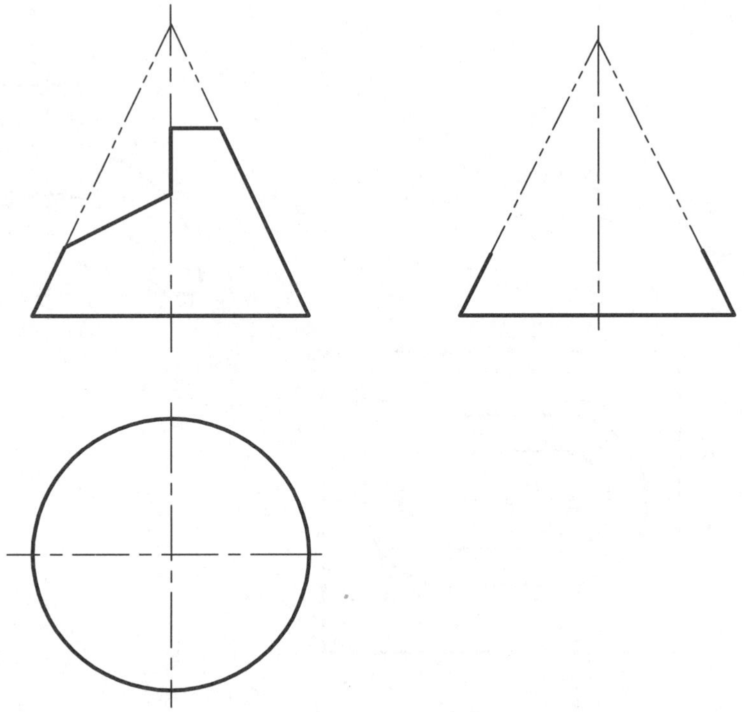

74

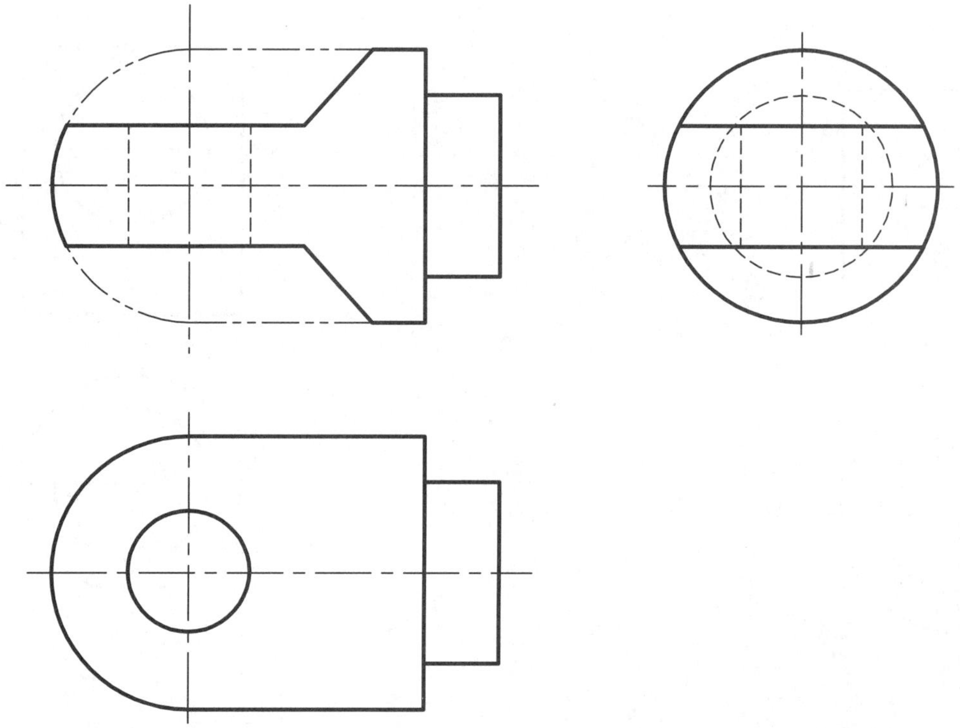

76

4-15 试分析下列物体的表面交线，并画全三视图。

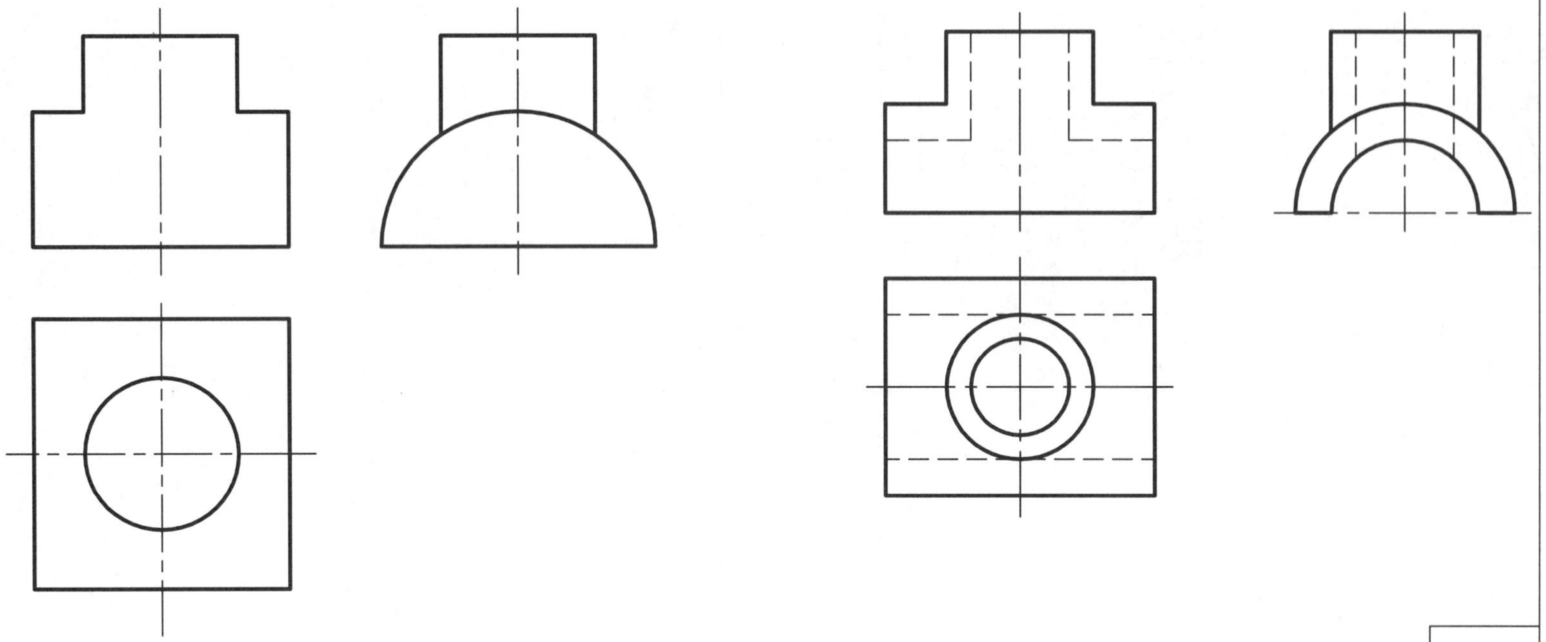

77

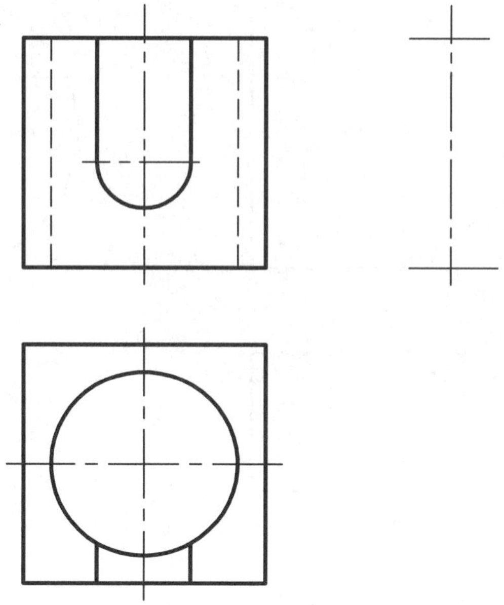

79

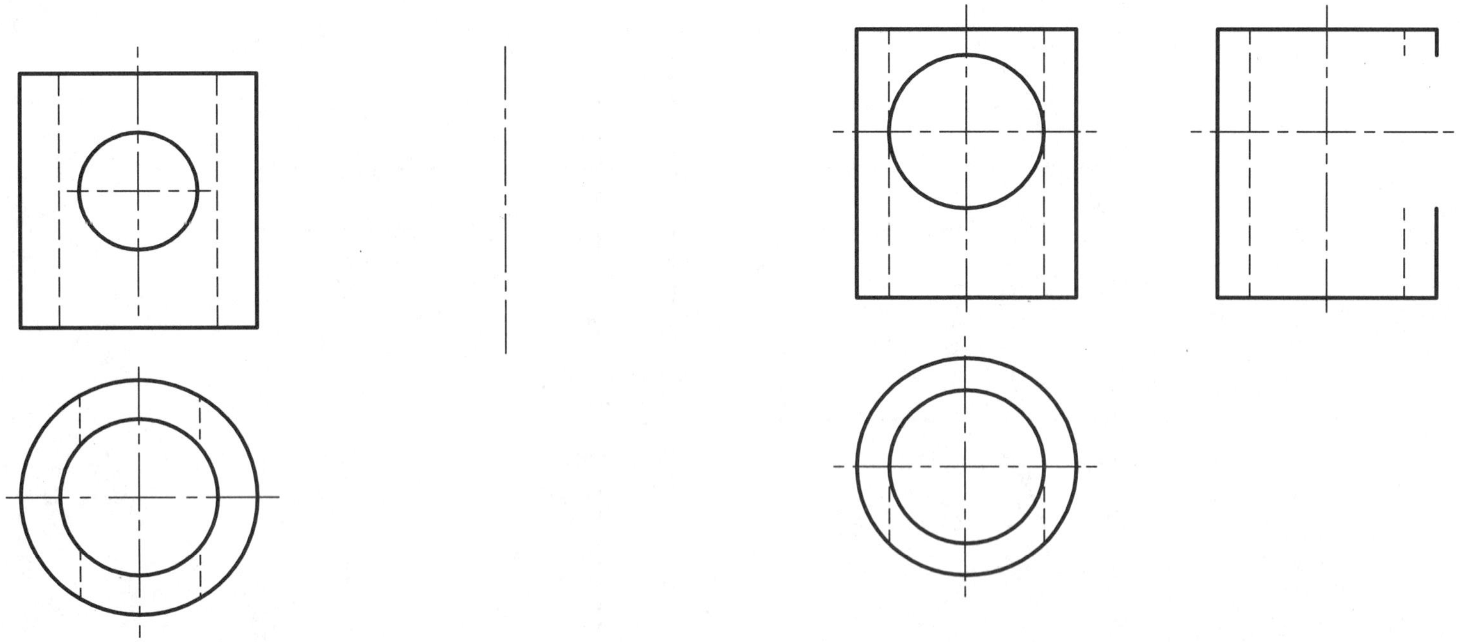

78

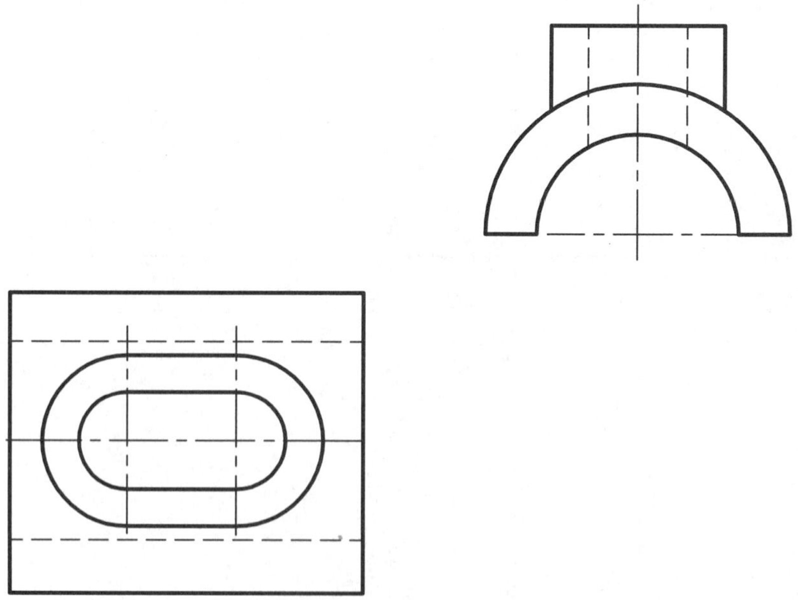

80

4-16 试分析下列物体的表面交线,并画全三视图。

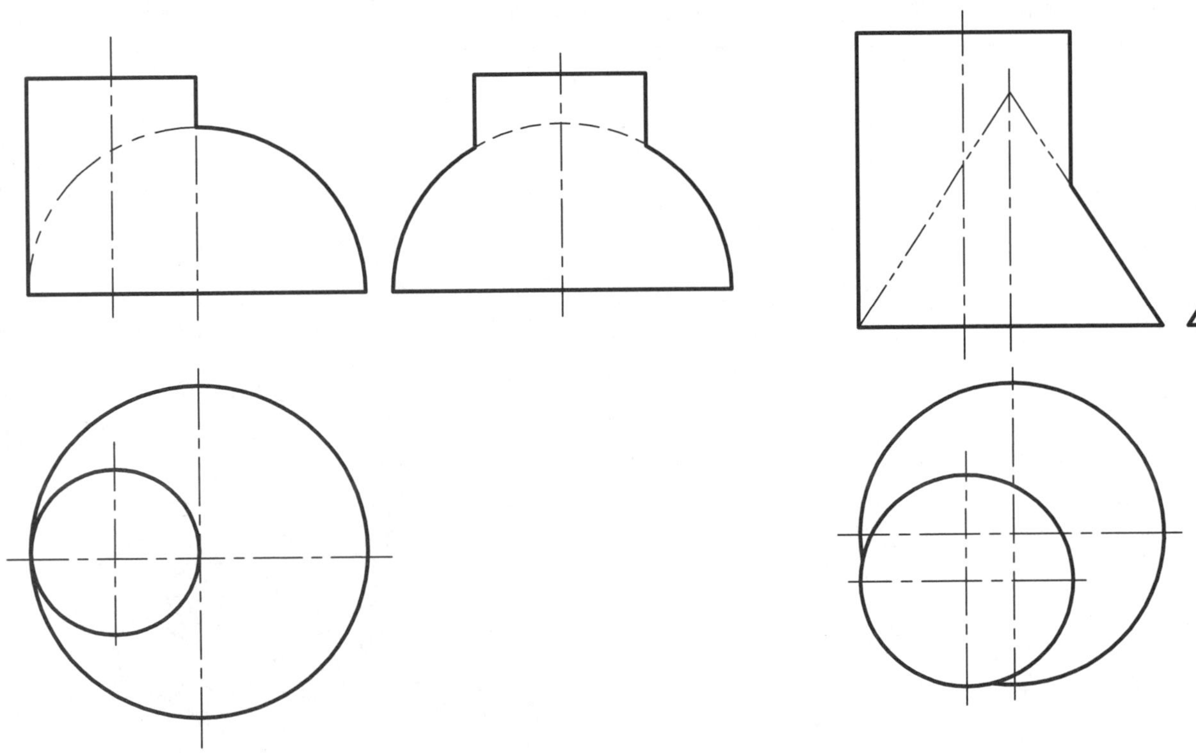

81

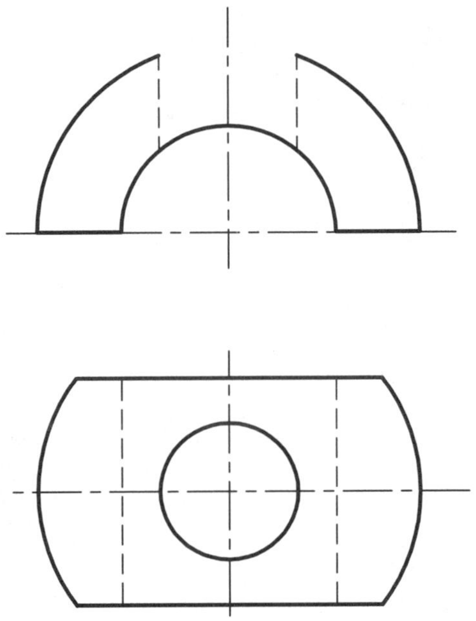

83

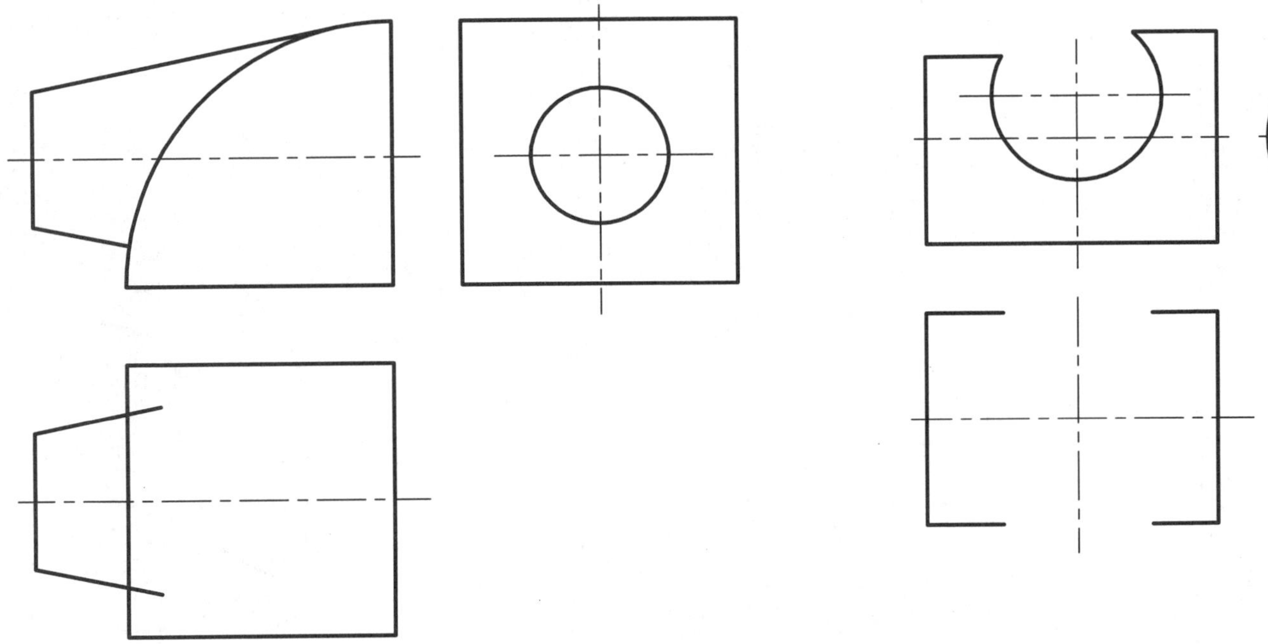

82

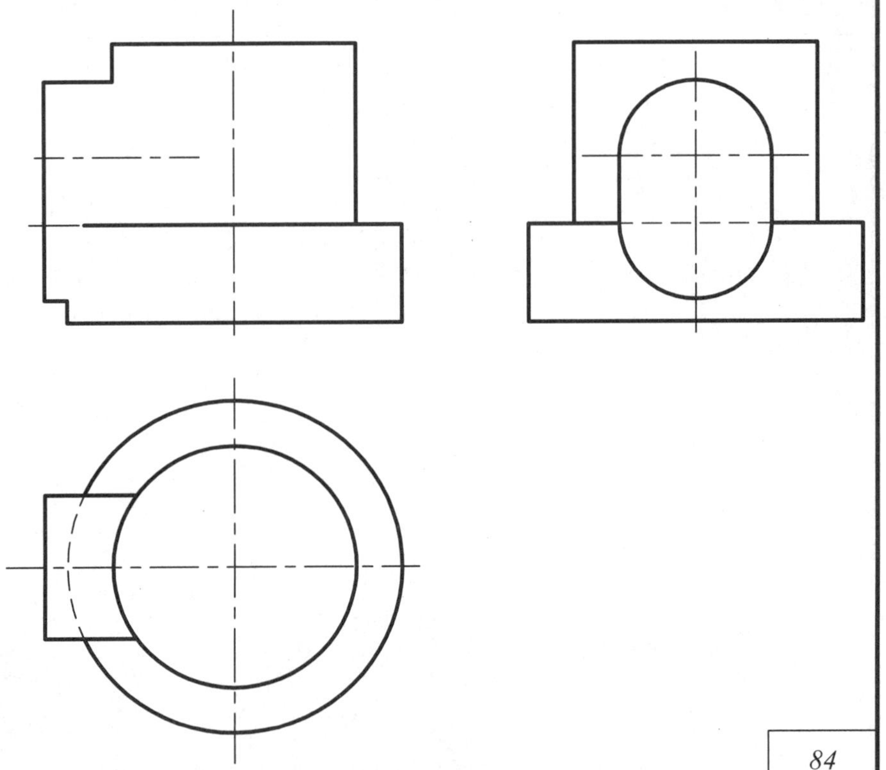

84

5-1　根据下列物体的立体图，画出三视图。（尺寸从立体图中量取）

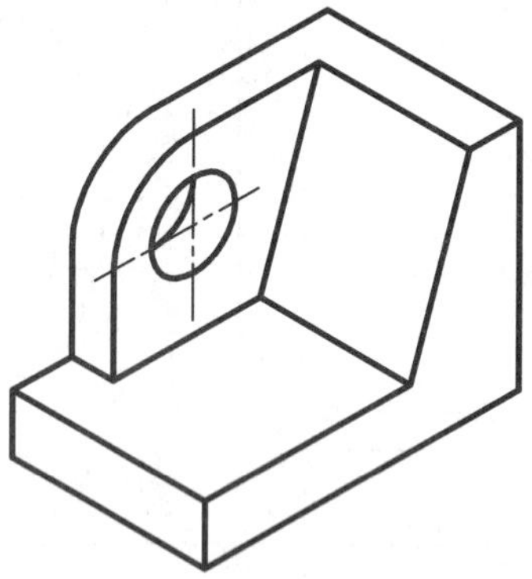

85

5-3　根据下列物体的立体图，画出三视图。（尺寸从立体图中量取）

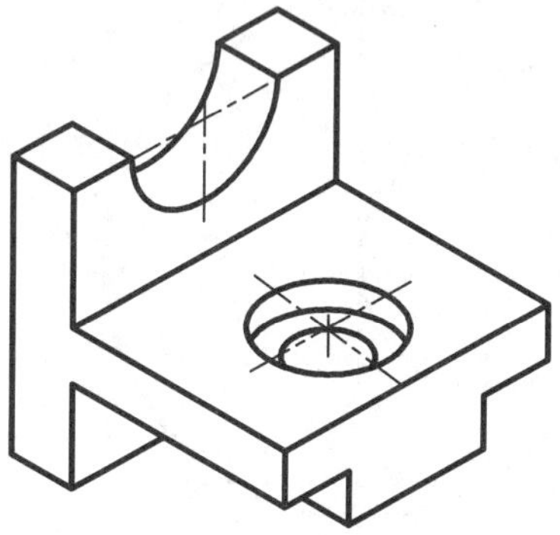

87

5-2　根据下列物体的立体图，画出三视图。（尺寸从立体图中量取）

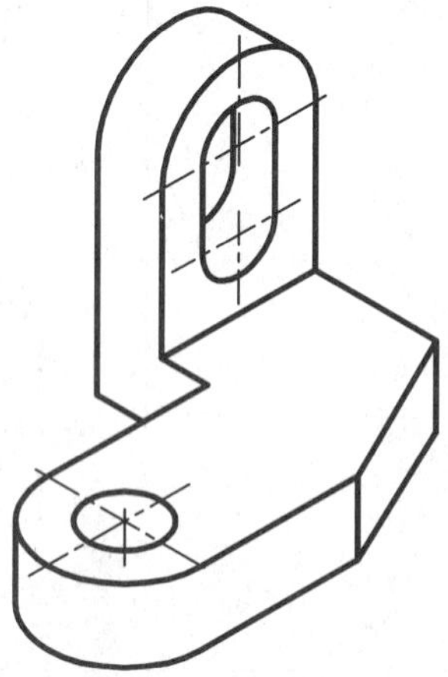

86

5-4　根据下列物体的立体图，画出三视图。（尺寸从立体图中量取）

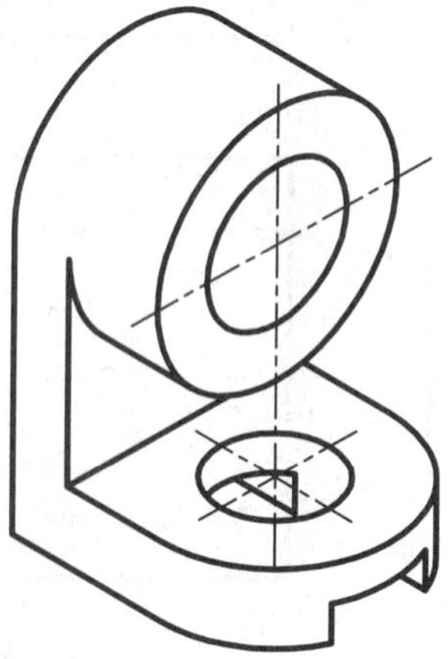

88

5-5 分析下列物体的试图，并补画视图中遗漏的图线。

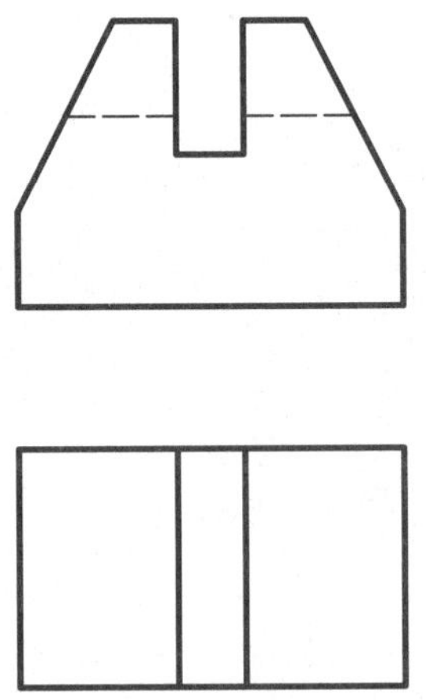

89

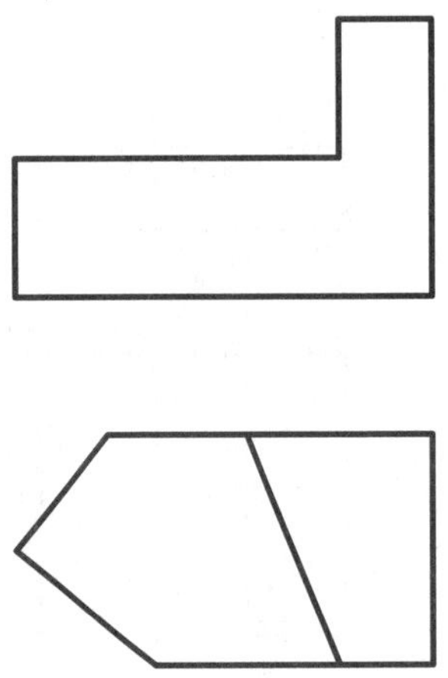

90

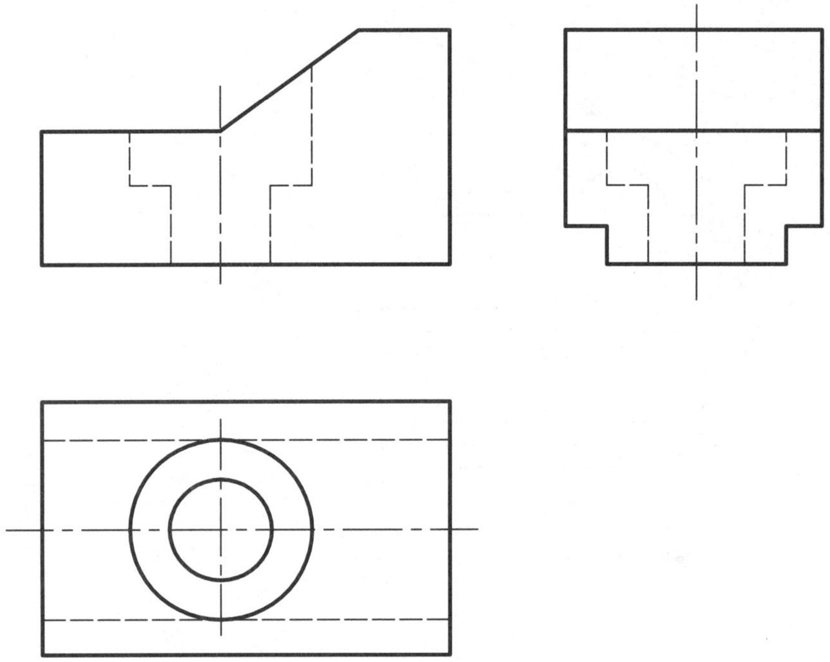

91

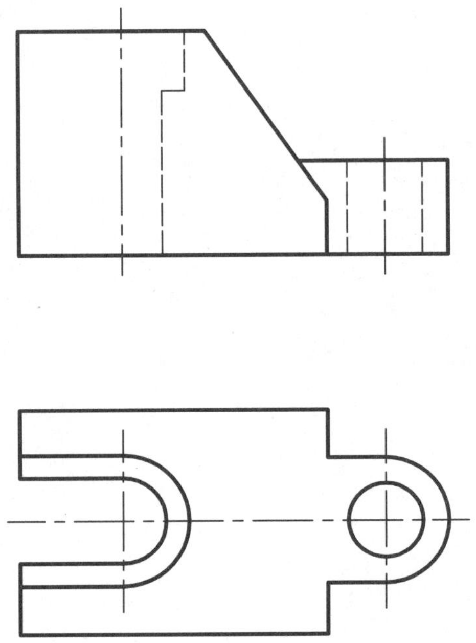

92

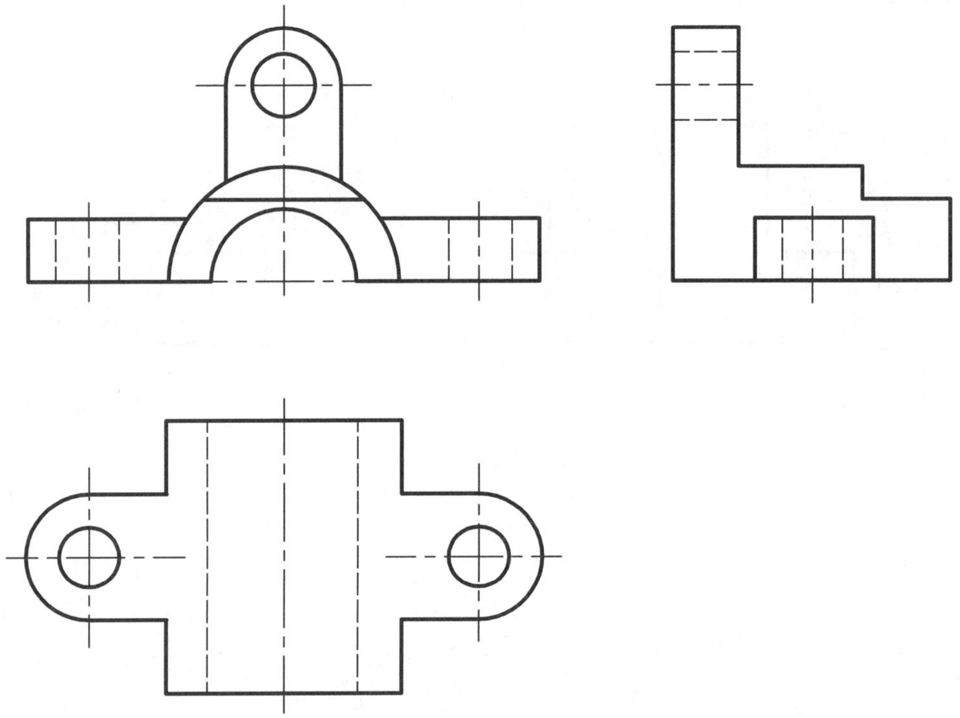

93

5-6　补画左视图。

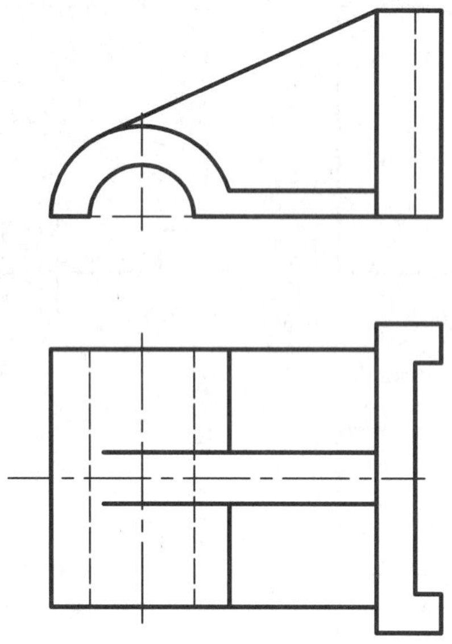

94

5-7　补画俯视图。

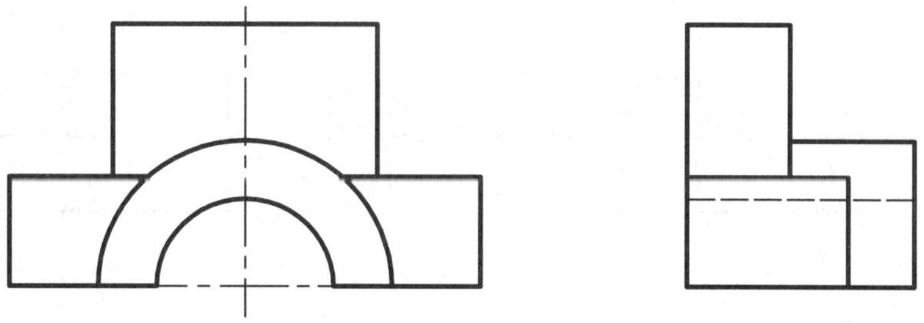

95

5-8　补画左视图。

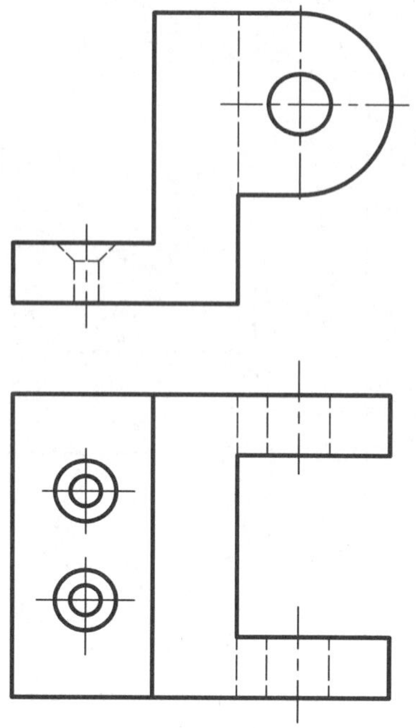

96

5-9　补画左视图。

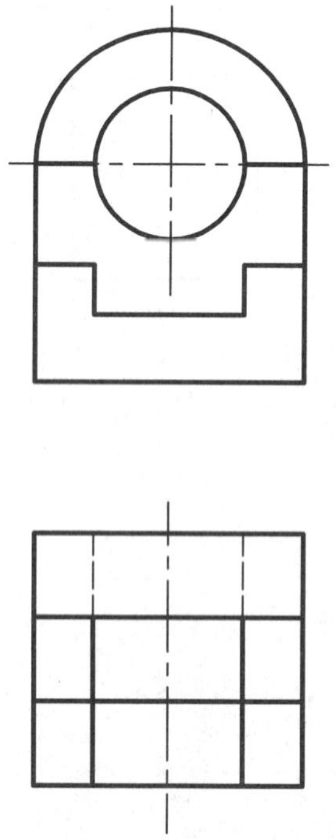

97

5-10　补画左视图。

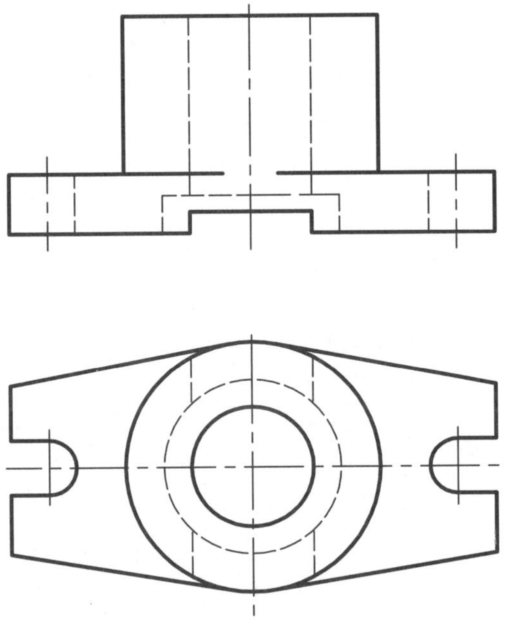

98

5-12　补画俯视图。

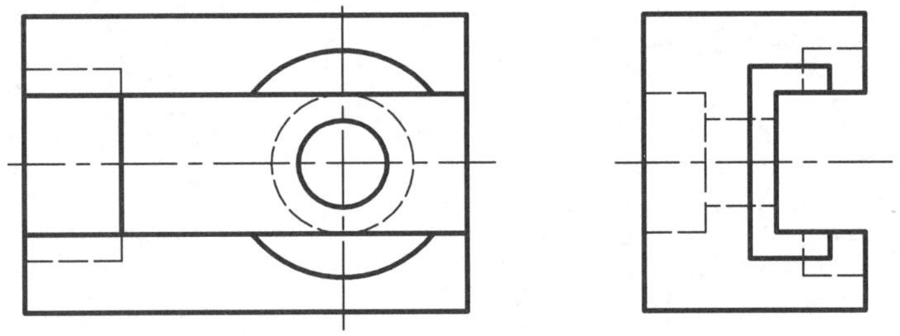

100

5-11　补画主视图。

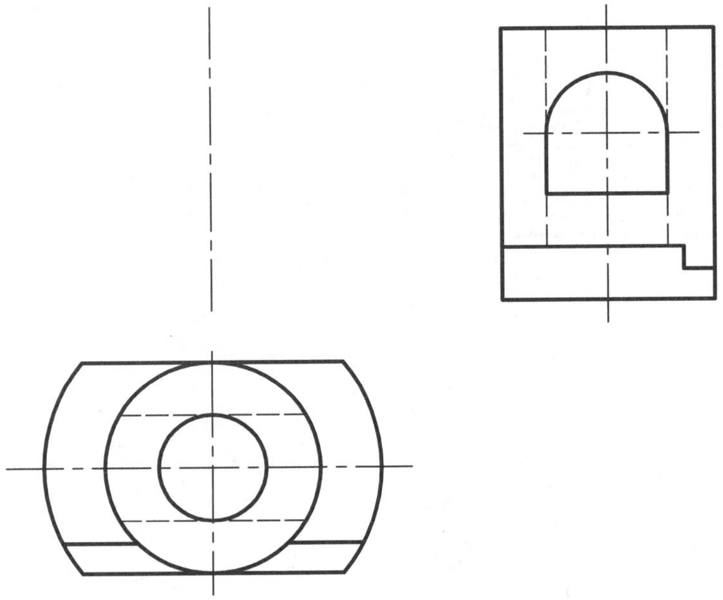

99

5-13　补画左视图。

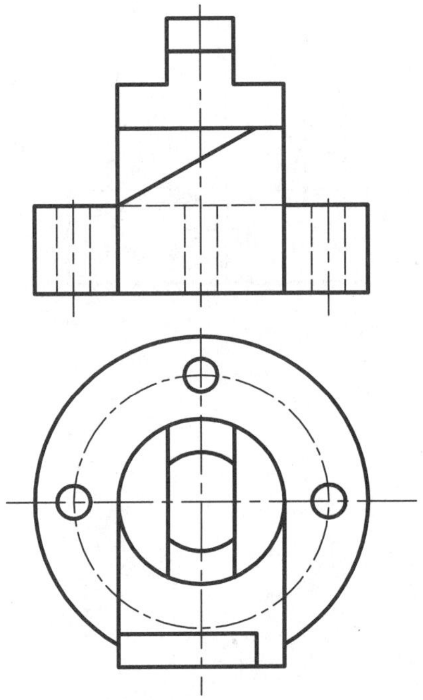

101

5-14　补画左视图。

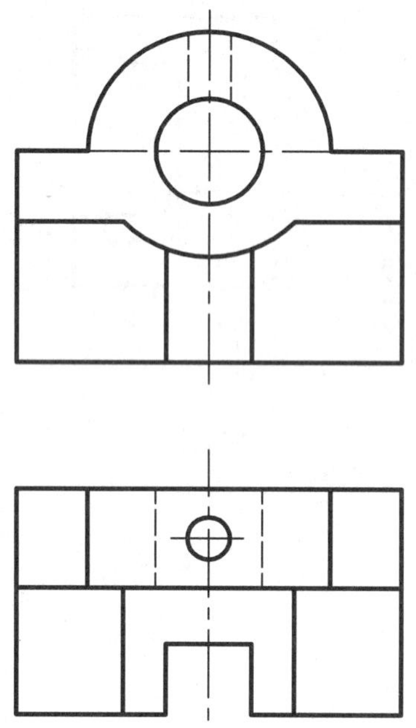

102

5-15　补画俯视图。

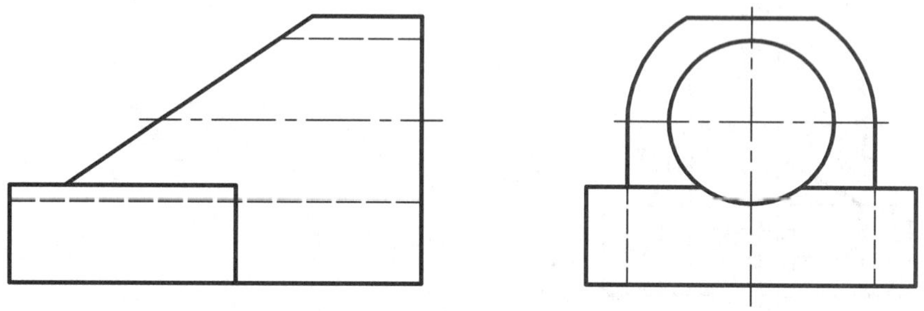

103

5-16　补画左视图。

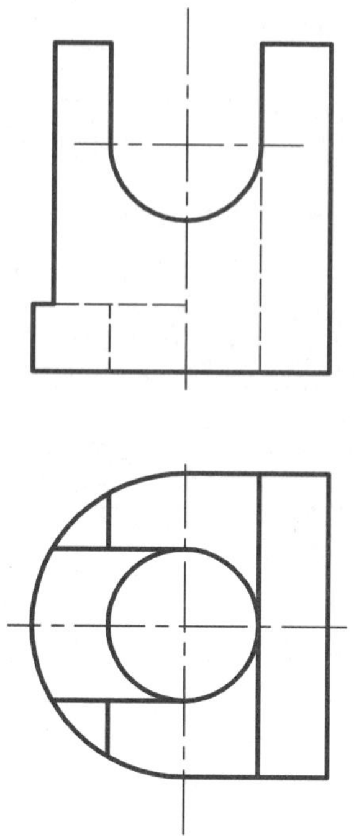

104

5-17　补画左视图。

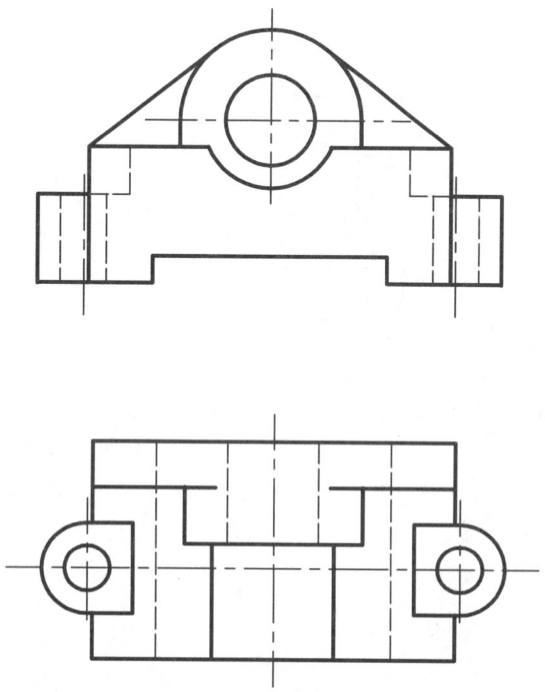

105

5-18　补画左视图。

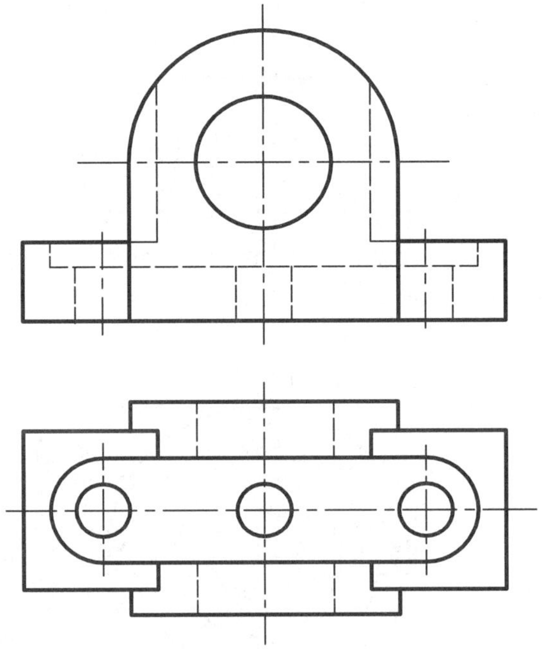

106

5-19　补画左视图。

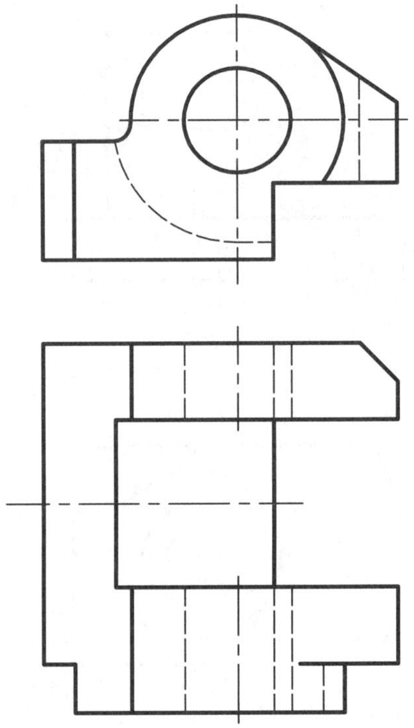

107

5-20　补画左视图。

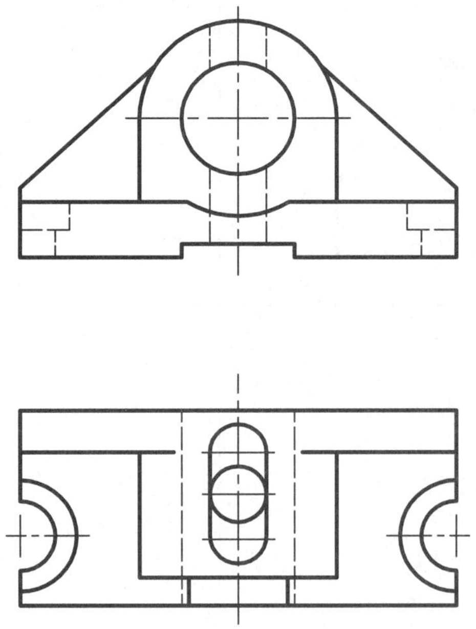

108

5-21　补画左视图。

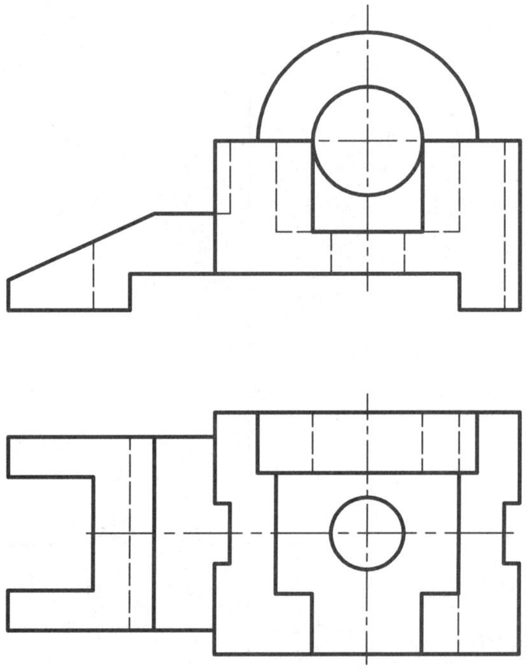

109

5-22 试在下列视图上标注尺寸。(按1:1的比例在视图中量取尺寸数值)

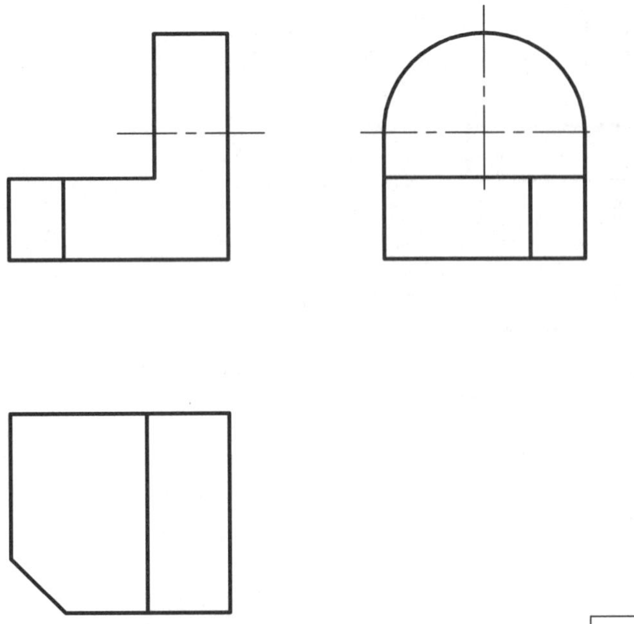

110

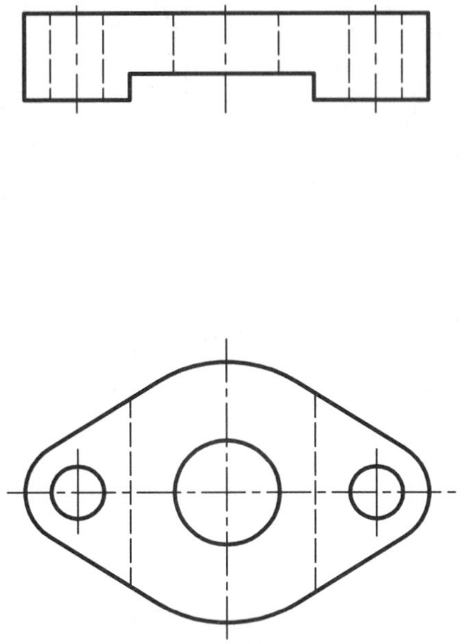

111

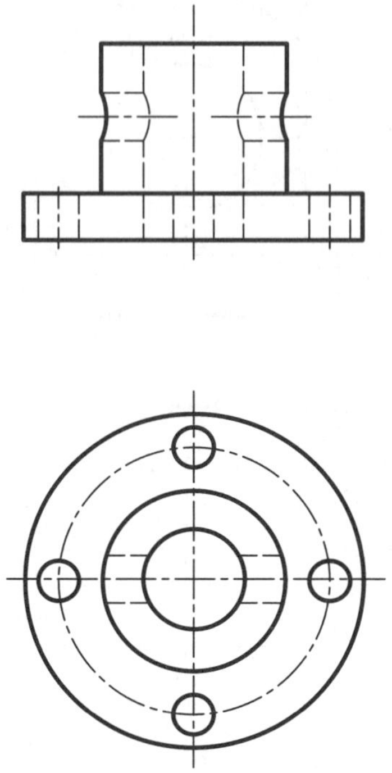

112

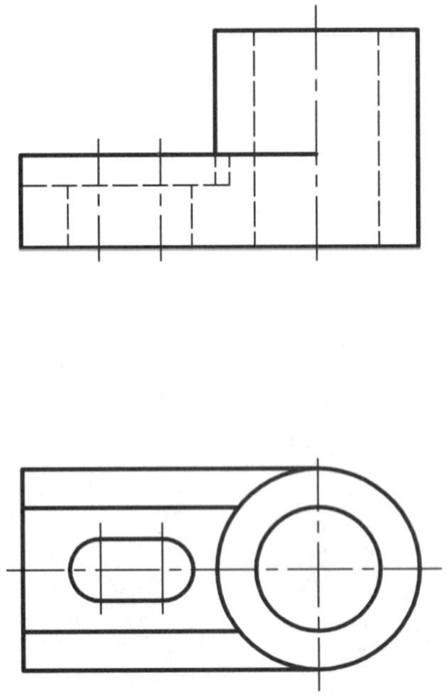

113

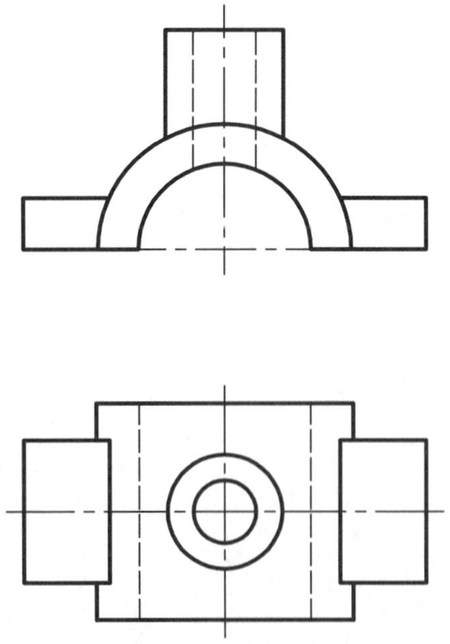

114

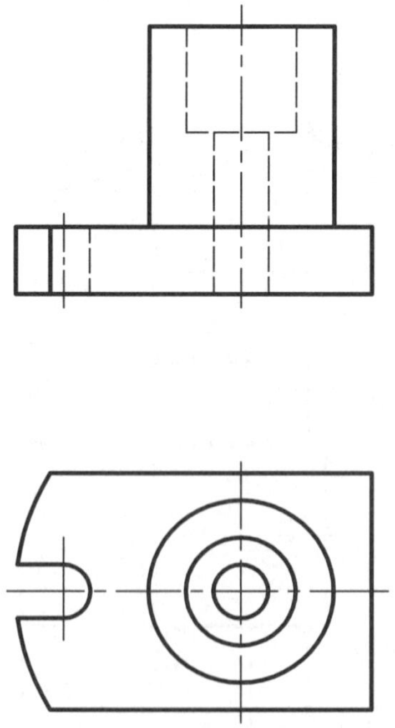

115

5-23 根据已知尺寸，按1:1的比例在A3纸上画出物体的主、俯、左三个视图，并标注尺寸。

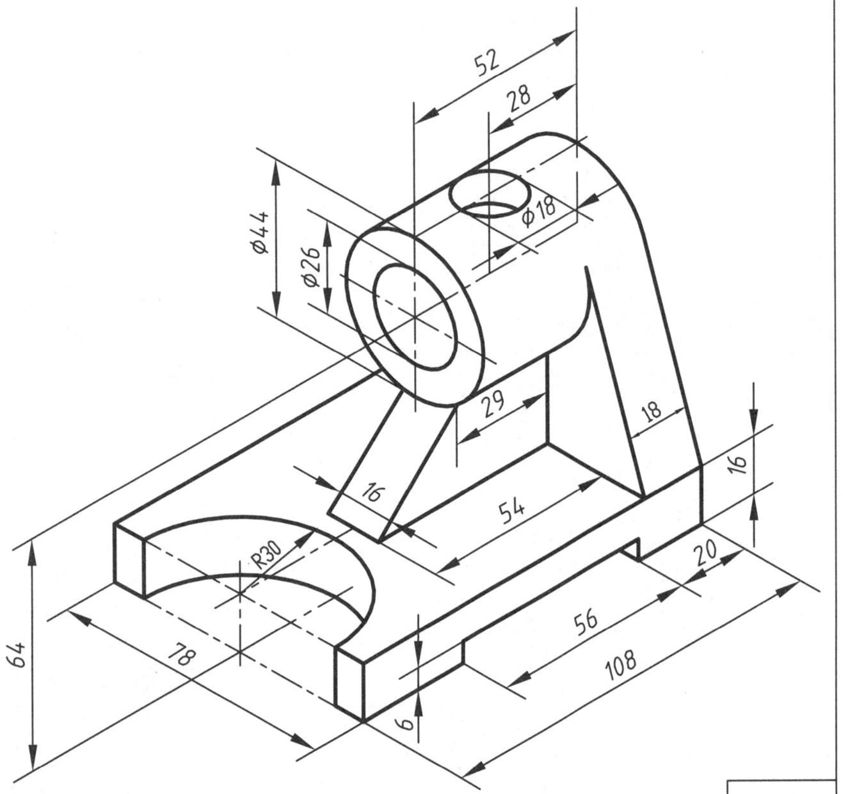

116

5-24 根据已知尺寸，按1:1的比例在A3纸上画出物体的主、俯、左三个视图，并标注尺寸。

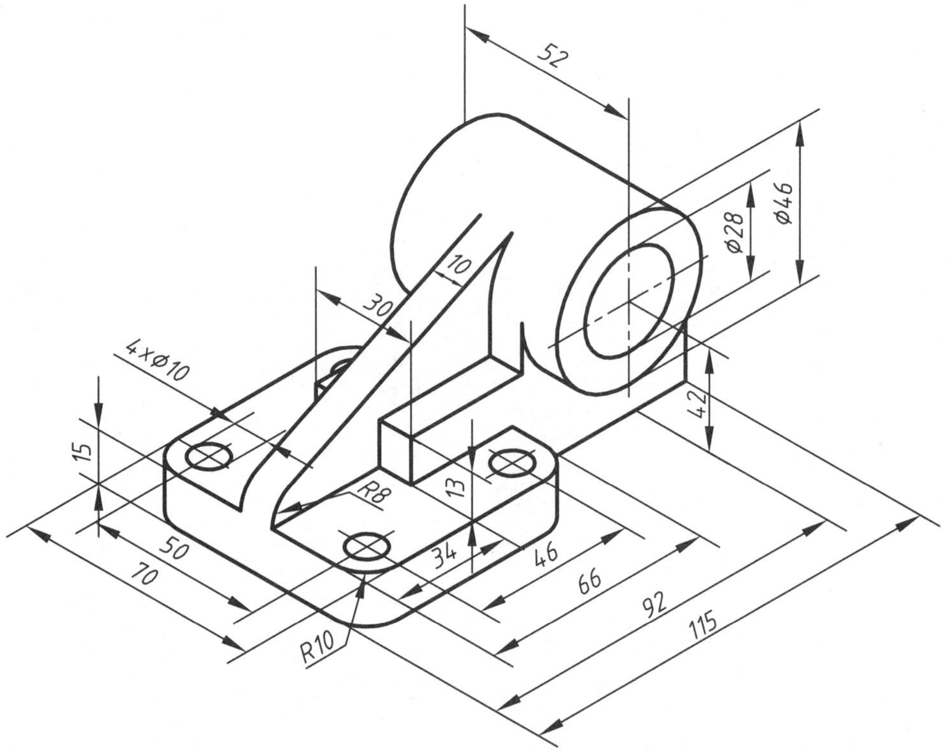

117

5-25 徒手画线练习。

在右图中抄画直线

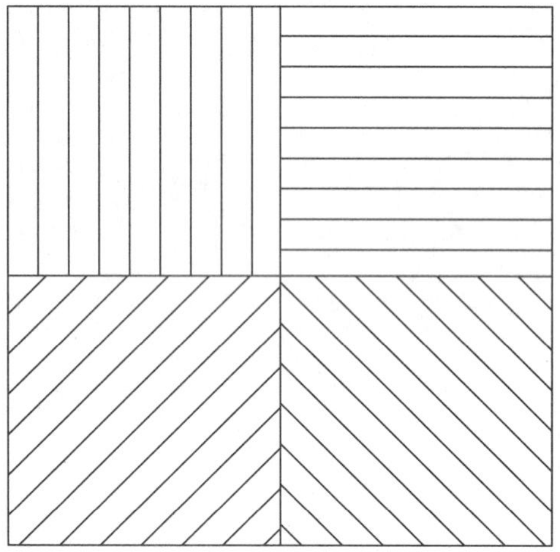

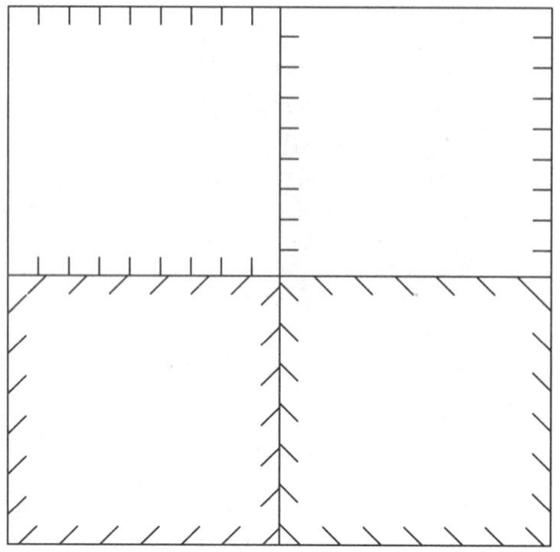

118

5-26 用目测半径法分别画出直径为20 mm的粗实线圆、粗虚线圆和粗点画线圆。(每种线型画三遍)

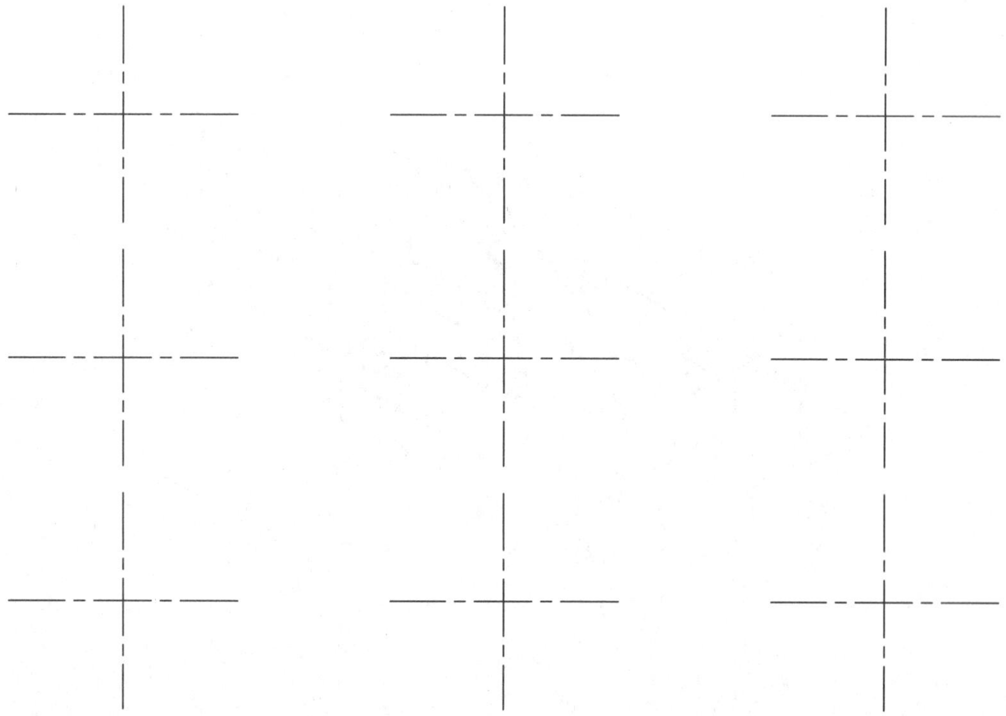

119

5-27 分别用撕纸法和内切正多边形法画出直径为80 mm的圆。

120

5-28 根据立体图，在方格纸内画出物体的正投影草图(三视图)，主视图的投影方向按箭头方向选取，尺寸及比例由目测估定。

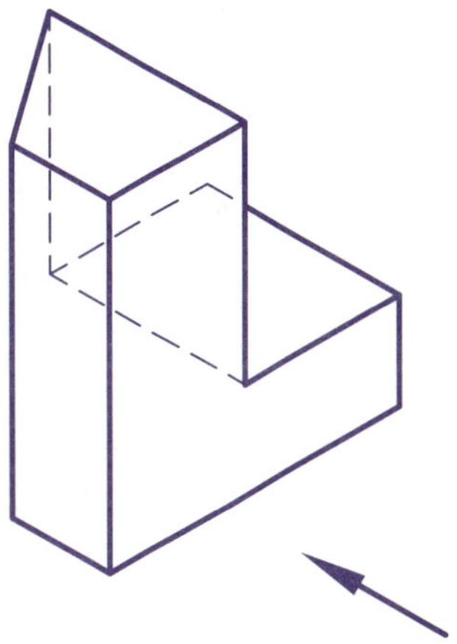

121

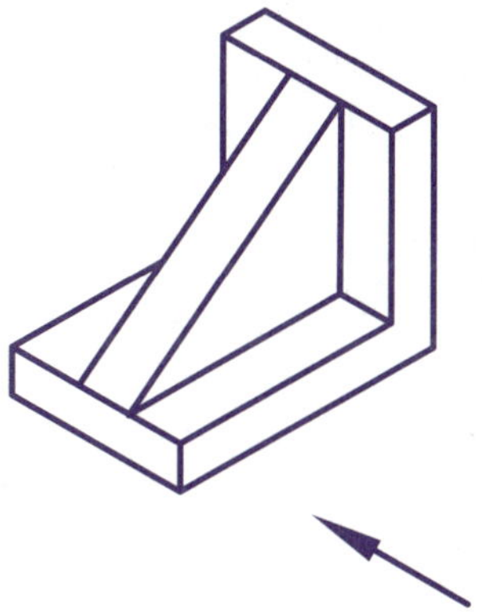

122

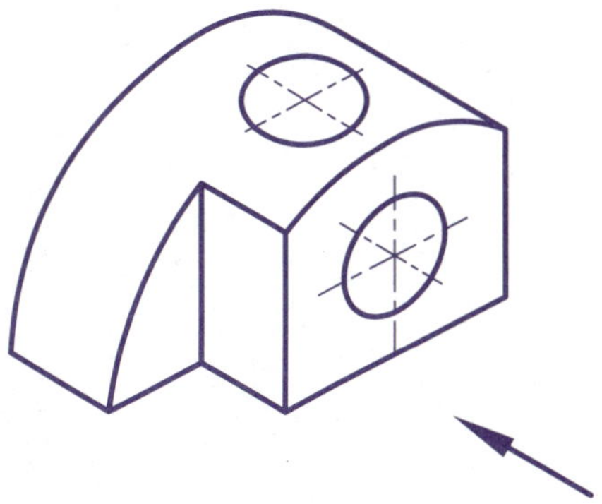

123

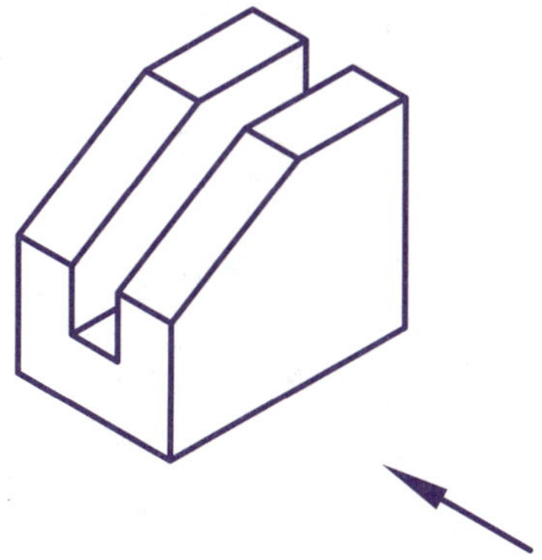

124

5-29 根据立体图，画出物体的正投影草图（三视图），尺寸及比例由目测估定。

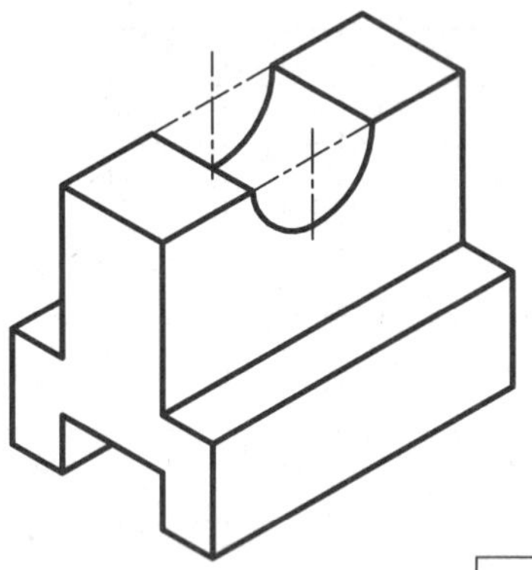

125

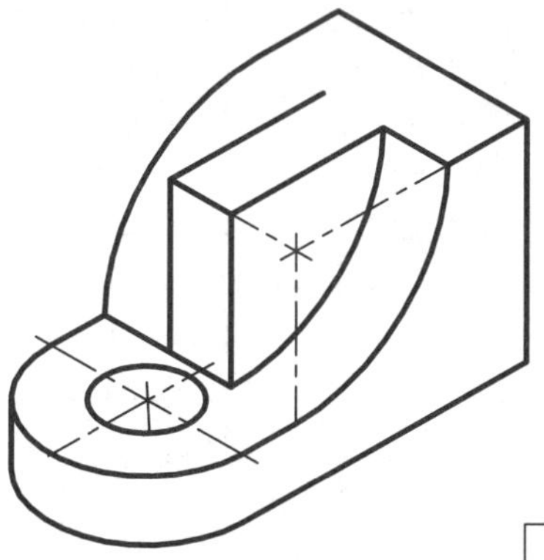

126

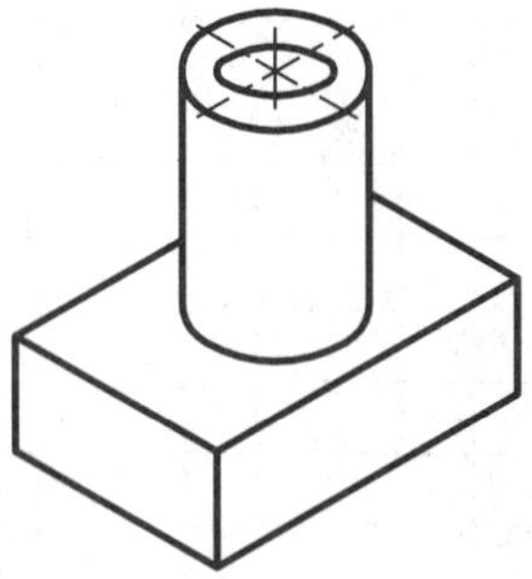

127

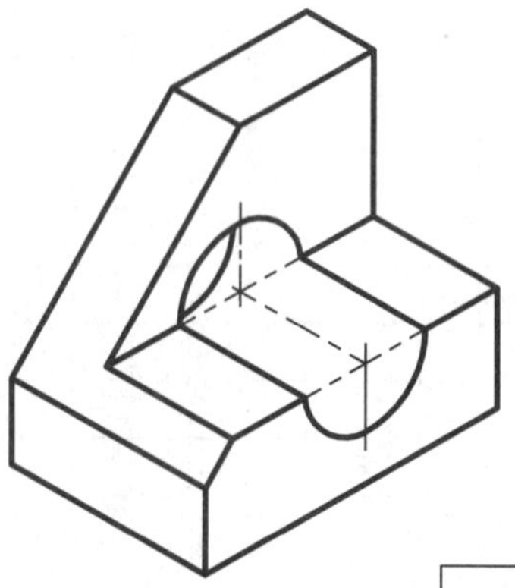

128

6-1　根据下列已知的主视图，分别构思三种不同的组合体，并画出它们的左、俯视图。

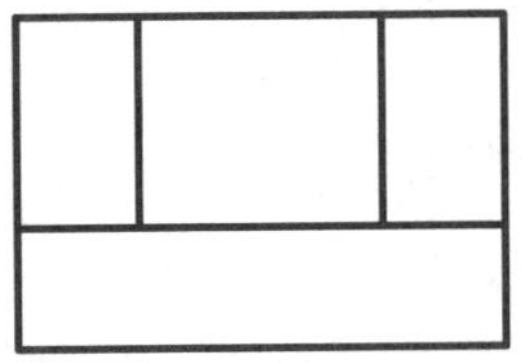
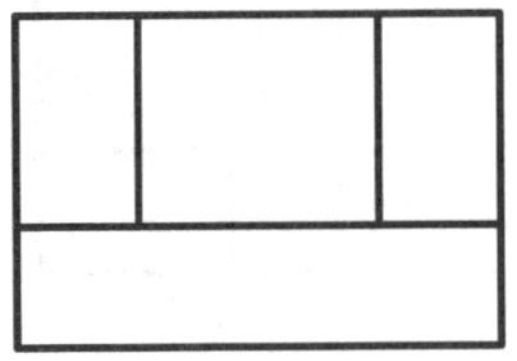
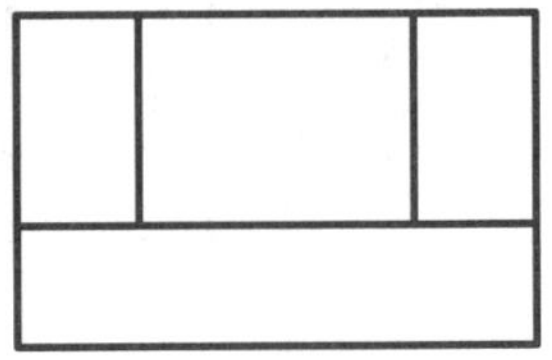

129

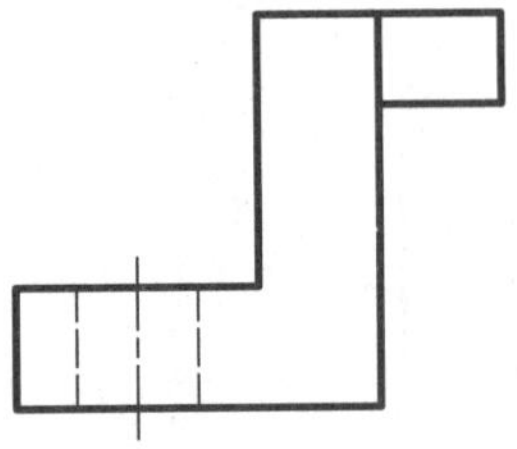
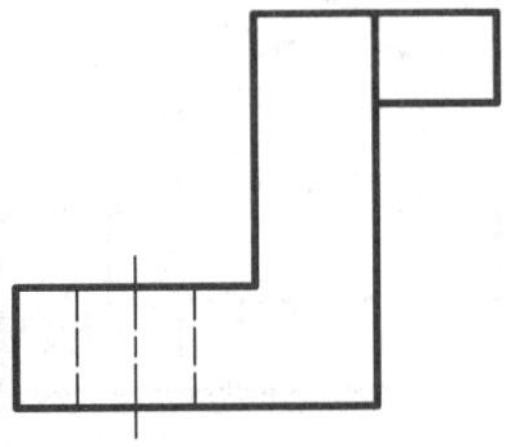
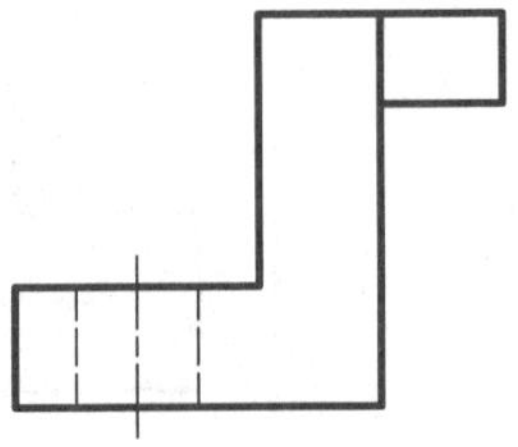

130

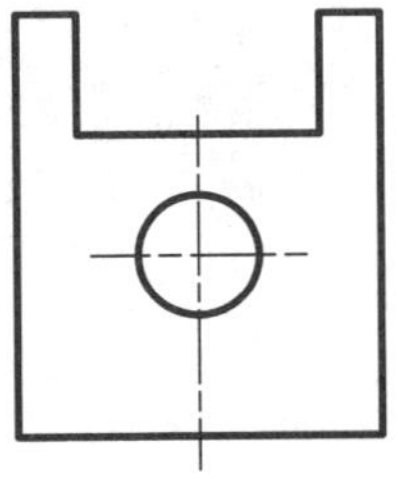
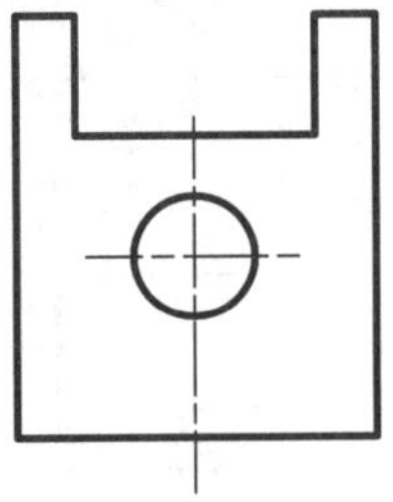
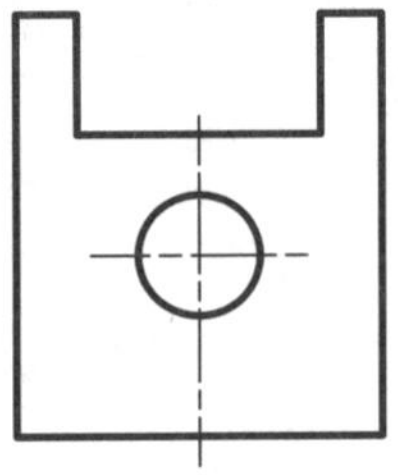

131

6-2　根据已知的主视图，构思四种不同形状的组合体，并画出另外两个视图。

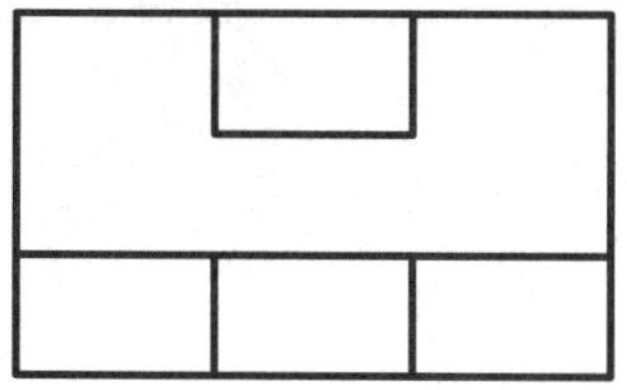

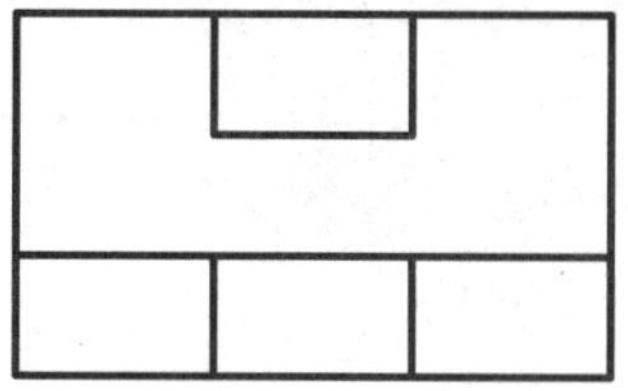

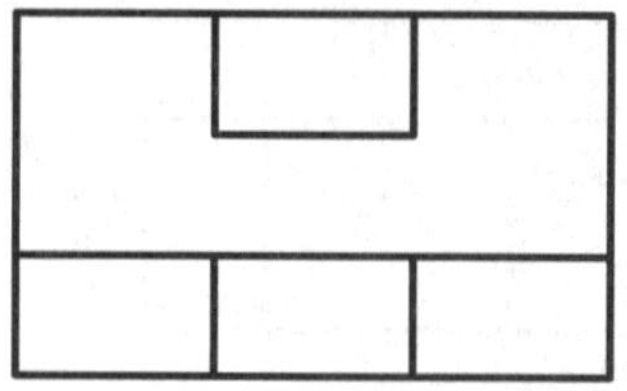

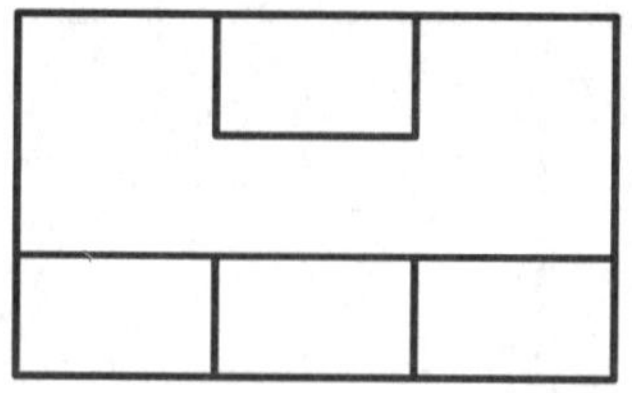

132

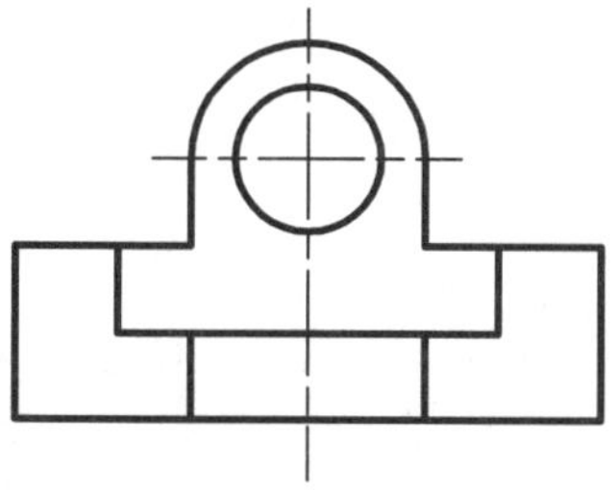

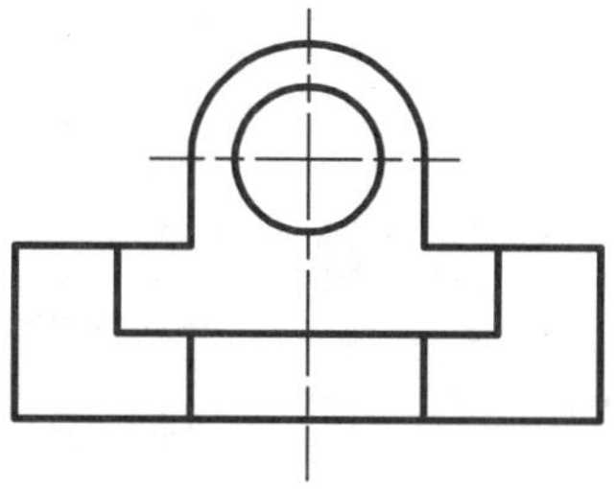

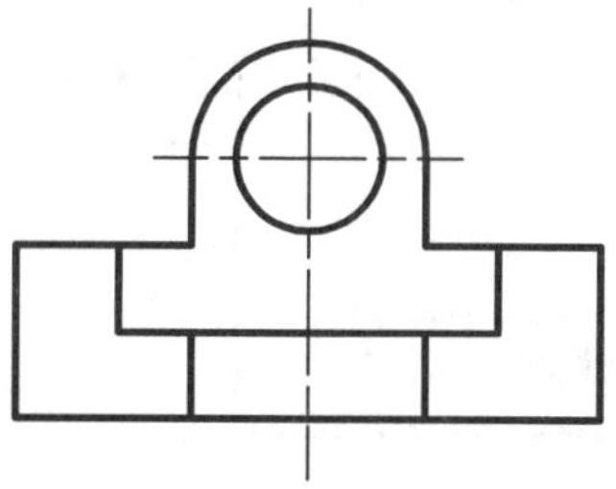

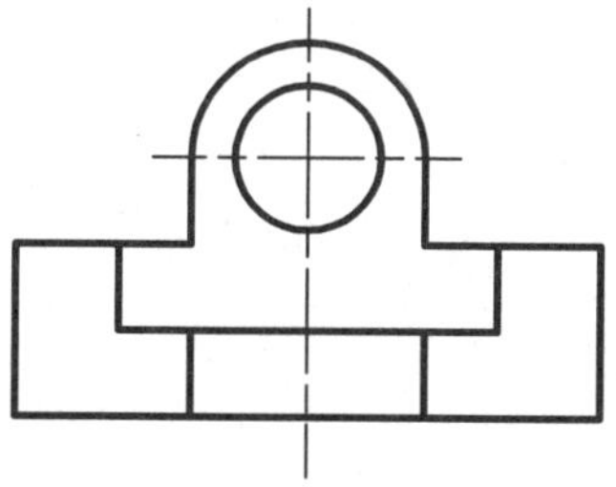

133

6-3　根据已知的三视图，想象物体的形状，构思一个能够与之相嵌合且组成一个完整圆柱的物体，并画出其三视图。

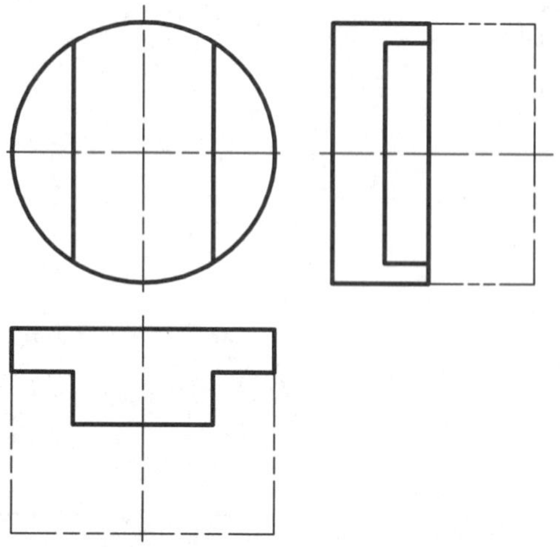

134

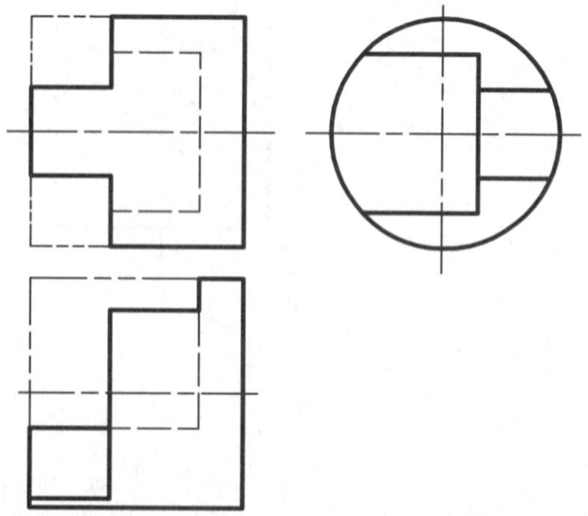

135

6-4　已知物体的主视图，构思想象出三个以上可能的物体形状，并画出轴测草图和正投影草图。

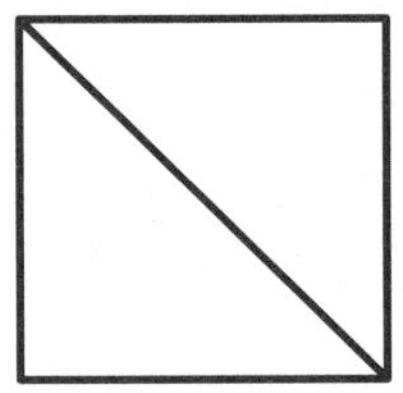

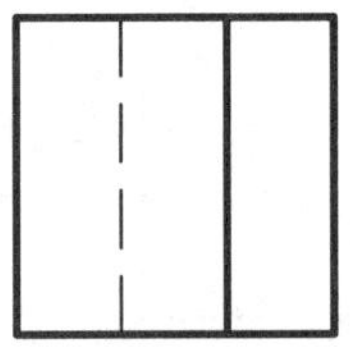

1）轴测草图

2）正投影草图

136

6-5　试设计底板形状和支承结构，将圆筒连接起来，组成一个完整的物体，并画出其轴测草图和正投影草图。

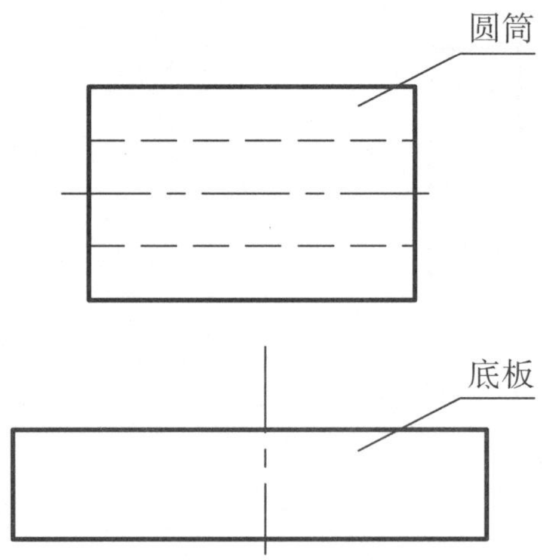

137

7-1　试画出图示物体的正等轴测图。

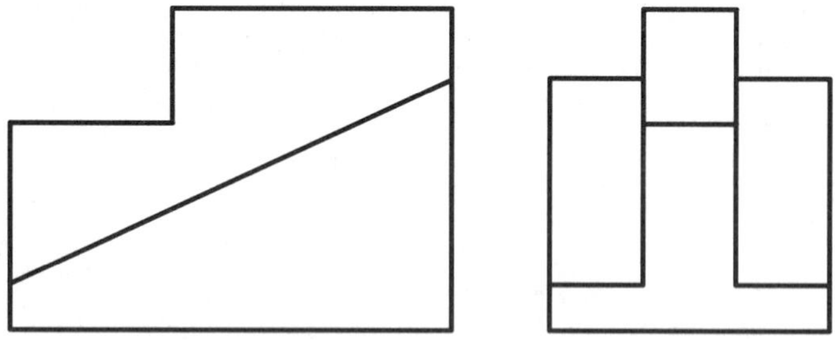

138

7-2　试画出图示物体的正等轴测图。

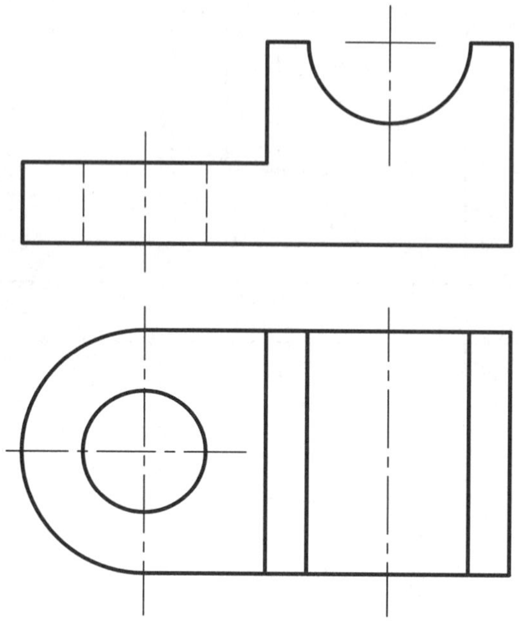

140

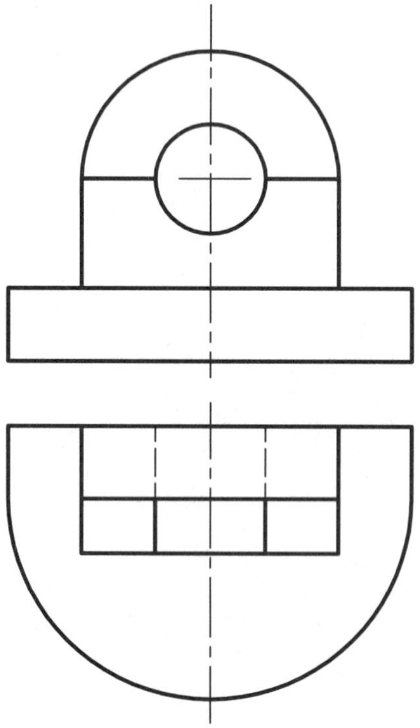

139

7-3　试画出图示物体的正等轴测剖视图。

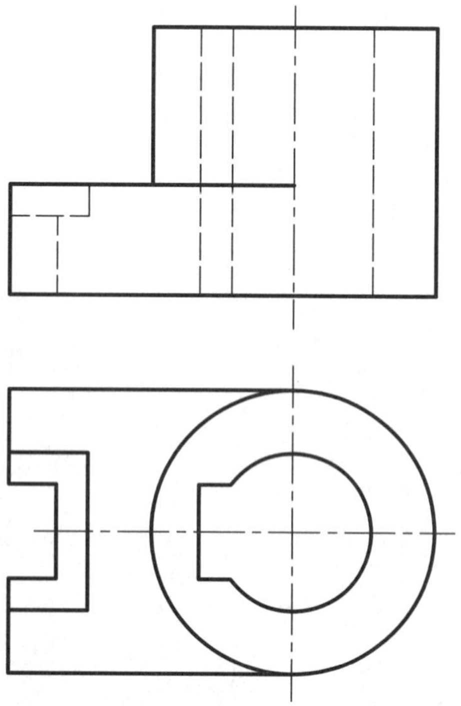

141

7-4　试画出图示物体的斜二等轴测图。

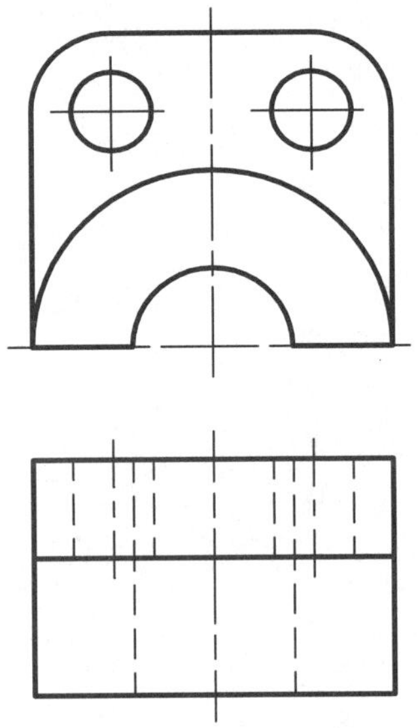

142

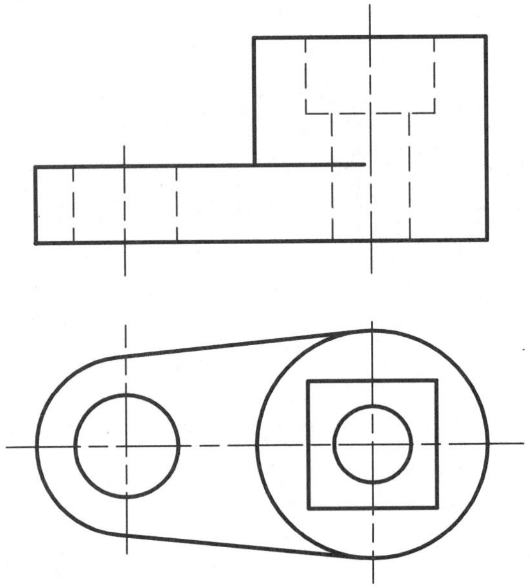

143

7-5　试画出图示物体的正等轴测图和斜二等轴测图,并比较采用哪种较合适。

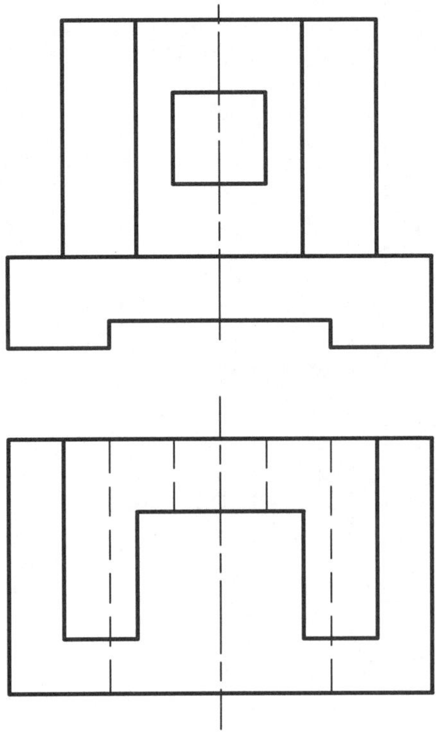

144

7-6　根据给出的视图，画出其正等轴测草图。

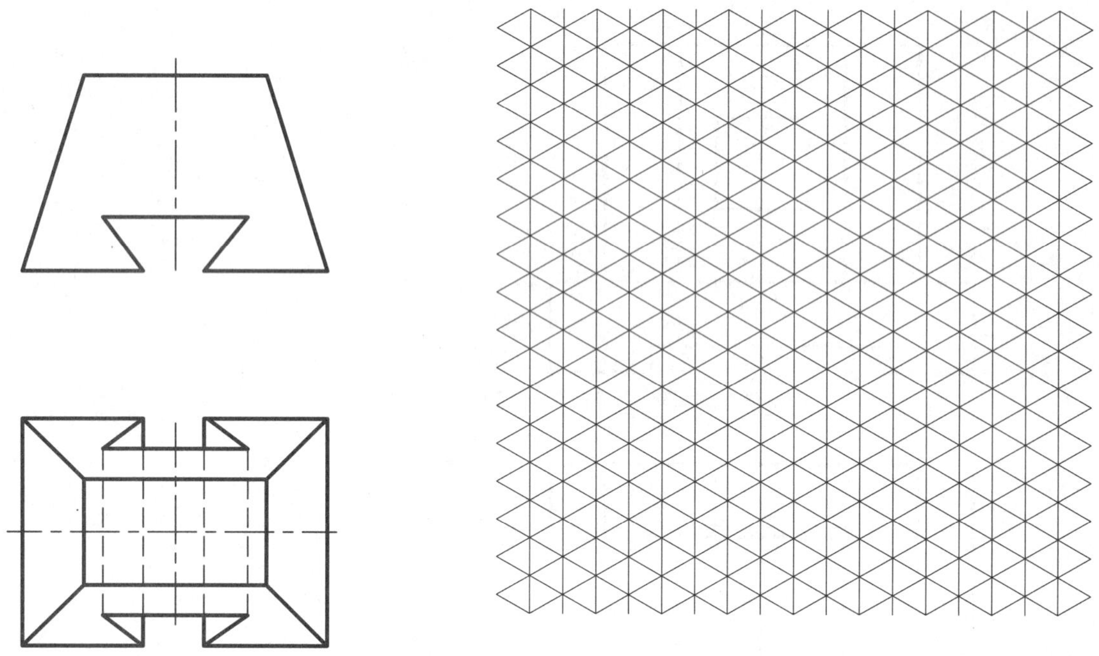

145

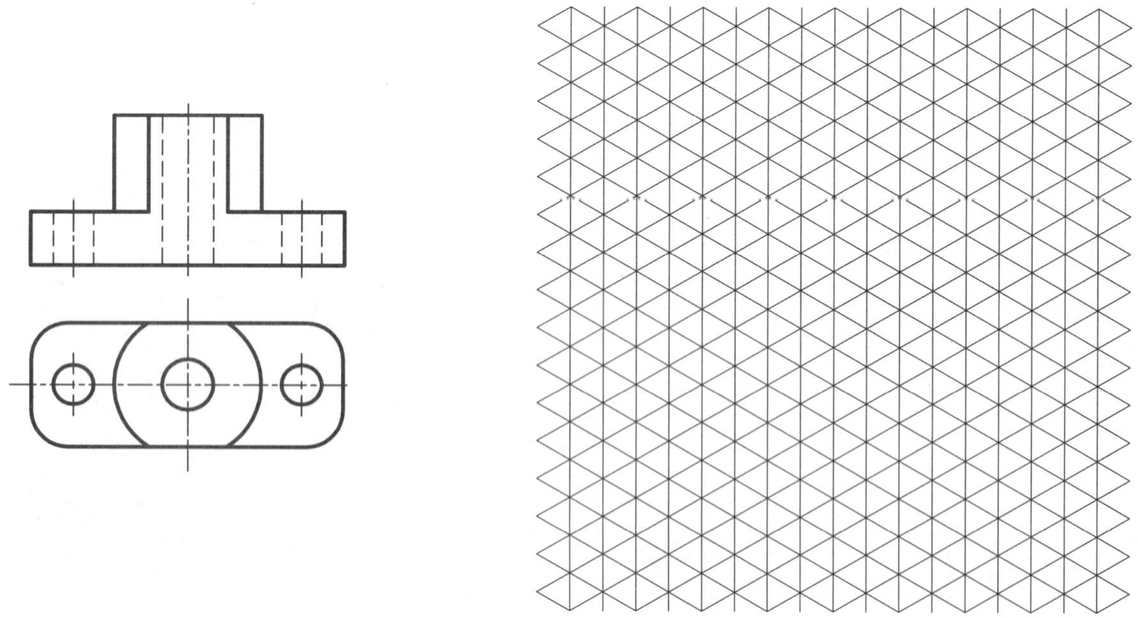

146

7-7　根据教师要求，画出若干读图习题的轴测草图。（轴测图种类自选）

147

8-1　用一组合适的视图表达下面立体图所示的机件。（已画出主视图）

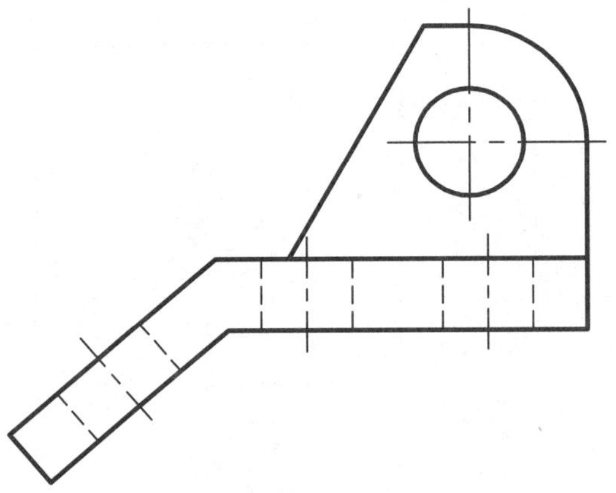

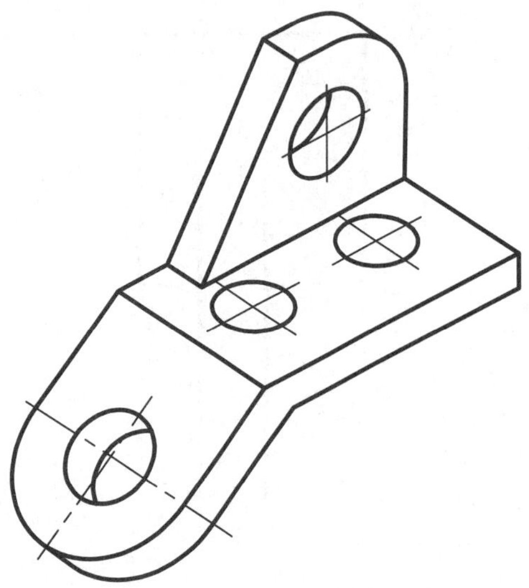

148

8-2　根据机件的立体图画出三视图，其中主视图画成全剖视图。

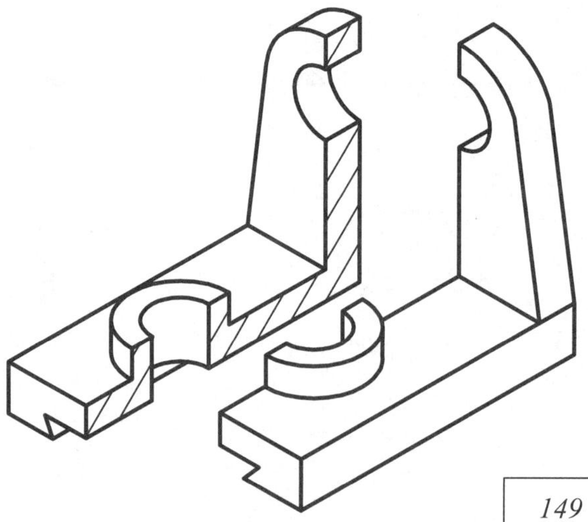

149

8-3　参照机件的立体图补画全剖的主视图。

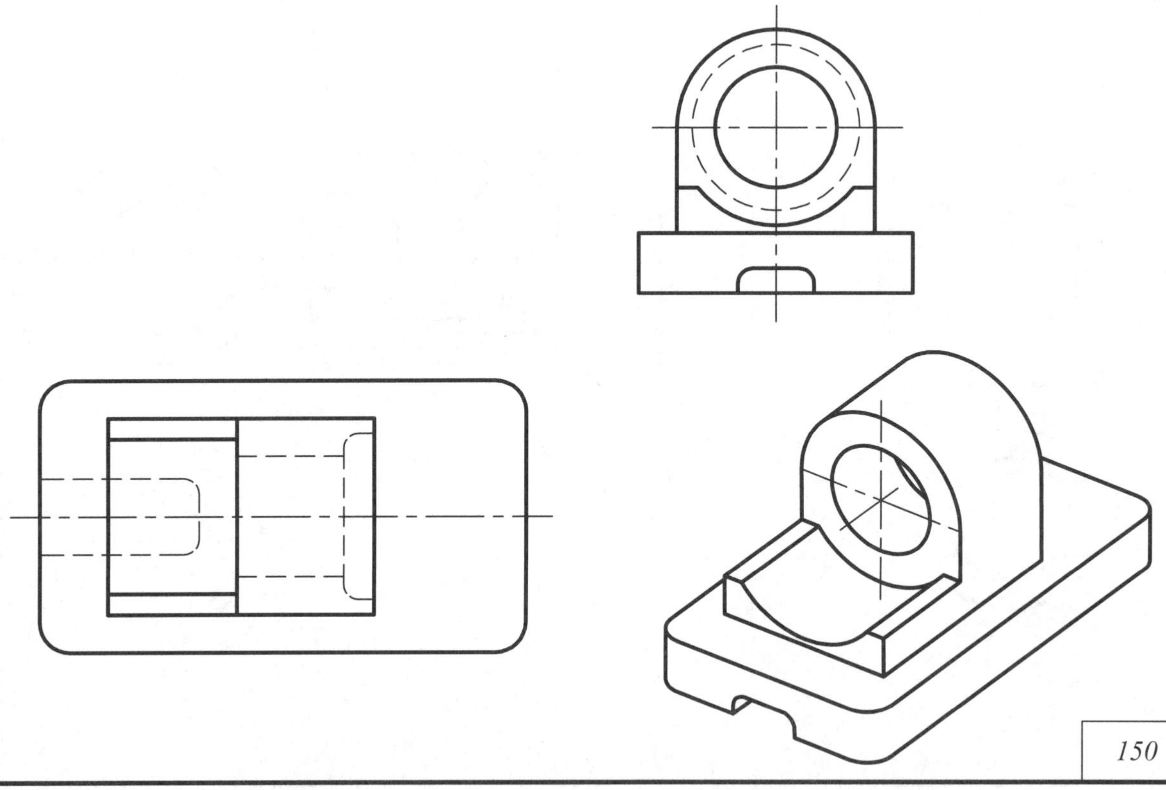

150

8-4　改正剖视图中的错误(补全缺少的线,在多余的线上打“×”)。

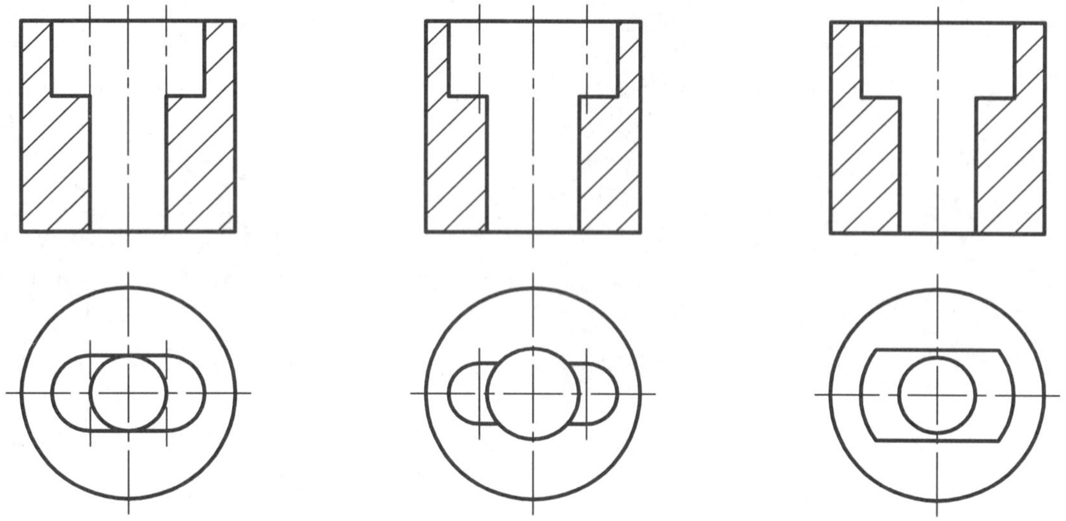

151

8-5　分析下面机件剖视图中的错误,并在指定位置画出正确的剖视图。

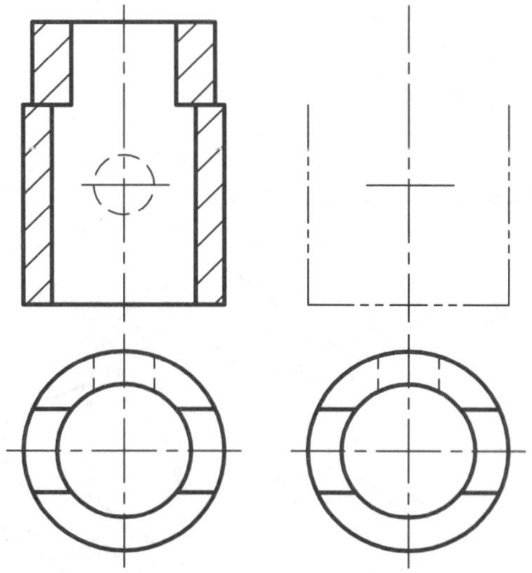

152

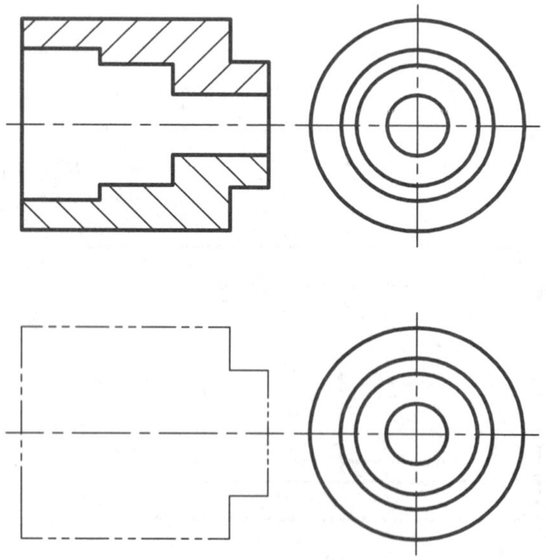

153

8-6　将下面机件的主视图改画成全剖视图。

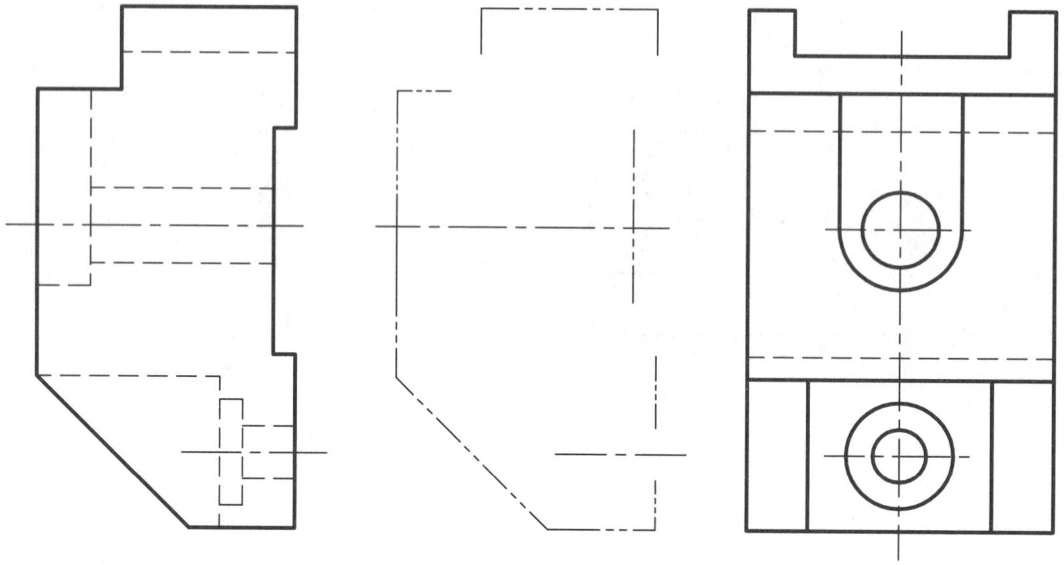

155

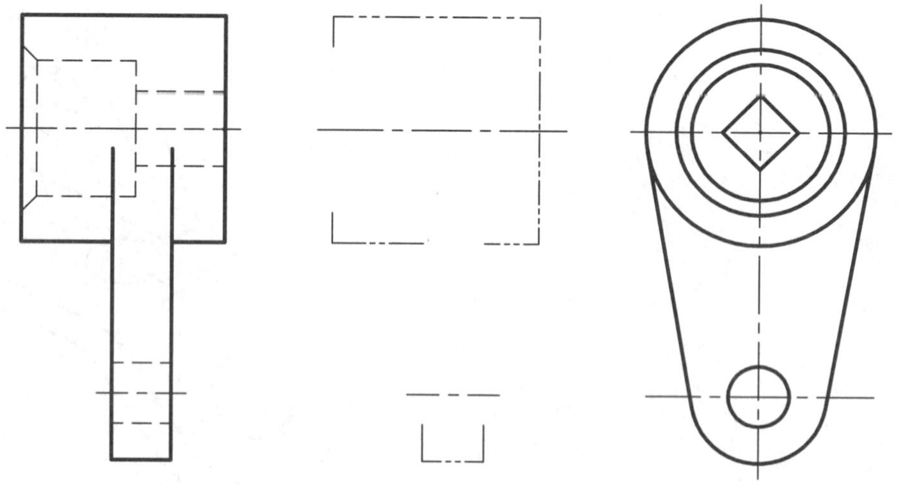

154

8-7 画出下面机件的 *C*–*C* 全剖视图。

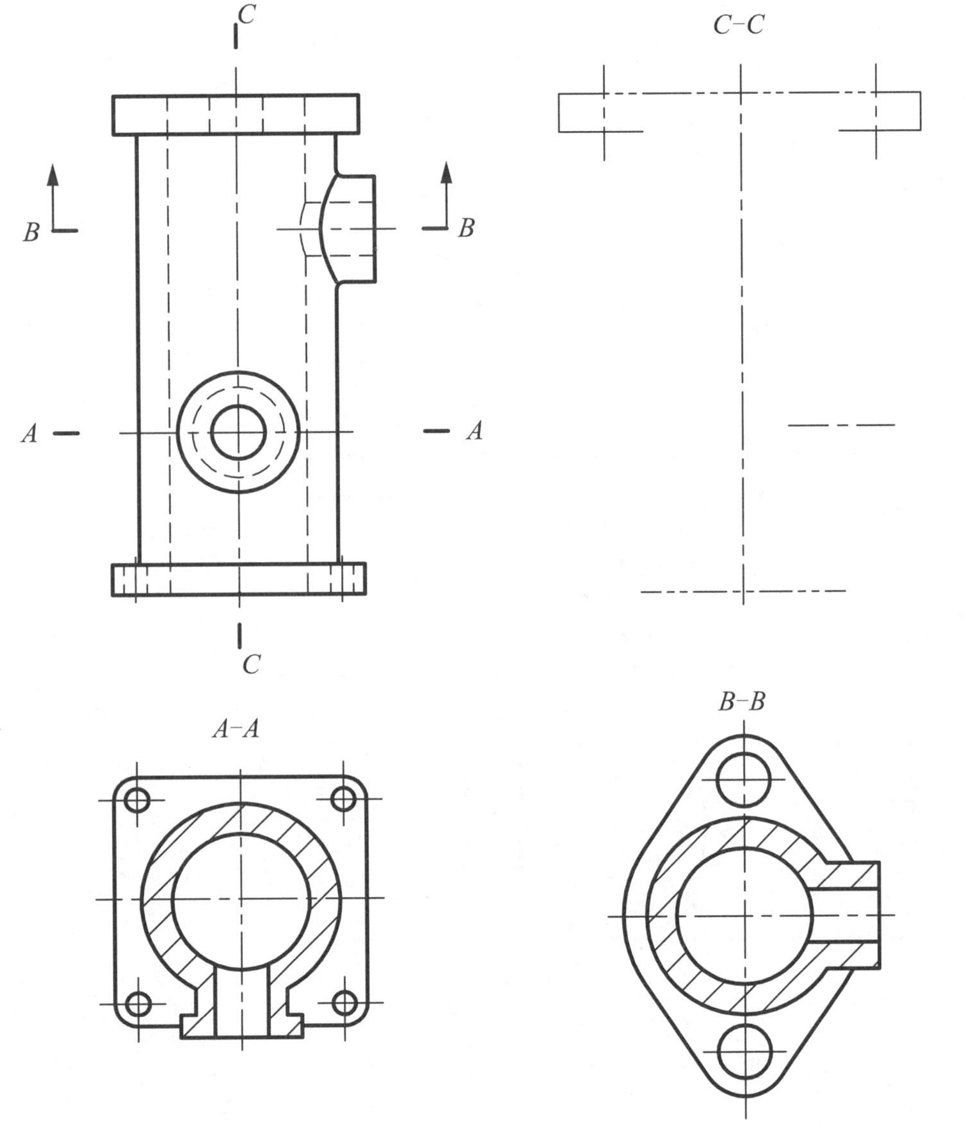

156

8-8 完成主视图（取半剖视图），并标注出机件的尺寸（数值取整，从图中量取）。

158

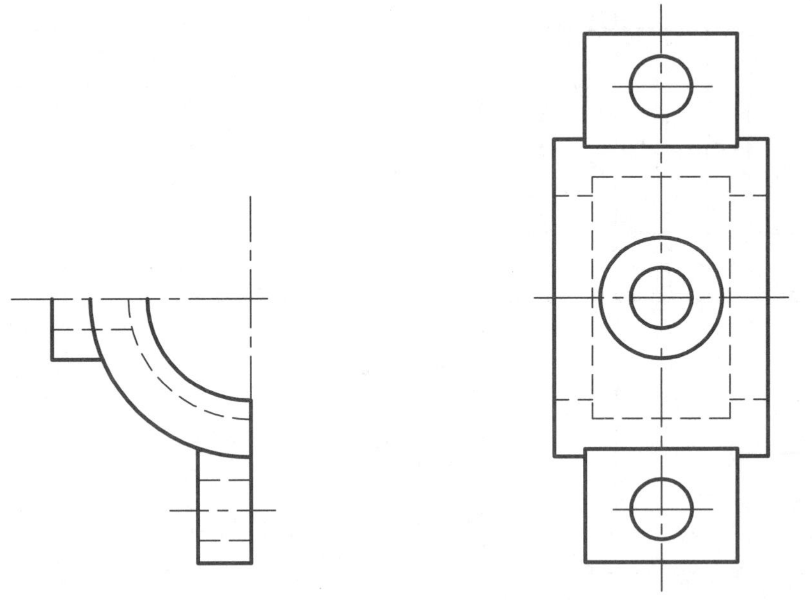

157

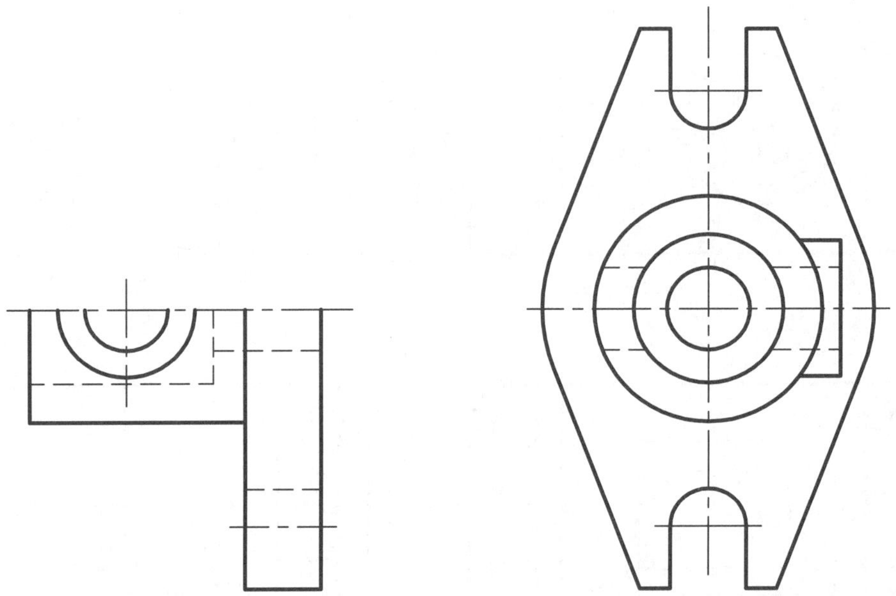

8-9 指出局部剖视图中的错误，并将正确的局部剖视图画在右边。

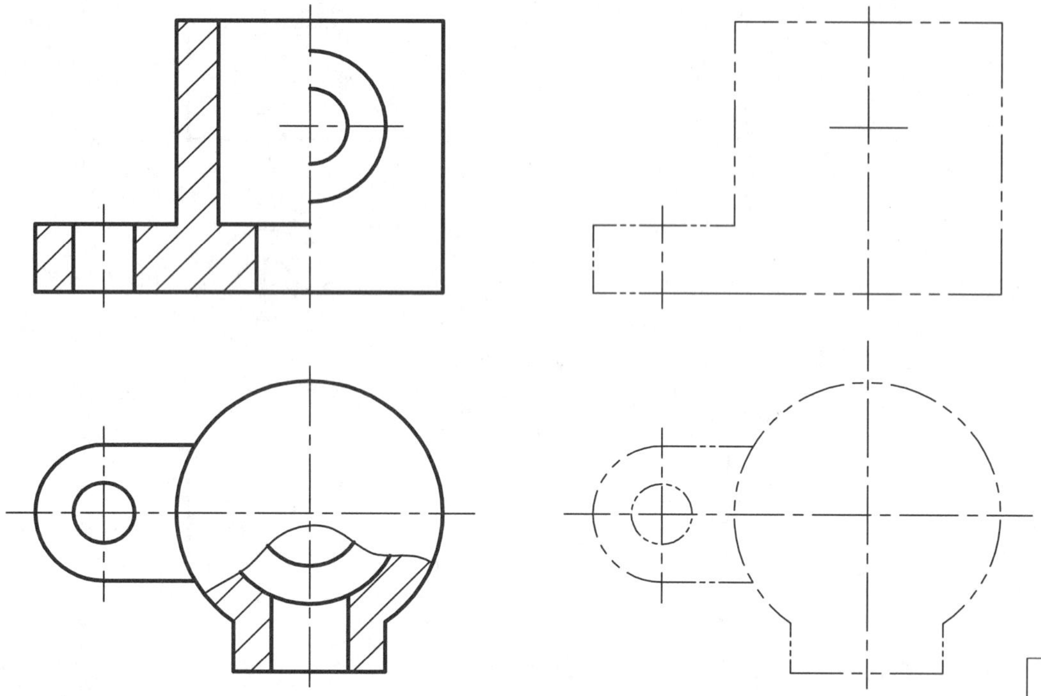

159

8-11 将机件的主视图改画成阶梯剖视图。

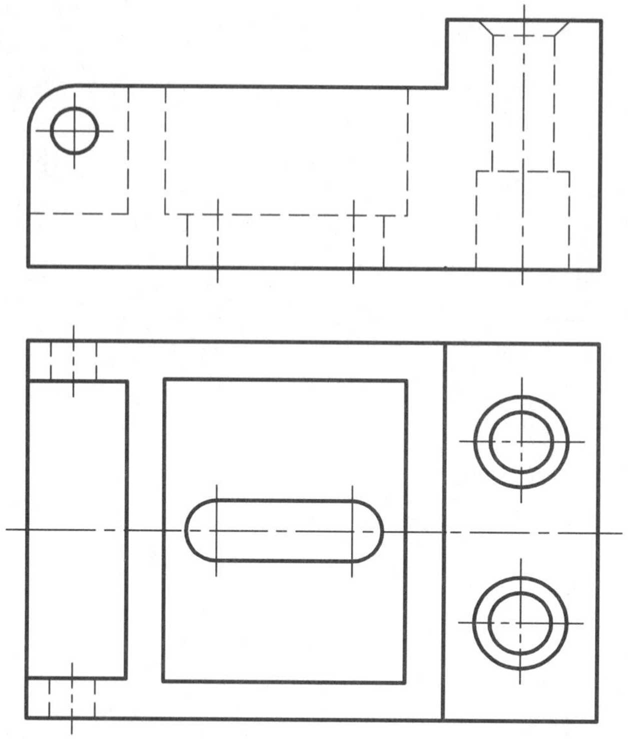

161

8-10 分别将主视图和俯视图改画成合适的局部剖视图。

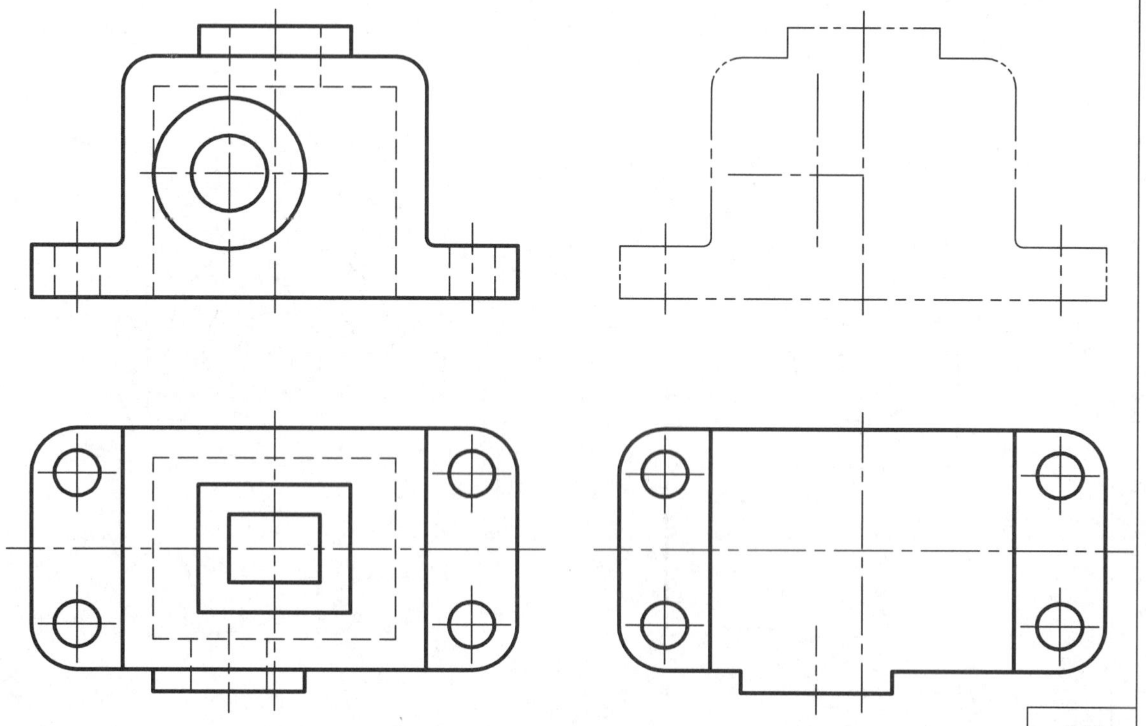

160

8-12 画全下面机件的主视图（*B*–*B* 剖视图）。

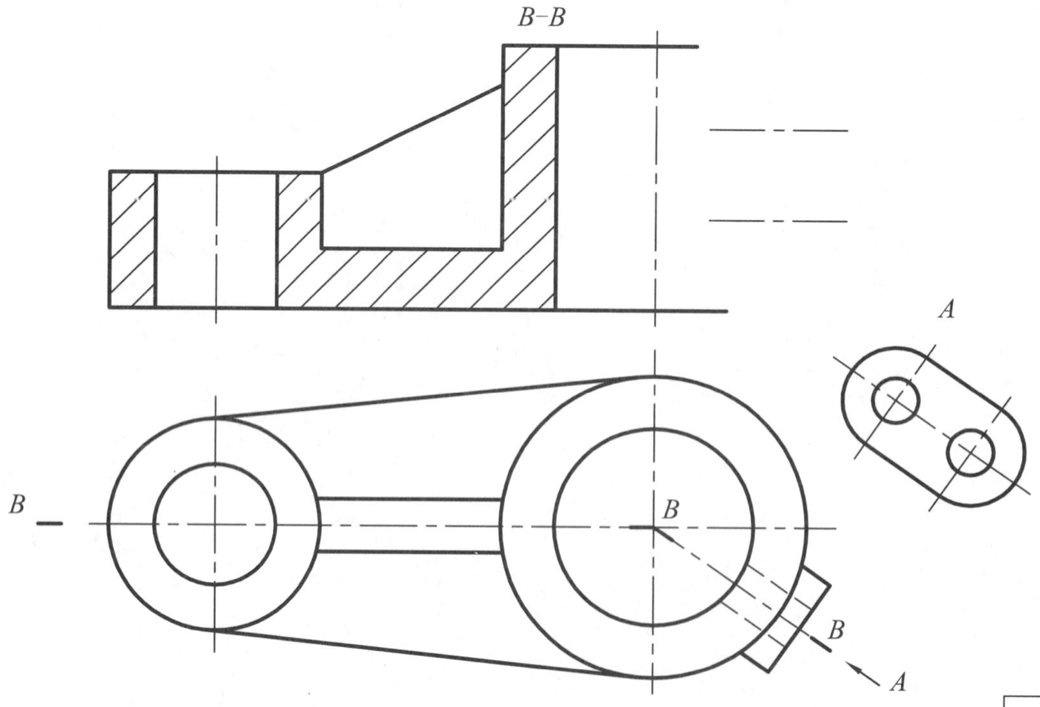

162

8-13 在指定位置画出*A*–*A*斜剖视图和*B*–*B*剖视图。

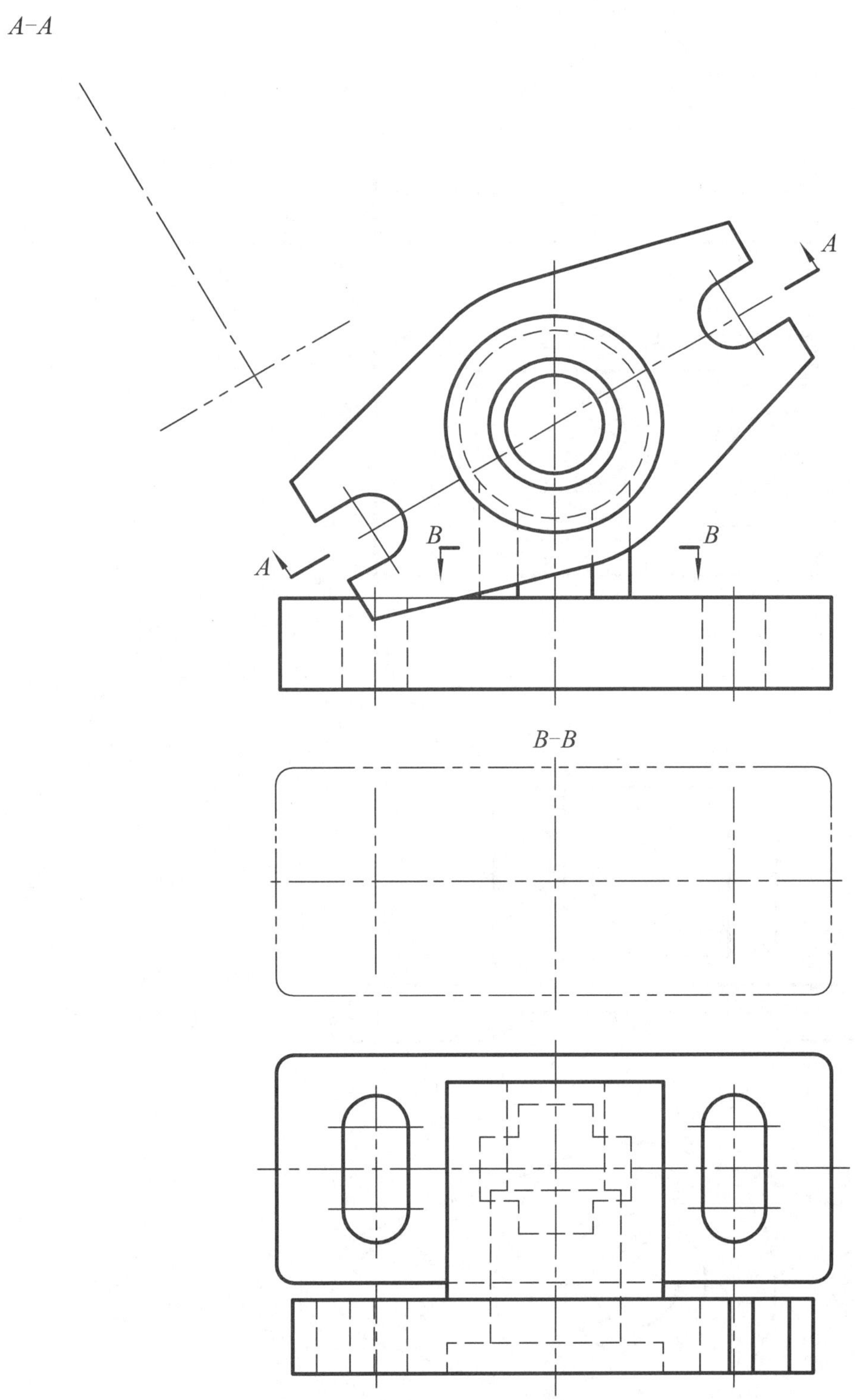

163

8-14 补画全剖的左视图。

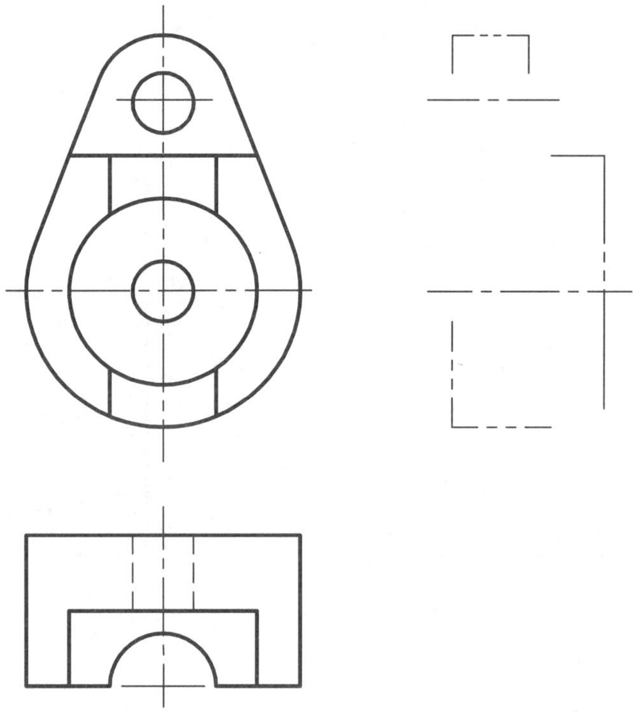

164

8-15 补画全剖的俯视图。

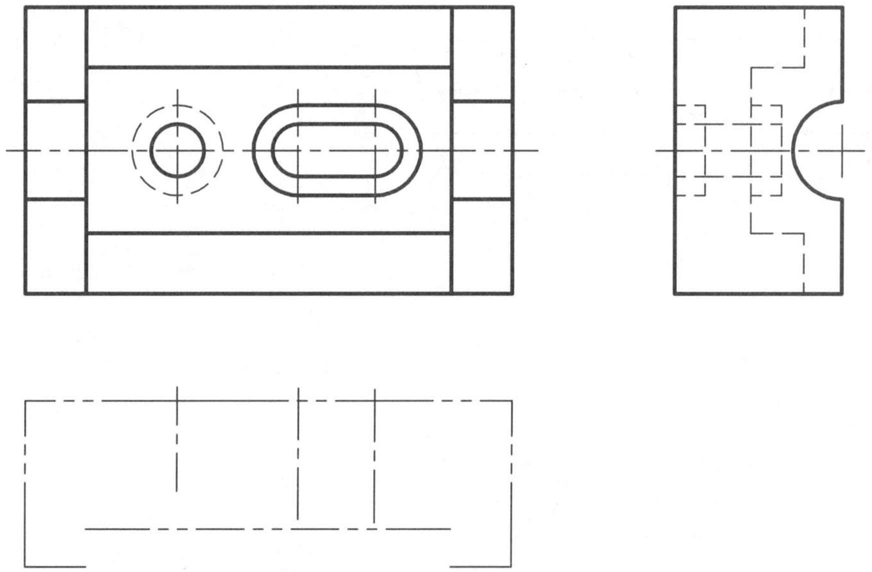

165

8-16　补画半剖的主视图。

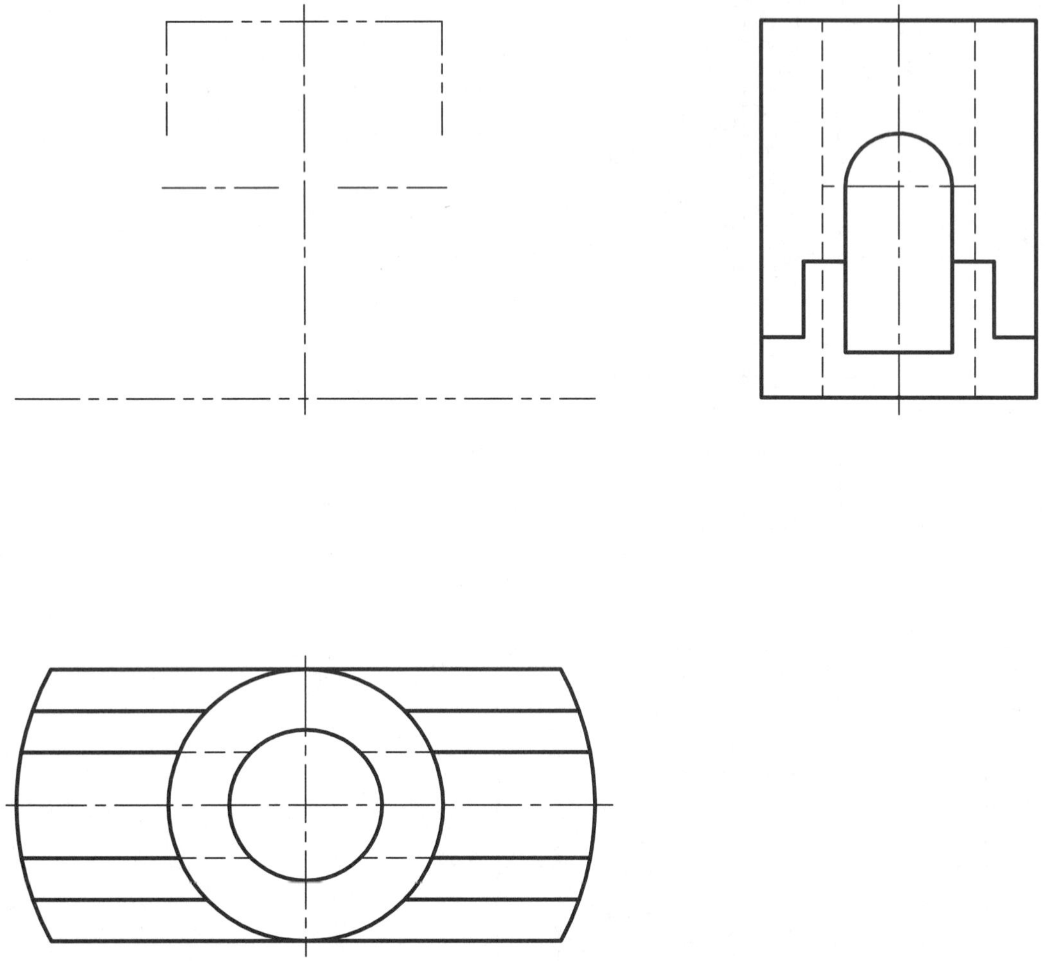

166

8-17　补画半剖的左视图。

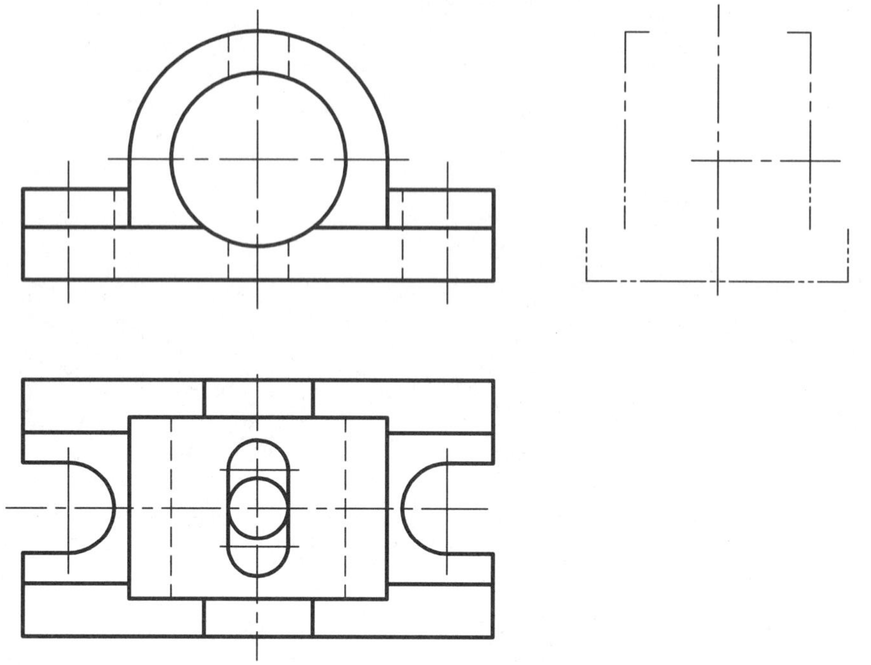

167

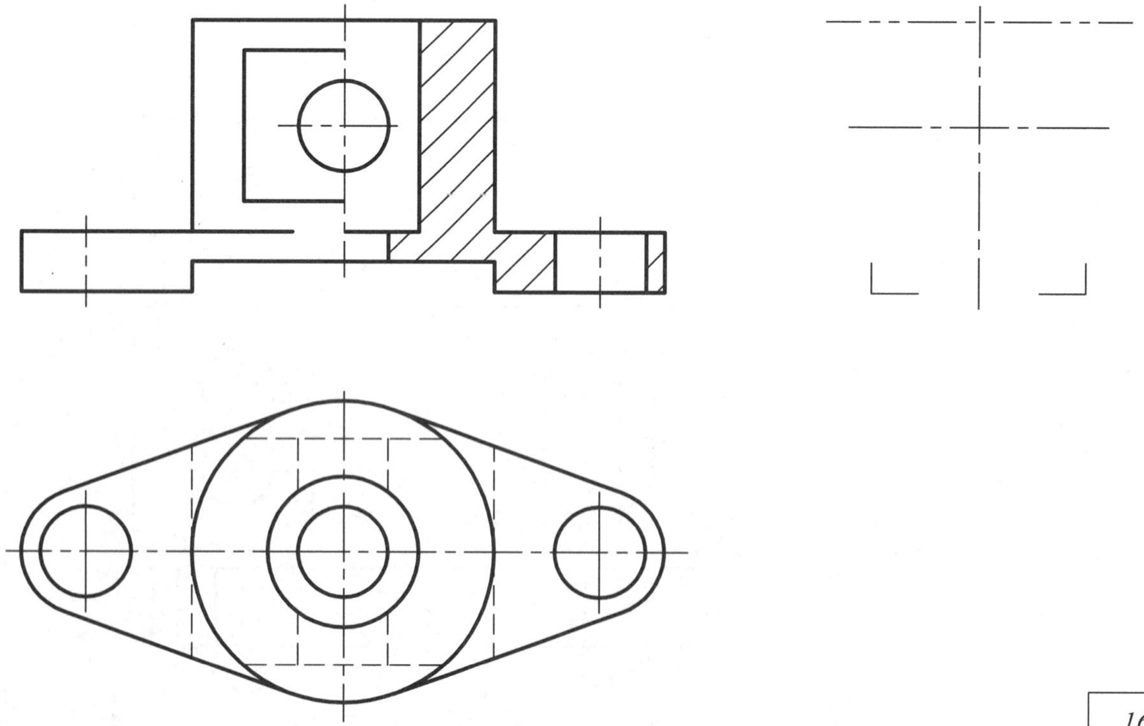

168

8-18 在指定位置将主视图改画成全剖视图,并补画出半剖的左视图。

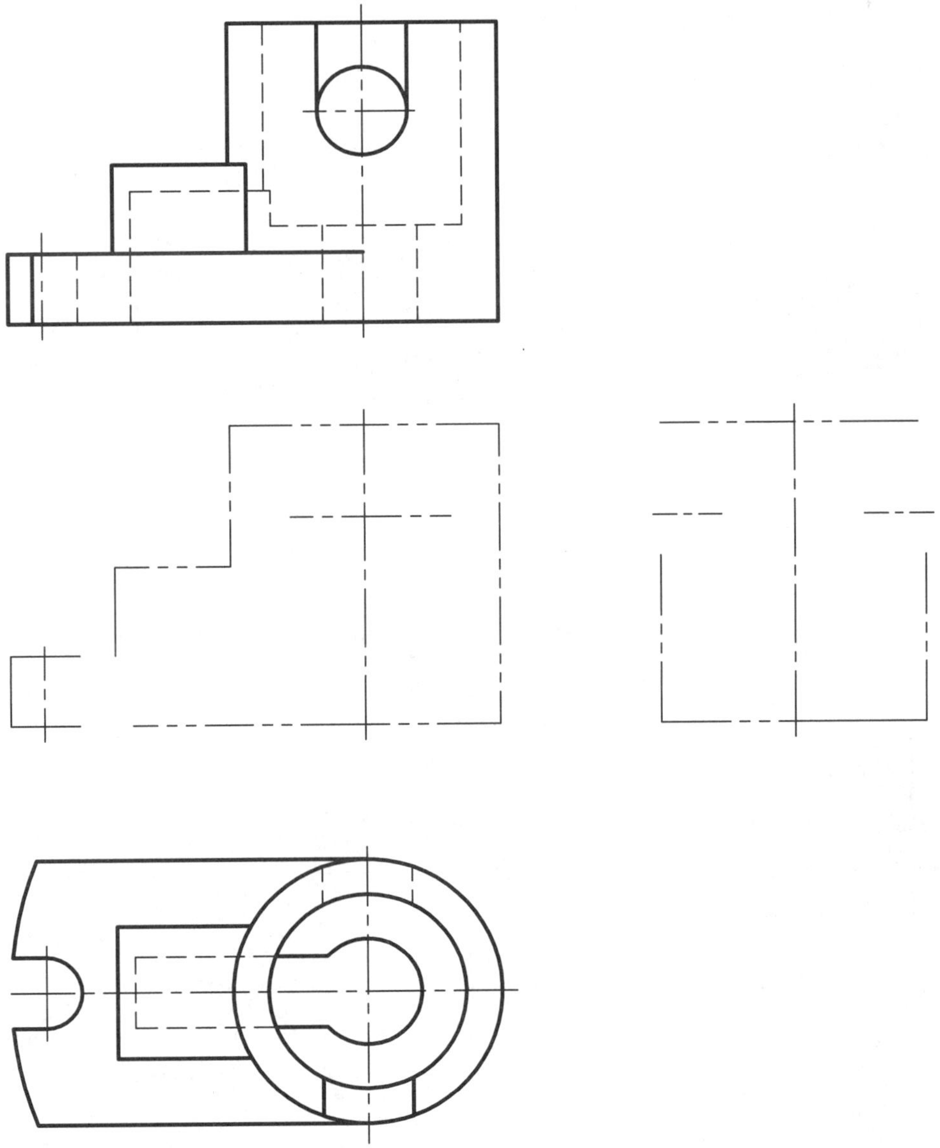

169

8-19 在指定位置分别将主视图和左视图改画成合适的剖视图。

170

8-20　画出回转轴上指定位置的断面图。(左面键槽深4 mm,右面键槽深3 mm)

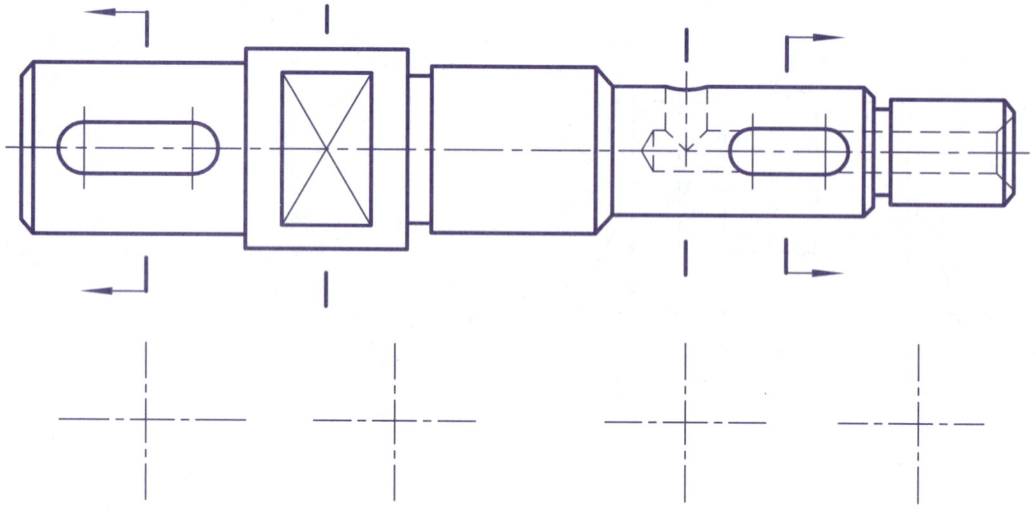

171

8-23　在指定位置画出正确的全剖视图。

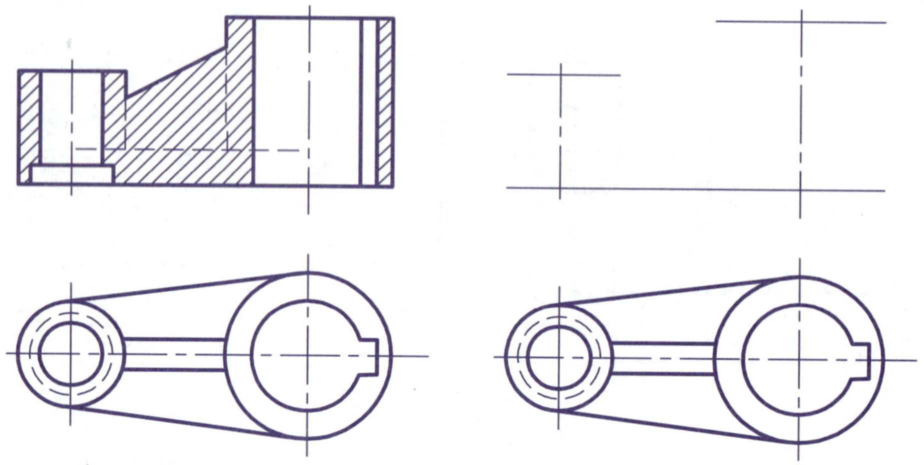

174

8-21　画出肋板的移出断面图。

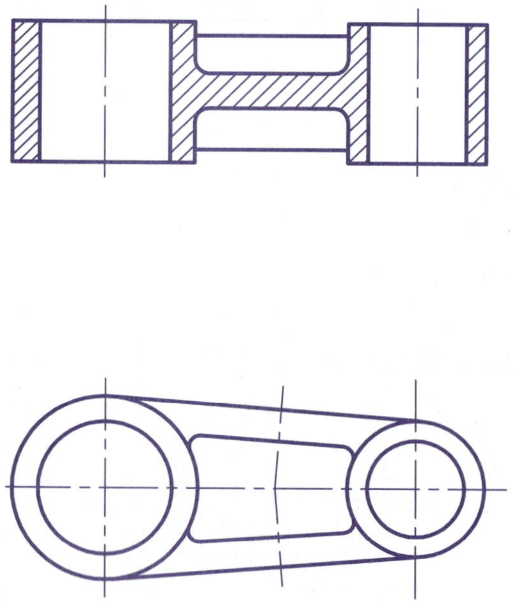

172

8-22　画出肋板的重合断面图。

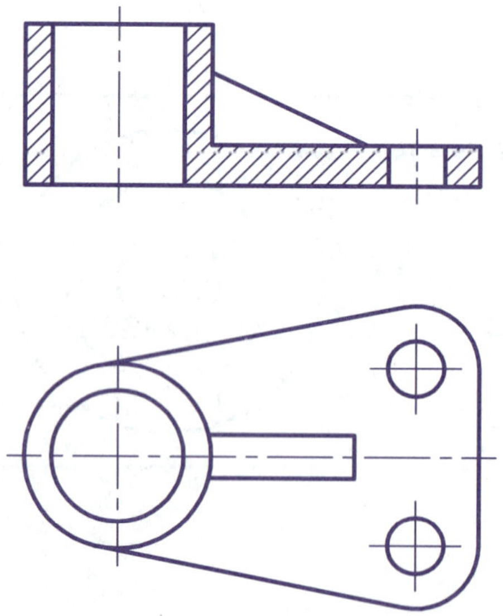

173

8-24　按剖视图的简化画法,在指定位置将机件的主视图改画成全剖视图。

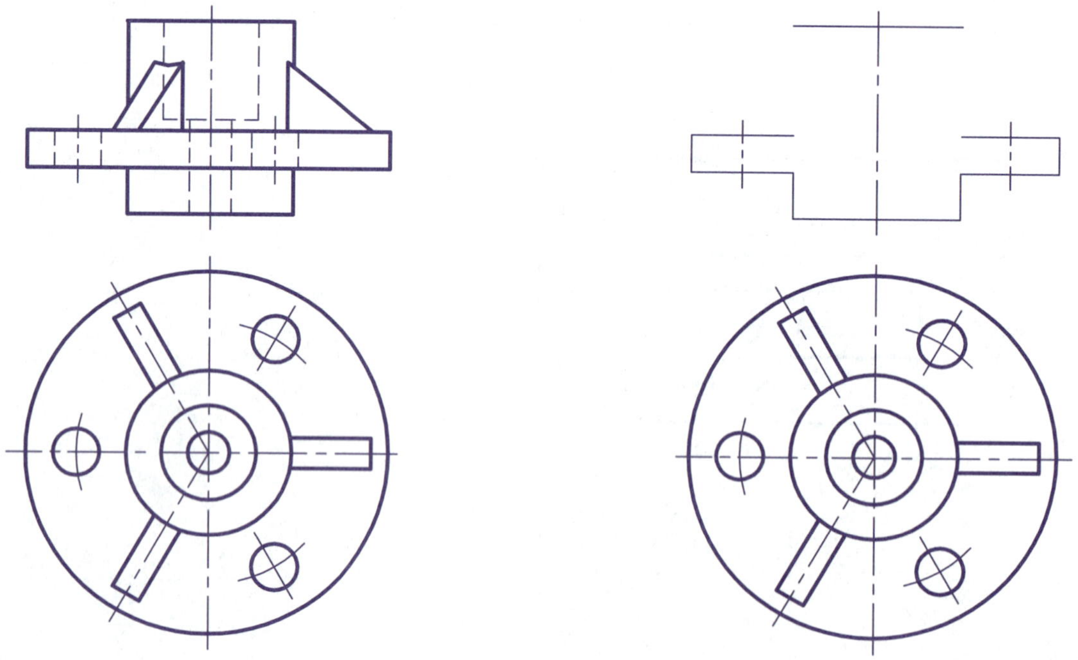

175

8-25　选用一组合适的视图方案来表达下面的机件。(画在方格纸上)

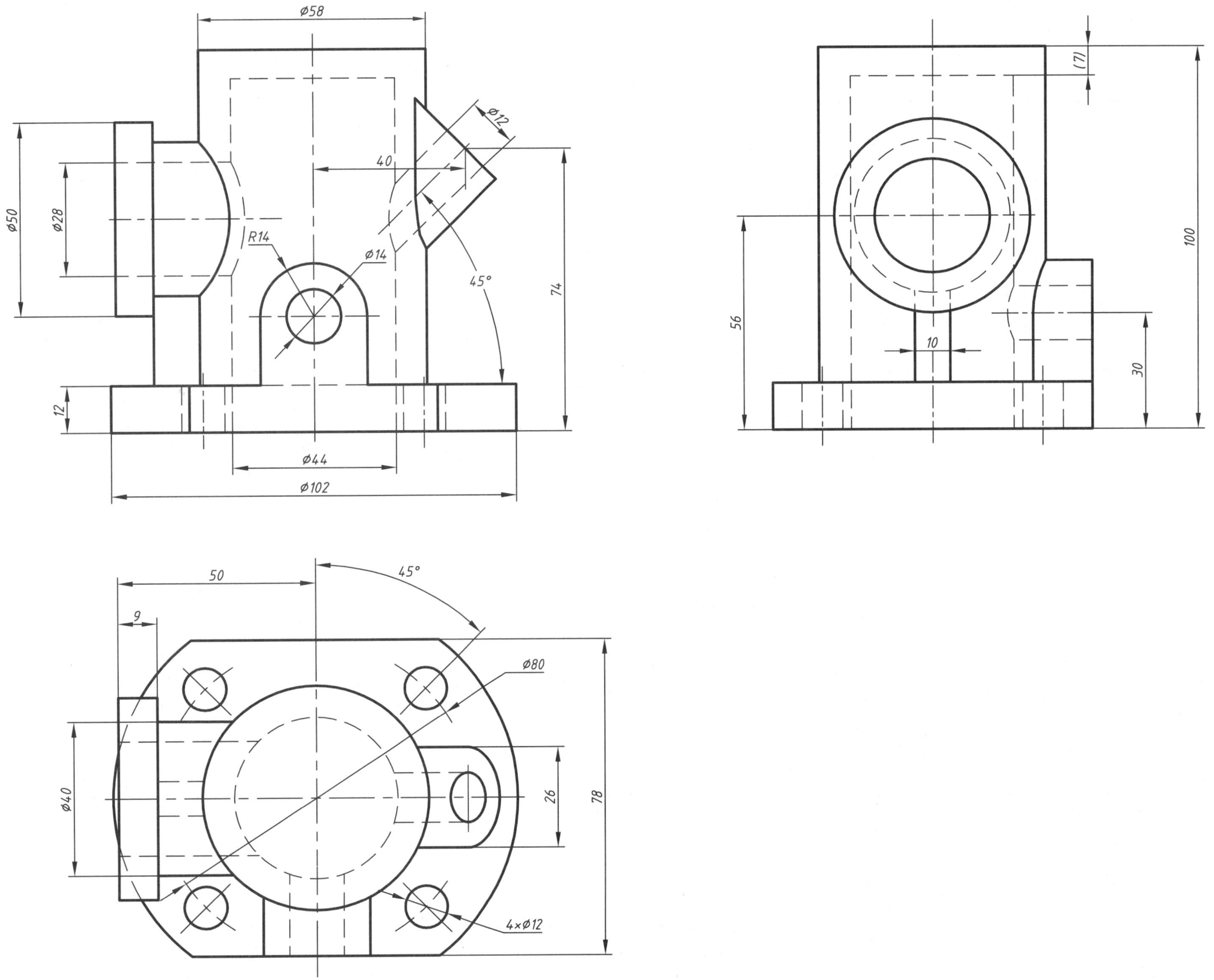

176

8-26 在A3纸上,采用适当的比例画出下面机件的三视图。(选用合适的剖视图)

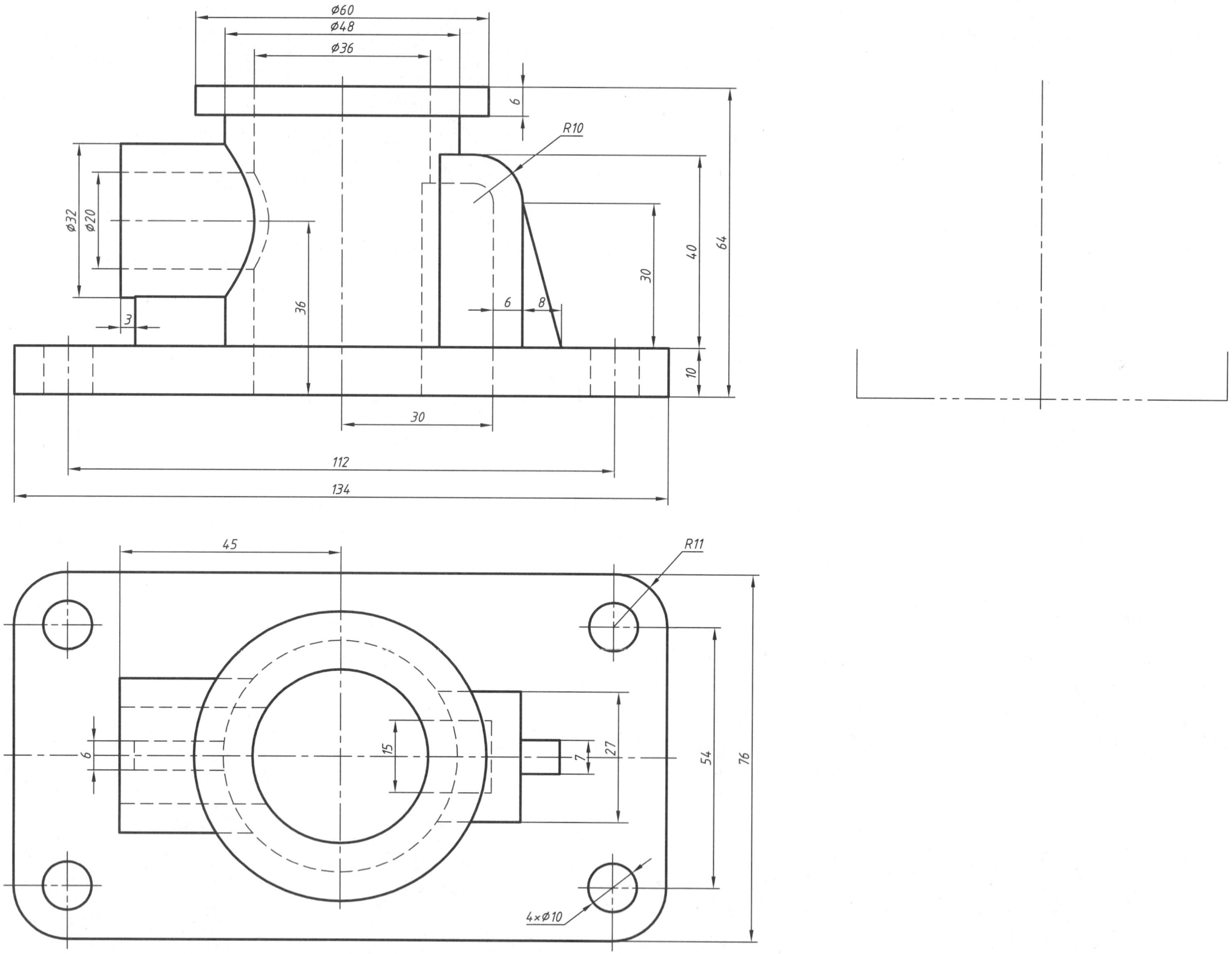

9-1 已知下列螺纹标记，填表说明其意义。

螺纹标记	螺纹种类	公称直径	螺距	导程	线数	旋向	公差带代号	旋合长度代号
M30-6H								
M16-5g6g-S								
M24×1.5-6g								
Tr36×14(P7)LH-8H-L								
G1/2A								

178

9-2 按已知条件画出螺纹或螺纹连接的两视图，并标注第1、2题的尺寸。

1. 在d=16 mm、L=45 mm的圆柱杆上车削普通螺纹，螺距P=2 mm，螺纹部分长22 mm，倒角宽度c=2 mm。

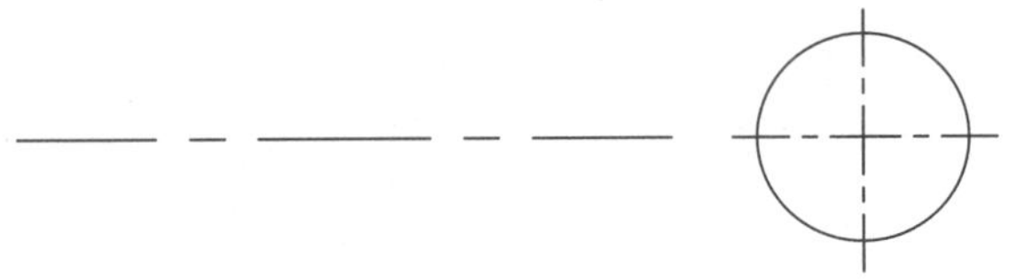

2. 已知机件上有一M16的螺孔，螺纹深26 mm，钻孔深30 mm，试画出螺孔的剖视图。

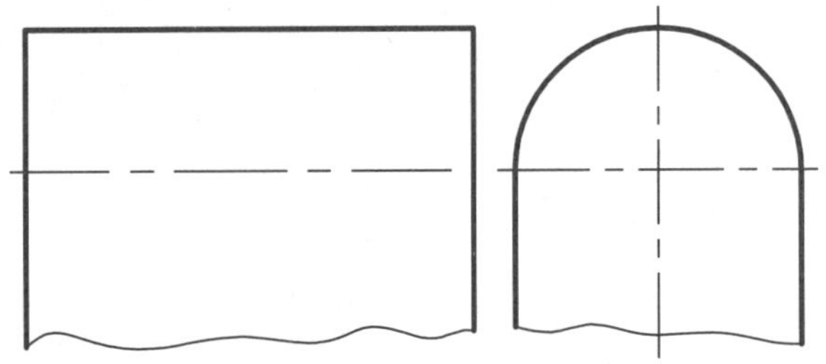

3. 将题1之螺纹件旋入题2之螺孔中（旋紧为止），试画出它们的连接装配图，并画出A-A剖视图。

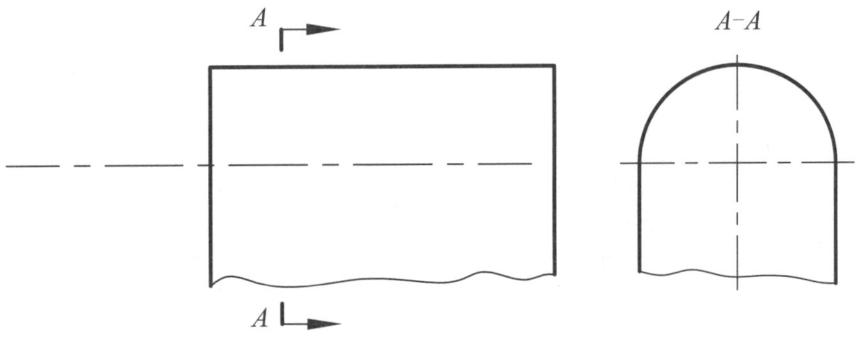

179

9-3 分析下列螺纹及螺纹连接画法的错误，在指定位置将正确连接画法的画出。

1.

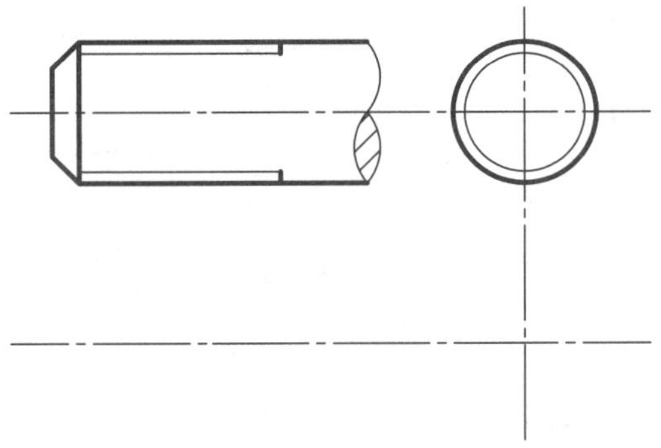

2.

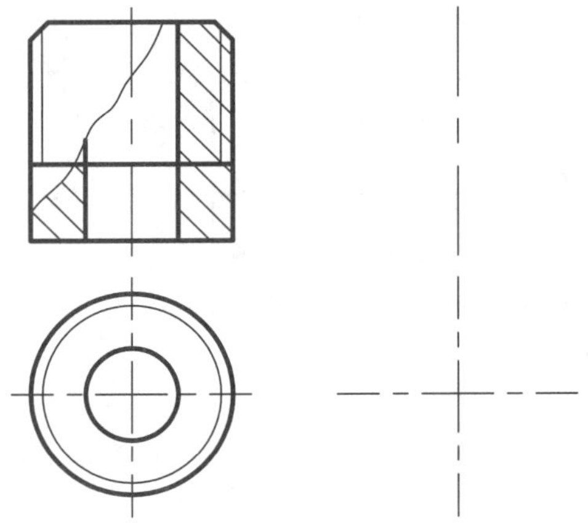

3.

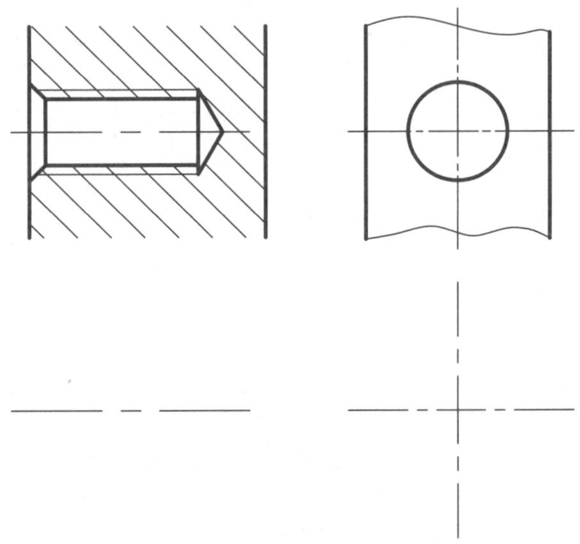

4.

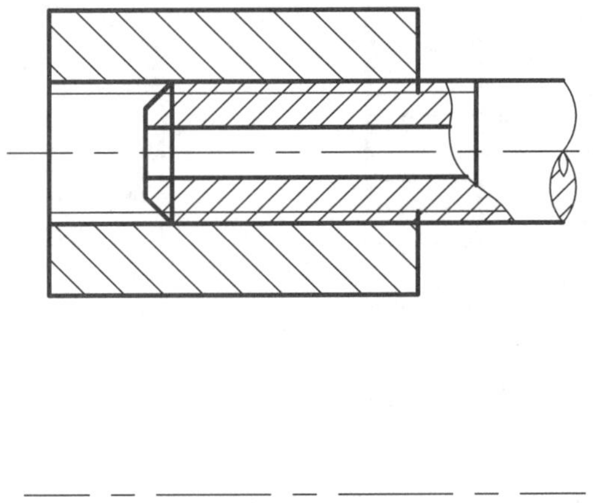

5.

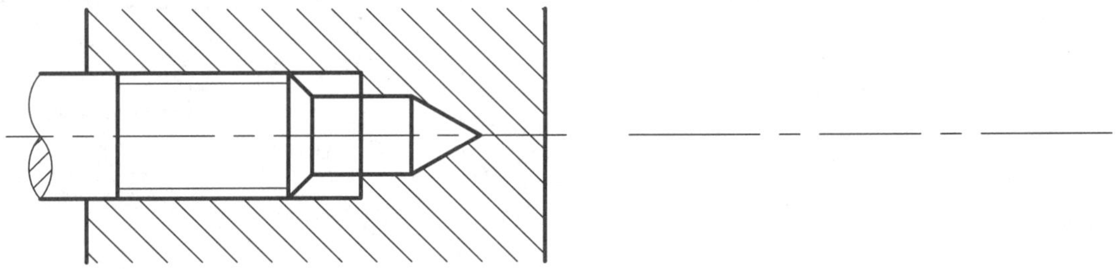

180

9-4　查表，标注出下列紧固件的尺寸数值，并写出其规定标记。

1. C级六角头螺栓

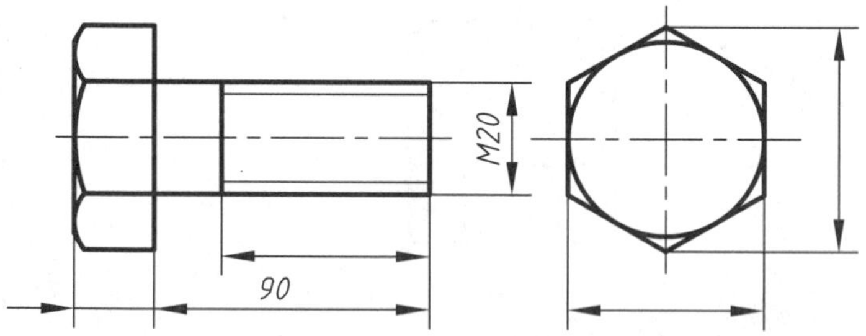

规定标记______________

2. 双头螺柱（两端均为粗牙普通螺纹，b_m=1.25d，按B型制造）

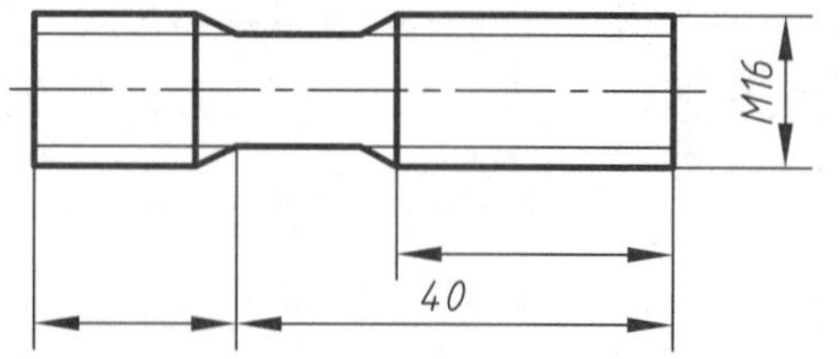

规定标记______________

3. C级六角螺母

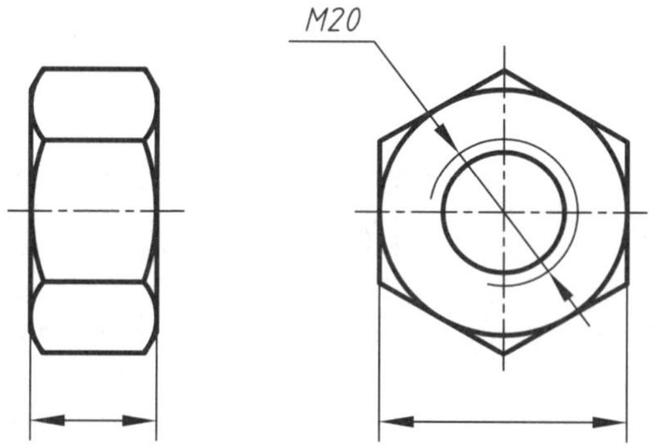

规定标记______________

4. 平垫圈（公称直径为16 mm，性能等级为A140级）

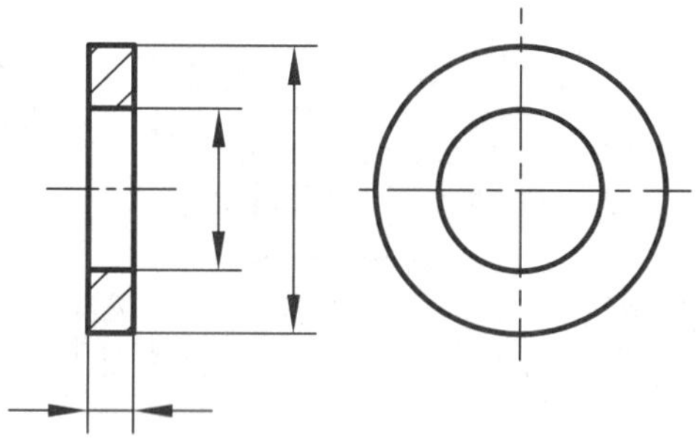

规定标记______________

5. 开槽沉头螺钉

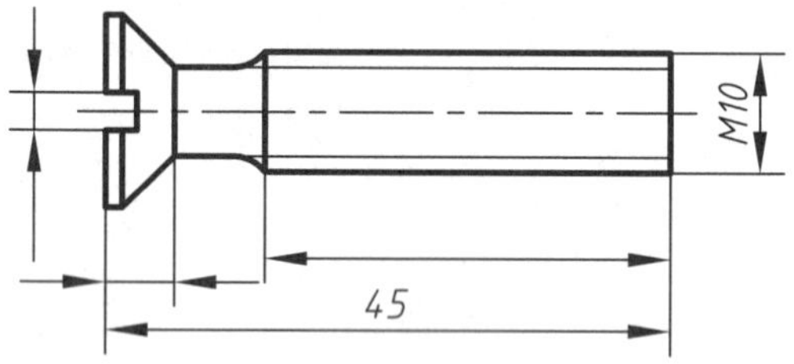

规定标记______________

6. 开槽锥端紧定螺钉

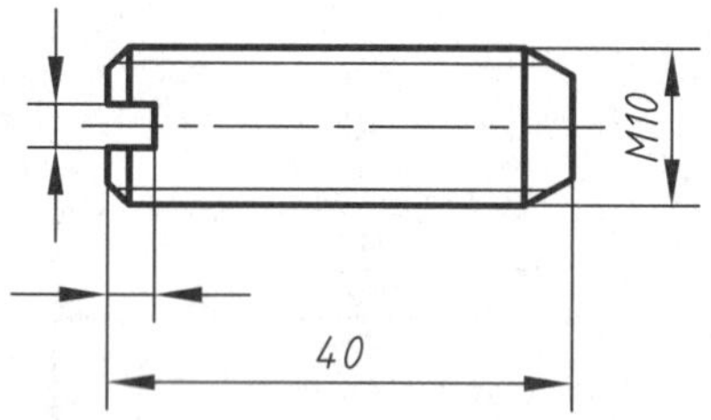

规定标记______________

181

9-5　已知螺母的规定标记为“螺母 GB/T 41 M24”，螺栓的规定标记为“螺栓 GB/T 5782 M24 × 40”，垫圈的规定标记为“垫圈 GB/T 97.1 24”，试用比例画法画出该螺母、螺栓、垫圈的三视图。

182

9-6 已知两零件中的圆孔直径为18 mm，厚度如图所示，试选用适当的螺栓、螺母和垫圈，用比例画法画出其连接装配图，并将所选紧固件的标记注写在下方给定的位置上。

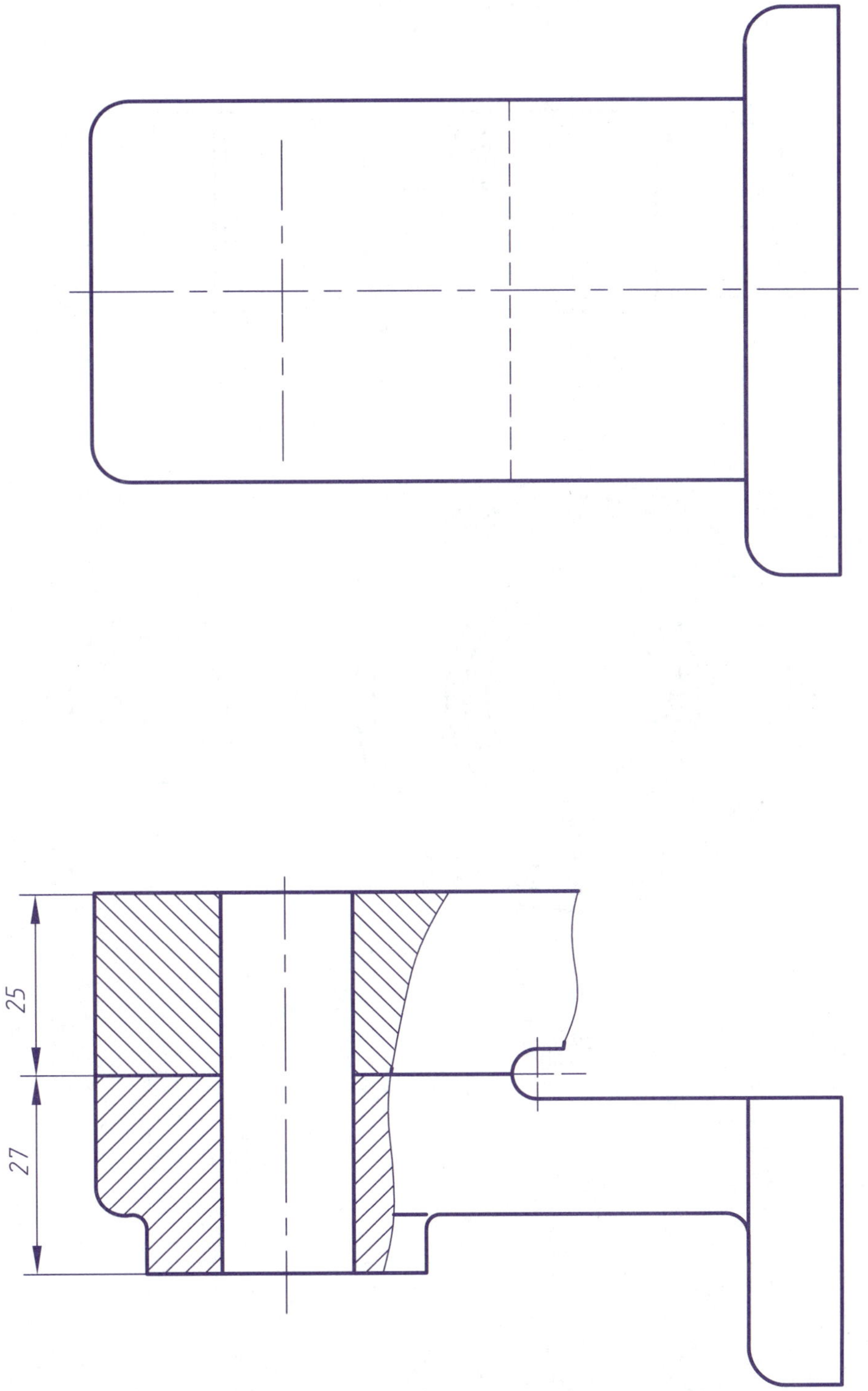

183

螺栓______ 螺母______ 垫圈______

9-7 试分析下面螺钉连接视图中的错误，并将正确的视图画在右边。

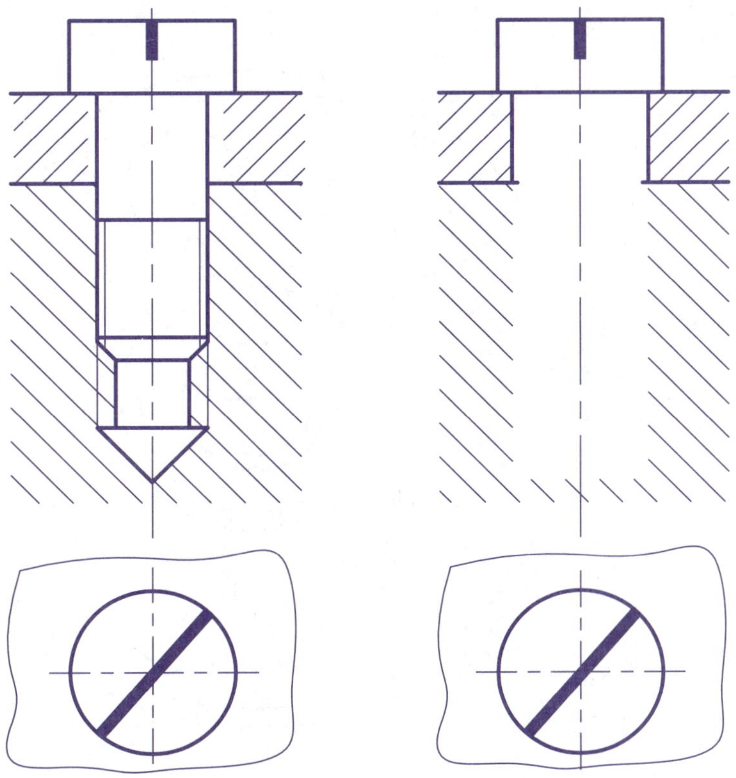

184

9-8 试分析下面螺柱连接视图中的错误，并将正确的视图画在右边。

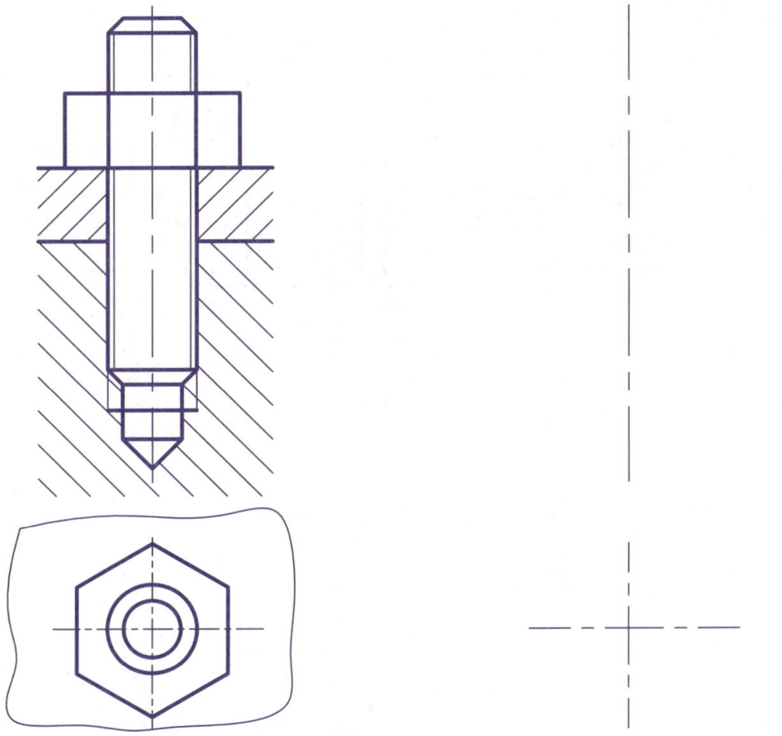

185

9-9　已知标准直齿圆柱齿轮的模数m=5 mm，齿数z=42，计算齿轮各直径，按1:2的比例画全其两视图，并标注齿轮直径及键槽部分的尺寸。

分度圆直径d：

齿顶圆直径d_a：

齿根圆直径d_f：

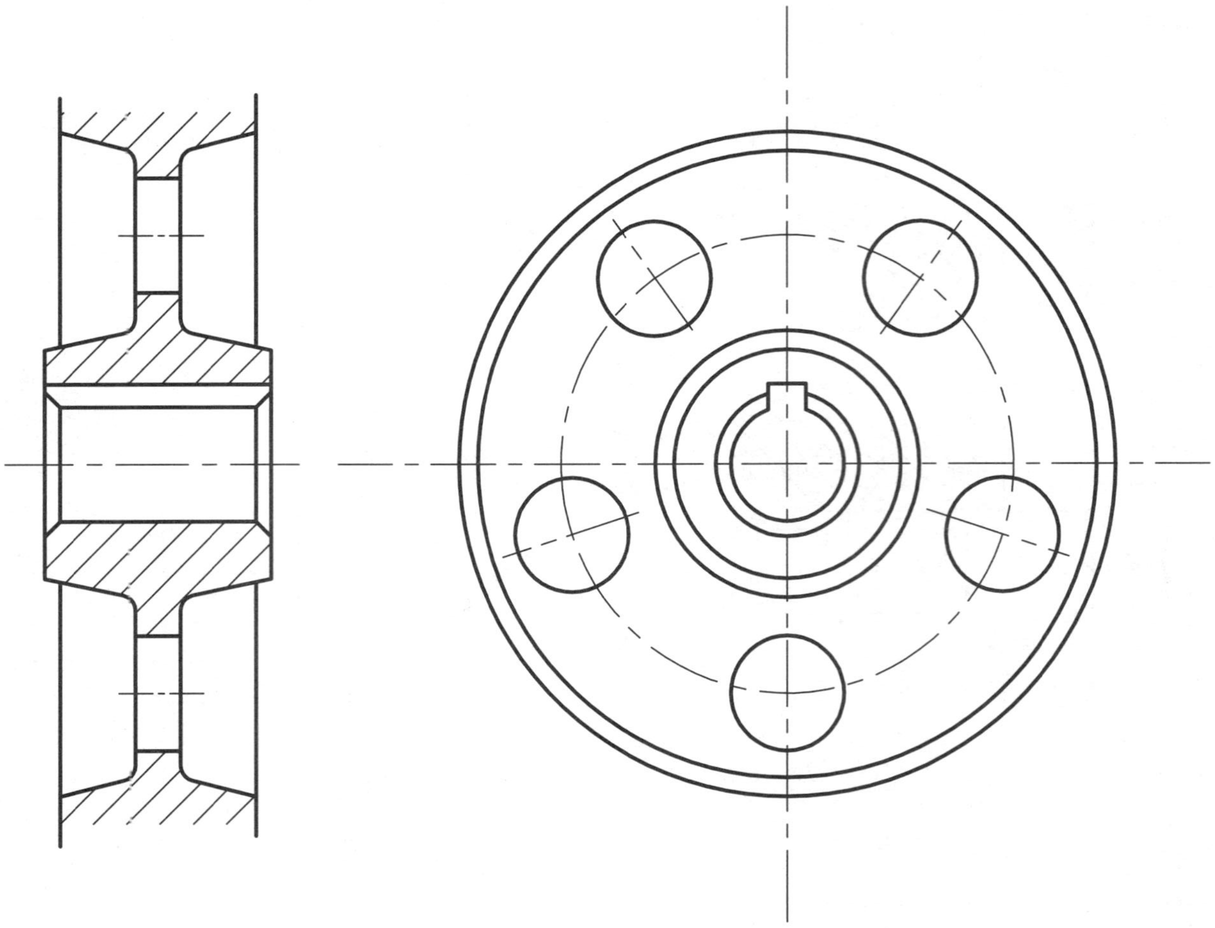

186

9-10　已知两标准直齿圆柱齿轮的中心距A=114 mm，大齿轮的模数m=4 mm，齿数z_2=38，计算两齿轮的主要参数，并按1:2的比例画全两齿轮的啮合图。

1）大齿轮的主要参数
分度圆直径如d_2：

齿顶圆直径d_{2a}：

齿根圆直径d_{2f}：

2）小齿轮的主要参数
齿数z_1：

分度圆直径d_1：

齿顶圆直径d_{1a}：

齿根圆直径d_{1f}：

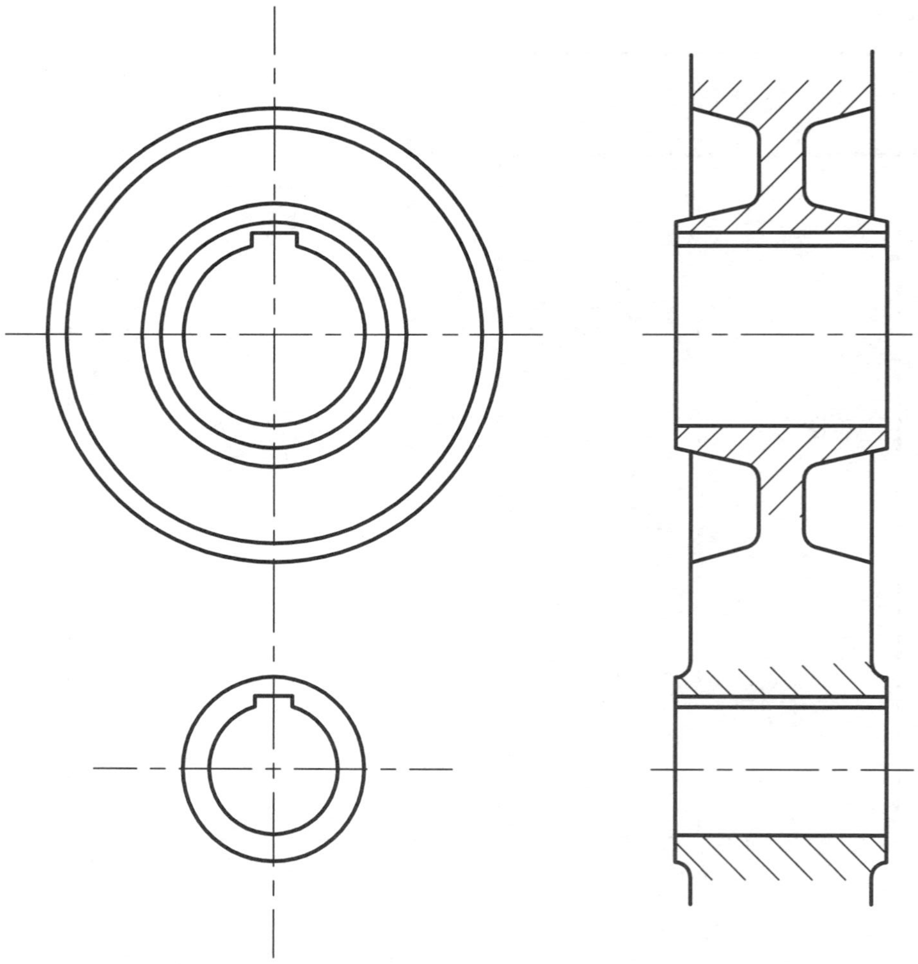

187

188

9-11 已知三角皮带轮和轴用圆头普通平键连接，平键标准为GB/T 1096 键 12×8×32，试分别查表，注出键、轮毂和轴上键槽的有关尺寸，并在右下角按1:2的比例画出它们的装配图。

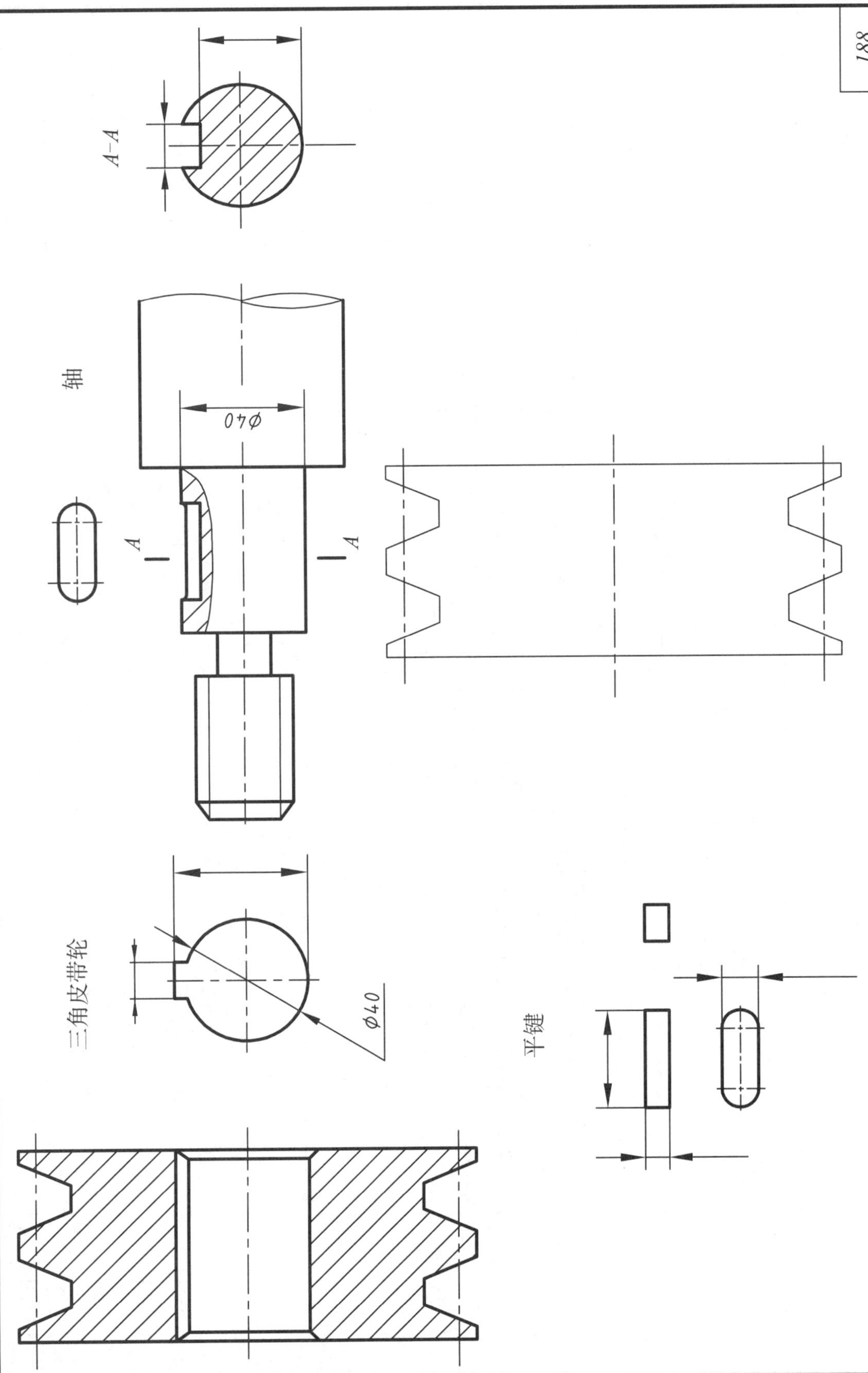

9-12 试画出图示各连接零件的连接装配图。(导管与接头的锥面相接触，并旋上螺帽以压紧导管)。

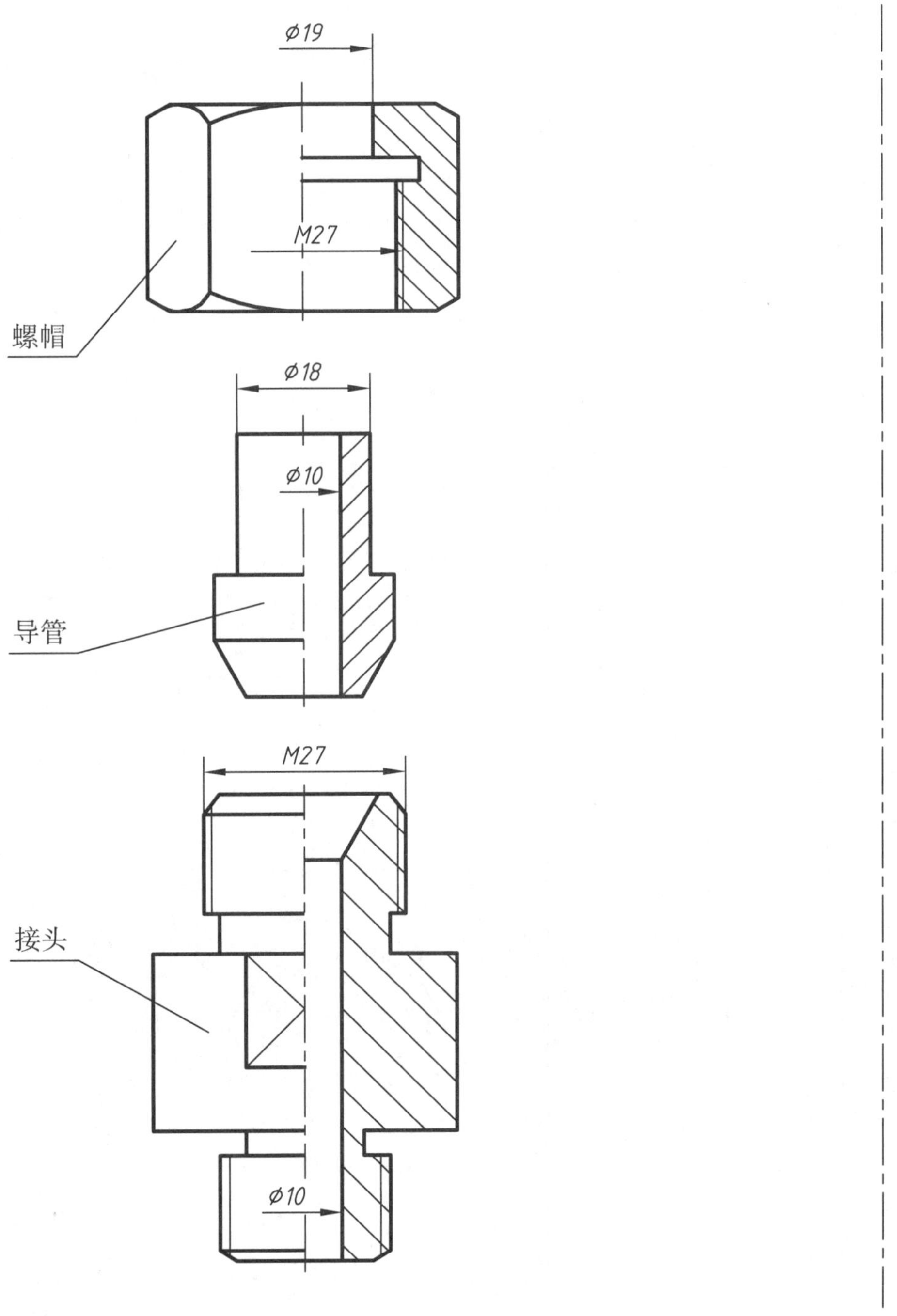

189

10-1　读下面搅拌轴的零件图，并填空回答下列问题。

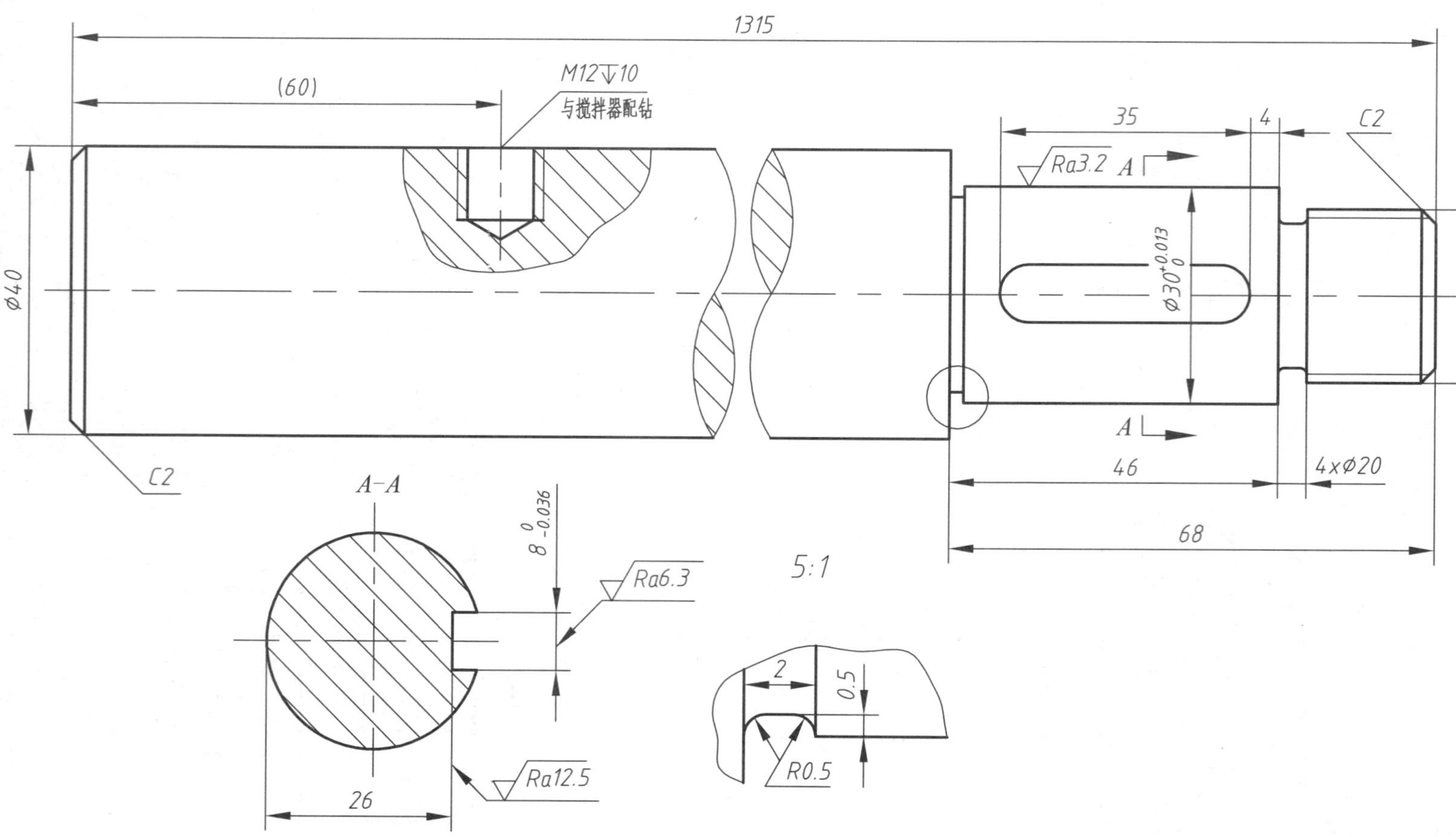

(1)主视图是按______位置安放的。主视图中采用了________________的表达方法。

(2)除主视图外，图中还采用了______________的表达方法。它们分别表示__________________________结构。

(3)搅拌轴的材料是______。键槽的定位尺寸是____________。

$\sqrt{Ra25}$ (√)

搅拌轴	比例	1:1	XT190
	数量	1	
制图	重量	材料	45
描图	华东理工大学		
审核			

190

10-2　读下面喷雾器套筒的零件图，并填空回答下列问题。

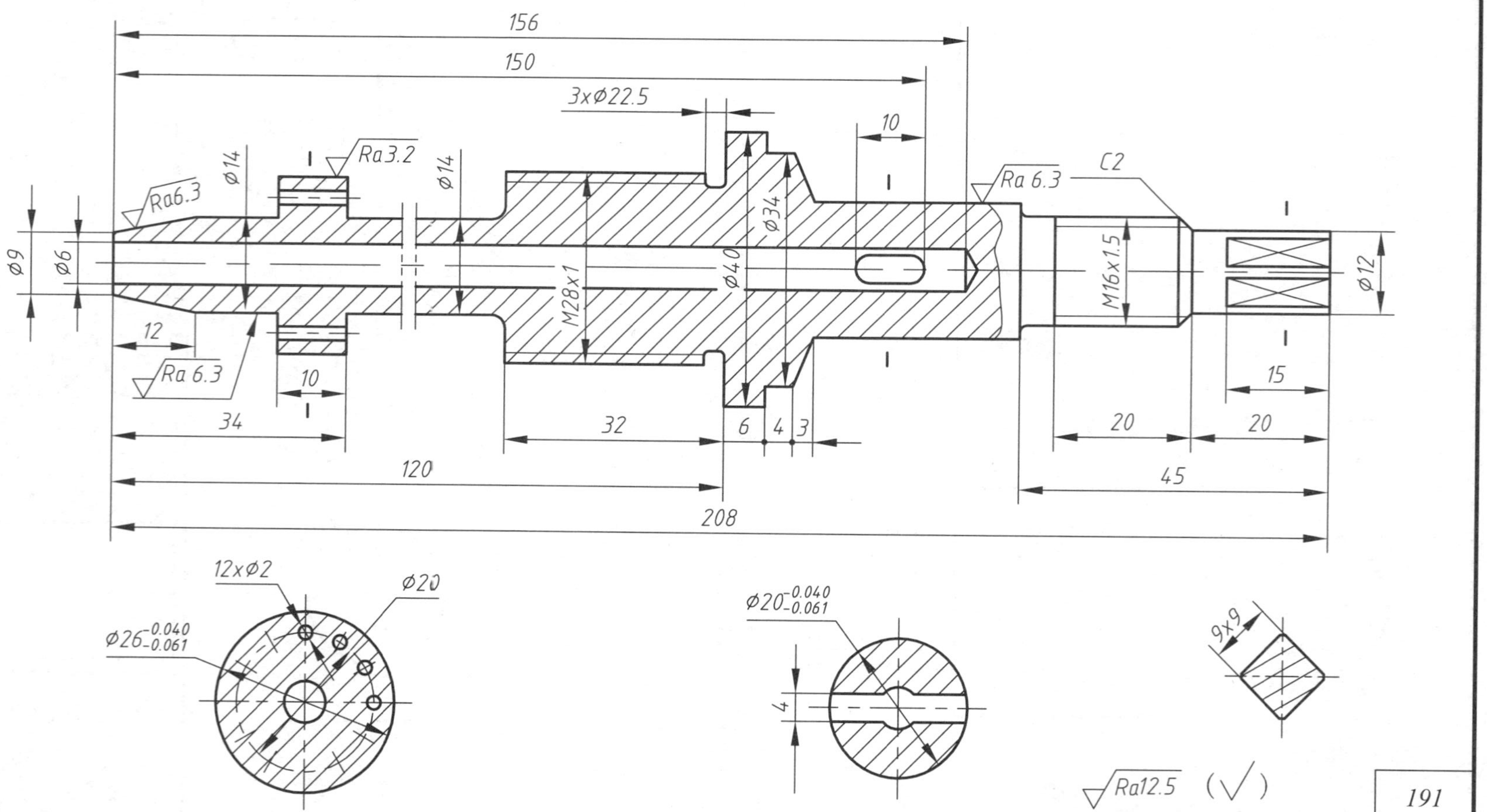

$\sqrt{Ra12.5}$ (√)

(1)图中采用了________________的表达方法。

(2)零件上多 φ26 的圆柱部分有______个 φ2 的小孔，为______________分布。

(3)M16×1.5的定位尺寸是____________。

套筒	比例	1:1	XT191
	数量	1	
制图	重量	材料	4Cr13
描图	华东理工大学		
审核			

191

10-3 读下面釜盖的零件图，并填空回答下列问题。

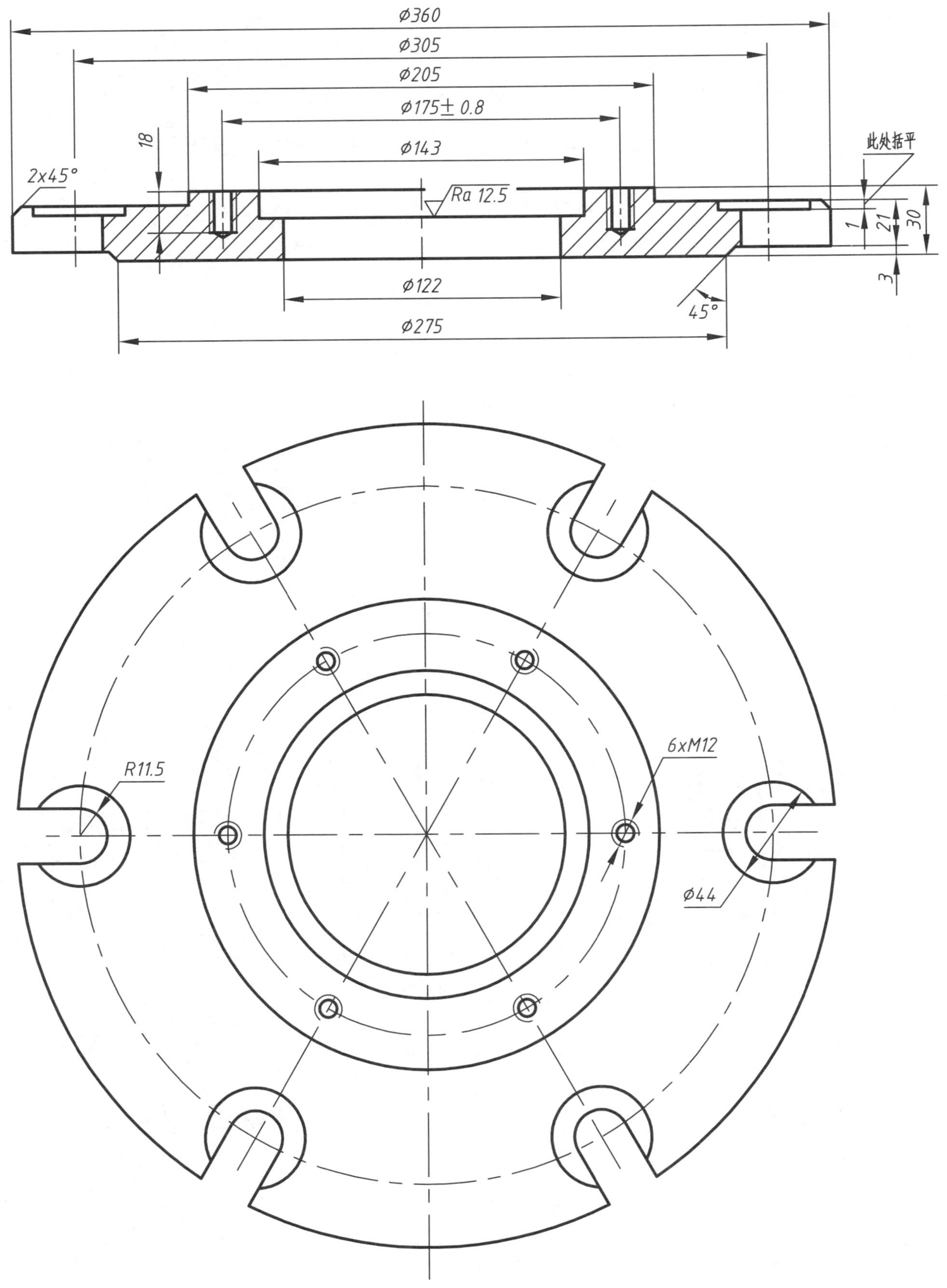

(1) 图中采用了__________视图。主视图采用了__________剖视，主视图主要表达的是__________。俯视图主要表达的是__________。

(2) 釜盖上有______个M12的螺孔，孔深______，是__________分布的。

(3) 主视图是按______位置安放的。

(4) 在图上标出高度方向的主要尺寸基准。

Ra25 (√)

192

釜 盖		比例	1:2	XT192	
		数量	1		
制图		重量		材料	Q235
描图		华东理工大学			
审核					

10-4 读下面托架的零件图，补画其俯视图，并填空回答下列问题。

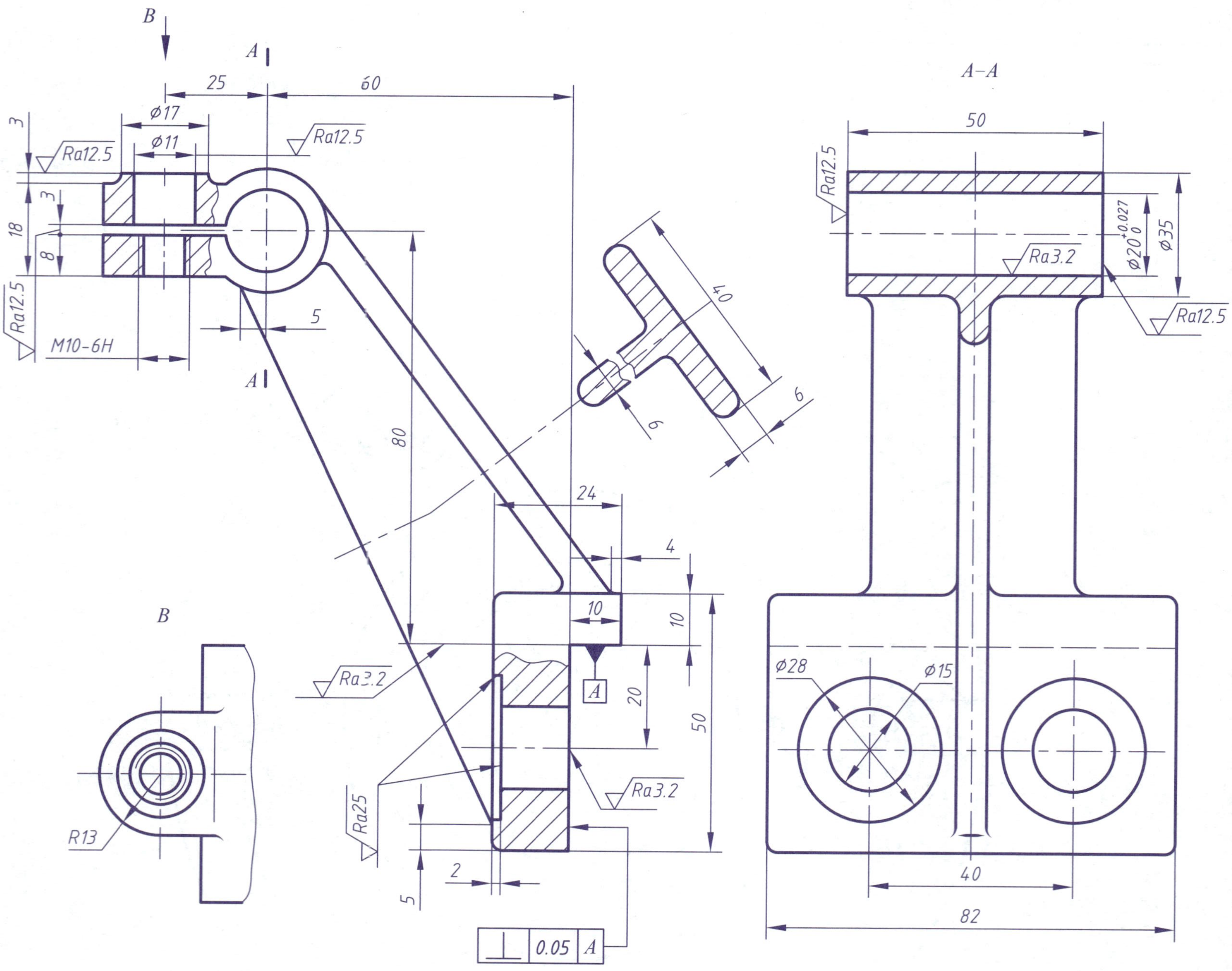

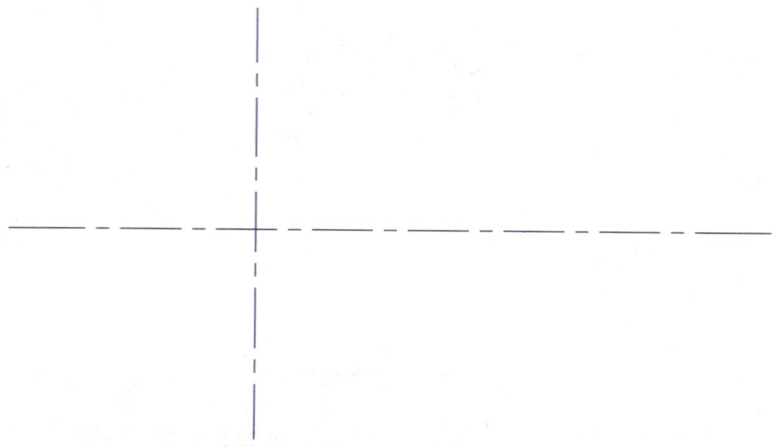

技术要求

未注圆角R2~R3。

(1) 托架采用了_____、_____、_____、_____视图。分析这些视图分别表达了托架零件的哪些结构形状：

① ____________________；

② ____________________；

③ ____________________；

④ ____________________。

(2) M10-6H的含义是____________________。

(3) ⊥ 0.05 A 的含义是____________________。

Ra (√)

托架		比例	1:1	XT193
		数量	1	
制图		重量		材料 HT150
描图		华东理工大学		
审核				

193

10–5 读下面泵体的零件图，分析零件的结构形状，并完成下列问题。

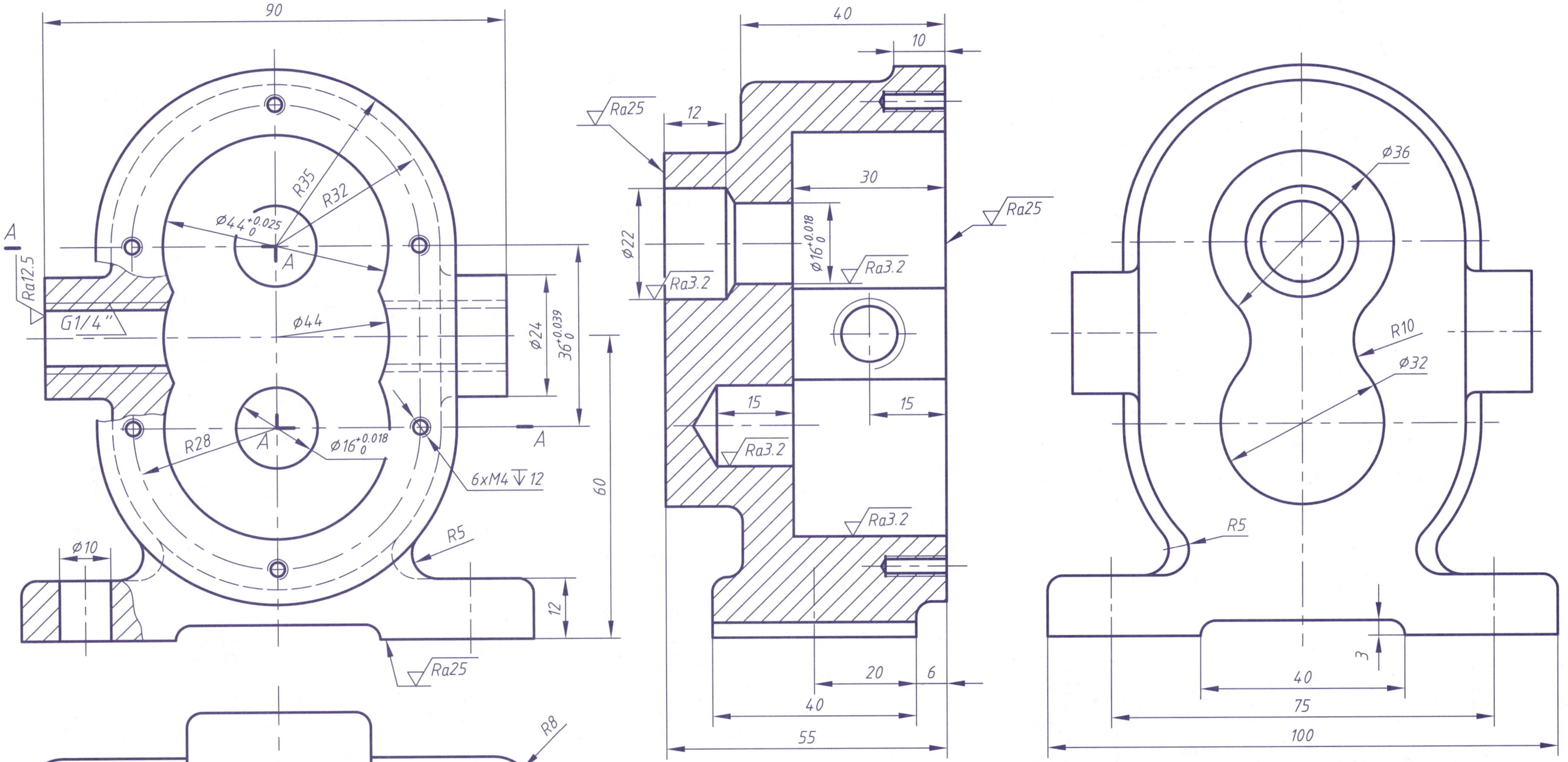

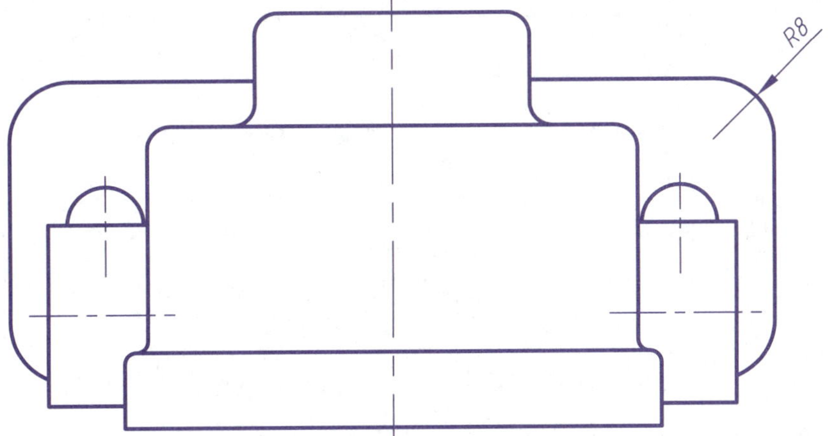

(1)在图上标出泵体长、宽、高三个方向的主要尺寸基准。

(2)泵体的视图方案______(选填“能”或“否”)简化。考虑一个更为简单、清晰的视图表达方案，表达如下：______________________________。

(3)6×M4↧12的含义是______________________________。

(4) $\sqrt{Ra3.2}$ 的含义是______________________________。

(5)将俯视图改画成A–A剖视图。

技术要求

未注圆角R3。

$\sqrt{}$ ($\sqrt{}$)

					194
泵 体		比例	1:1	XT194	
		数量	1		
制图		重量		材料	HT150
描图		华东理工大学			
审核					

10-6　根据表中给定的表面粗糙度，将其正确地标注在图上。

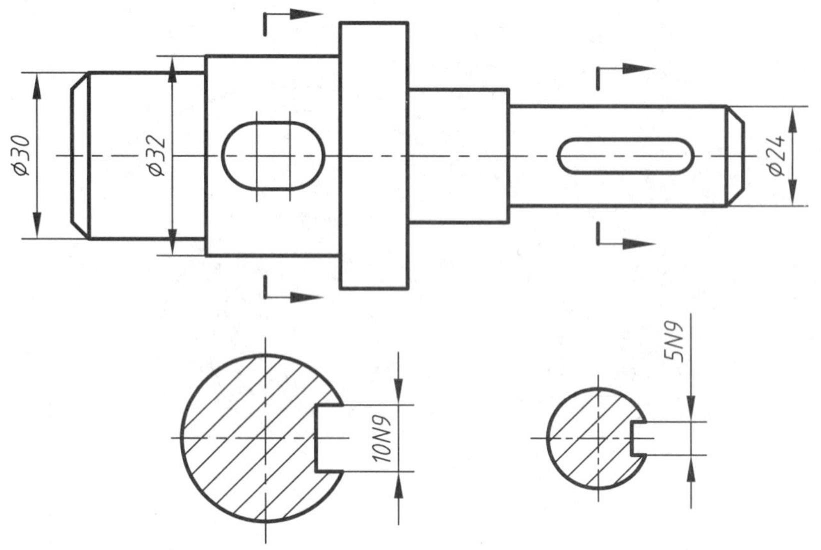

φ30圆柱面	φ32圆柱面	φ24圆柱面	键槽两侧面	其余表面
√Ra1.6	√Ra1.6	√Ra3.2	√Ra6.3	√Ra12.5

195

10-7　找出轴承套（回转体）视图中表面粗糙度代号的标注错误，并在右图中做正确的标注。

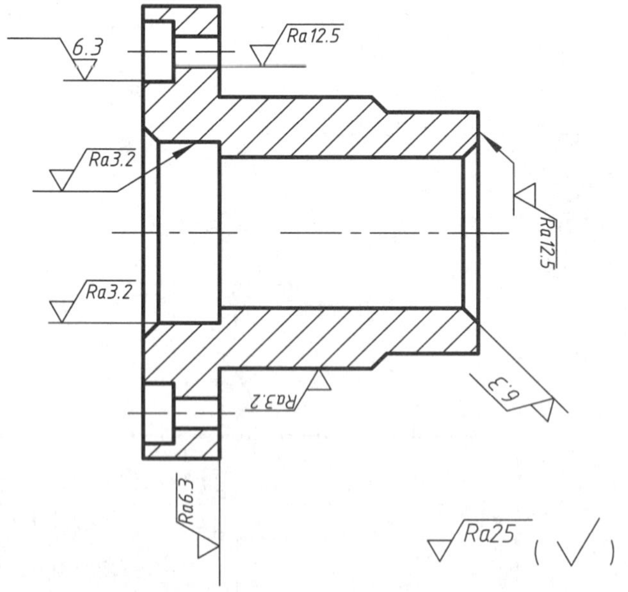

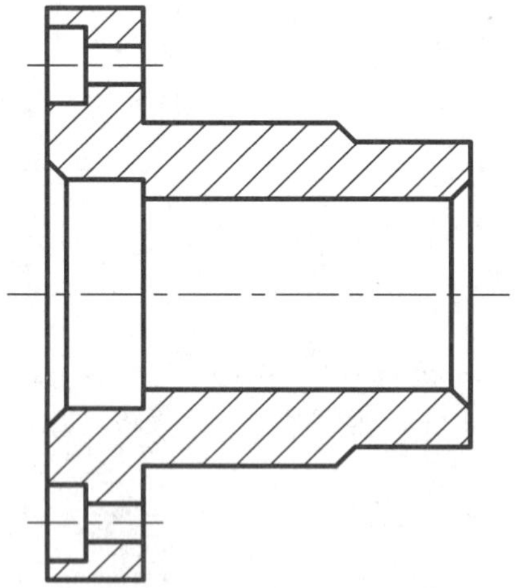

196

10-8　按装配图中的配合代号，在零件图上标注出公称尺寸和上、下极限偏差，并填空回答问题。

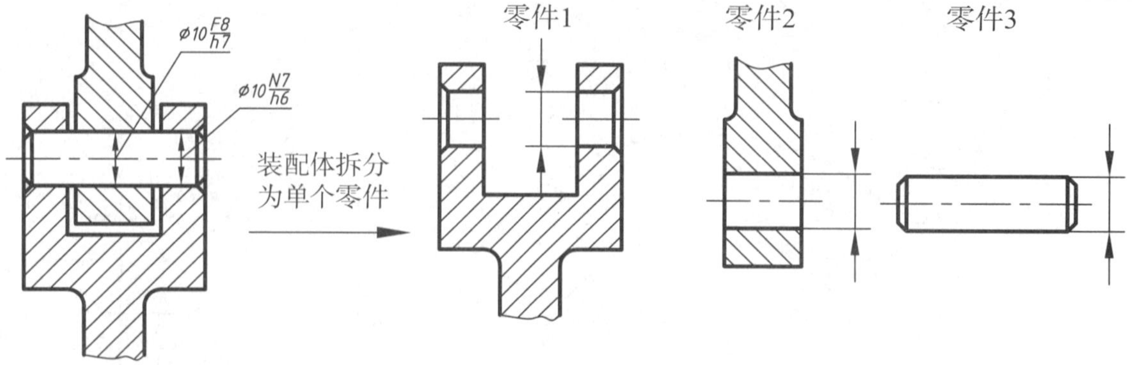

（1）配合代号 φ10 $\frac{F8}{h7}$ 中，φ10表示______尺寸，$\frac{F8}{h7}$ 表示______制的______配合。其公差等级：孔______级，轴______级。孔的上极限偏差为______，下极限偏差为______，基本偏差为______；轴的上极限偏差为______，下极限偏差为______，基本偏差为______。

（2）配合代号 φ10 $\frac{N7}{h6}$ 表示______制的______配合。

197

10-9　根据图示零件的尺寸，在右图中标注两零件装配后的配合代号，并填空回答问题。

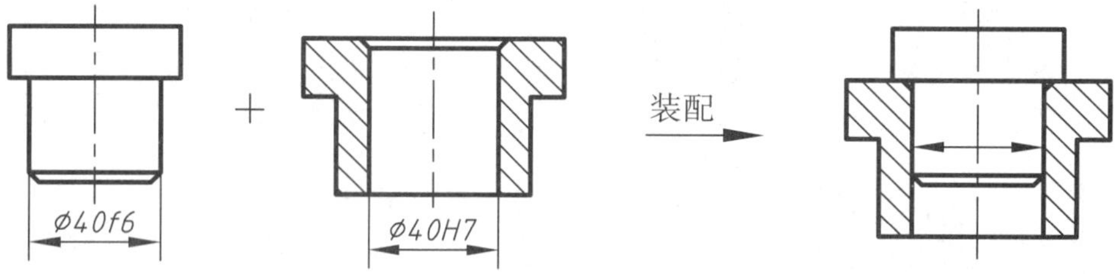

（1）两零件装配后，形成______制的______配合，配合代号为______。

（2）孔的上极限偏差为______，下极限偏差为______，基本偏差为______，公差等级为______。

（3）轴的上极限偏差为______，下极限偏差为______，基本偏差为______，公差等级为______。

198

10-10　完成极限与配合基本概念填空题。

（1）尺寸公差带由________和________两部分组成。__________确定公差带的位置，__________确定公差带的大小。

（2）配合有______和______两种基准制。配合分成______、______和______三类。孔公差带位于轴公差带之上时，是______配合；孔公差带位于轴公差带之下时，是______配合；孔公差带与轴公差带有交叠时，是______配合。

（3）基孔制的孔（基准孔）用符号______表示，其基本偏差为______偏差。基轴制的轴（基准轴）用符号______表示，其基本偏差为______偏差。基准孔和基准轴的基本偏差值均为______。

（4）国家标准规定的公差等级共有______级，最高级为______，最低级为______。

199

10-11　读下面轴承架的零件图，分析零件的结构形状，并完成下列问题。

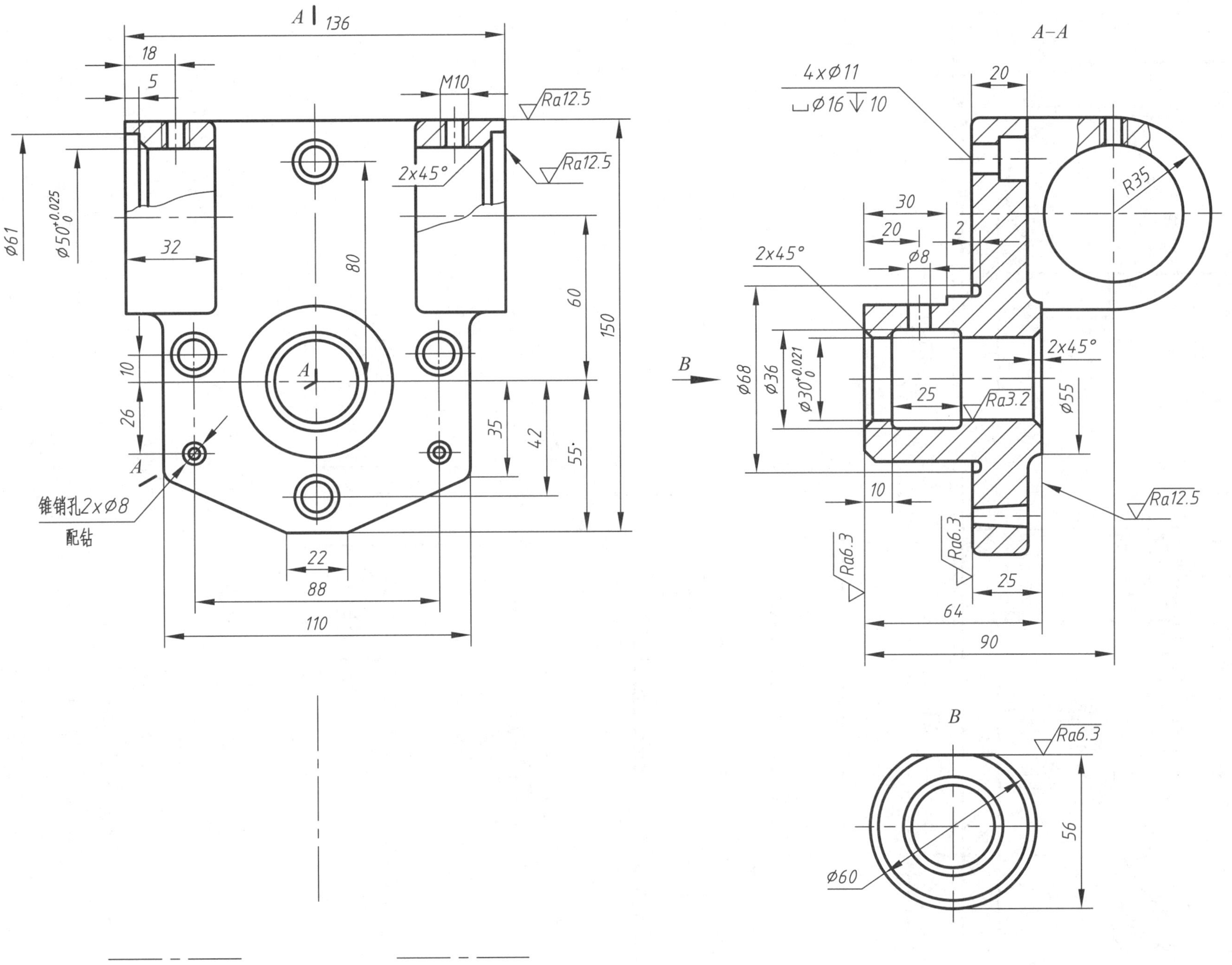

(1) 图中采用了________________________视图。左视图采用了__________剖视。

(2) 说明 $\phi 50_{0}^{+0.025}$ 的含义：________________________。此孔的定位尺寸是____________。

(3) 说明 $\frac{4\times\phi 11}{⌴\phi 16 ↧ 10}$ 的含义：____。

(4) 图中哪个表面的粗糙度要求最高，其值为多少？______________________________。

(5) 在图上标出长、宽、高三个方向的主要尺寸基准。

(6) 画出其俯视图的外形视图。

技术要求

未注圆角 $R3$。

$\sqrt{}$ ($\sqrt{}$)　　200

轴 承 架			比例	1:2	XT214	
			数量	1		
制图			重量		材料	HT150
描图			华东理工大学			
审核						

10-12　读下面箱体的零件图，分析箱体各个方向的尺寸基准，并试予注明。在指定位置画出A-A剖视图，并填空回答下列问题。

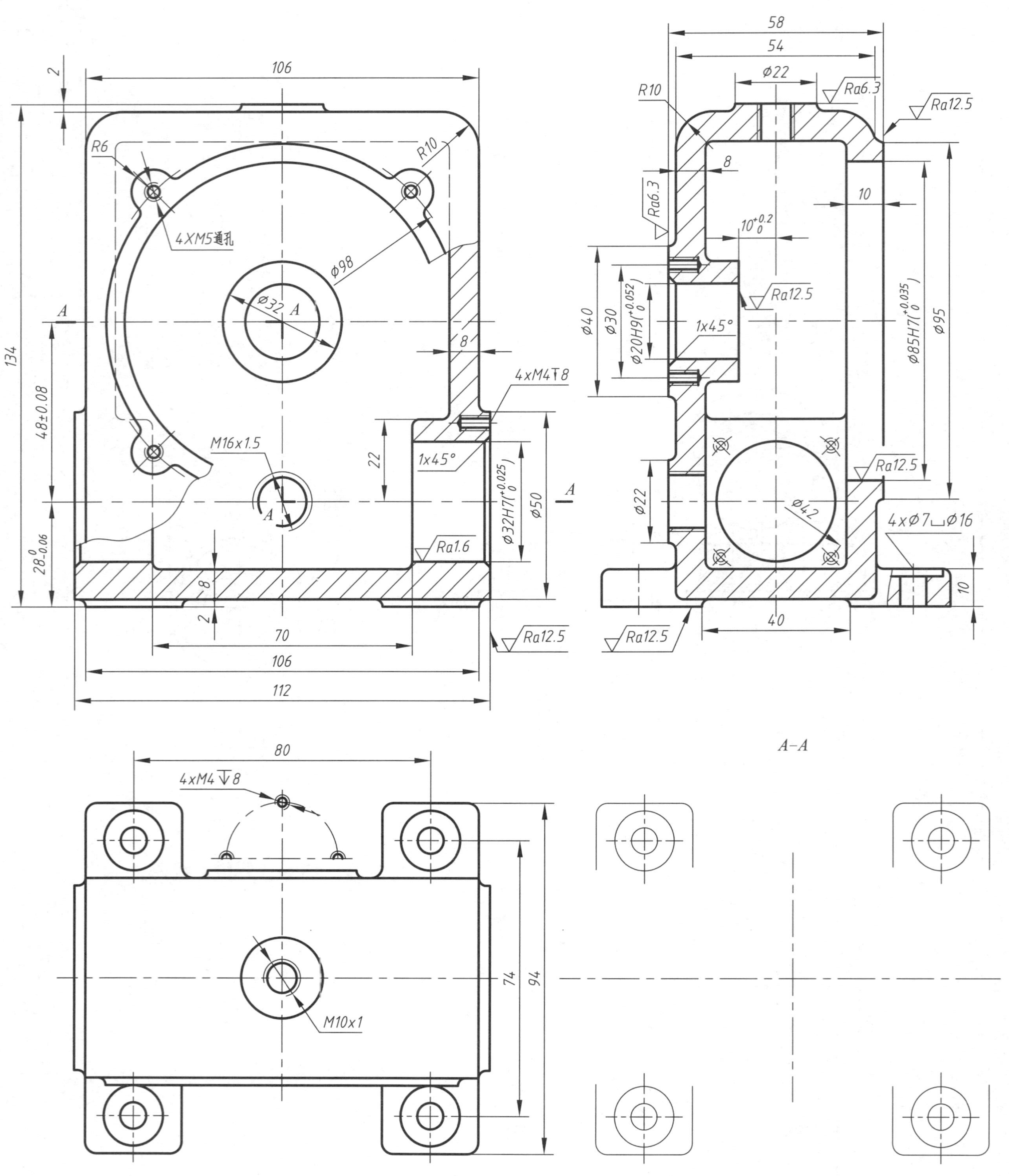

(1)图中采用了________________视图和________________剖视。

(2)箱体的前、后________(选填"是"或"不是")对称的，箱体的左、右________(选填"是"或"不是")对称的。

(3)箱体上________表面的加工要求最高，其值为________。

(4) ϕ 85H7($^{+0.035}_{0}$)的含义是________________。

(5)M16×1.5的含义是________________。

技术要求

铸件应进行时效处理以消除内应力。

未注圆角R3~R5。

Ra12.5 (√)

箱体		比例	1:1	XT215
		数量	1	
制图		重量		材料 HT150
描图		华东理工大学		
审核				

201

10-13 根据零件的轴测图，在方格纸上画出其零件草图。

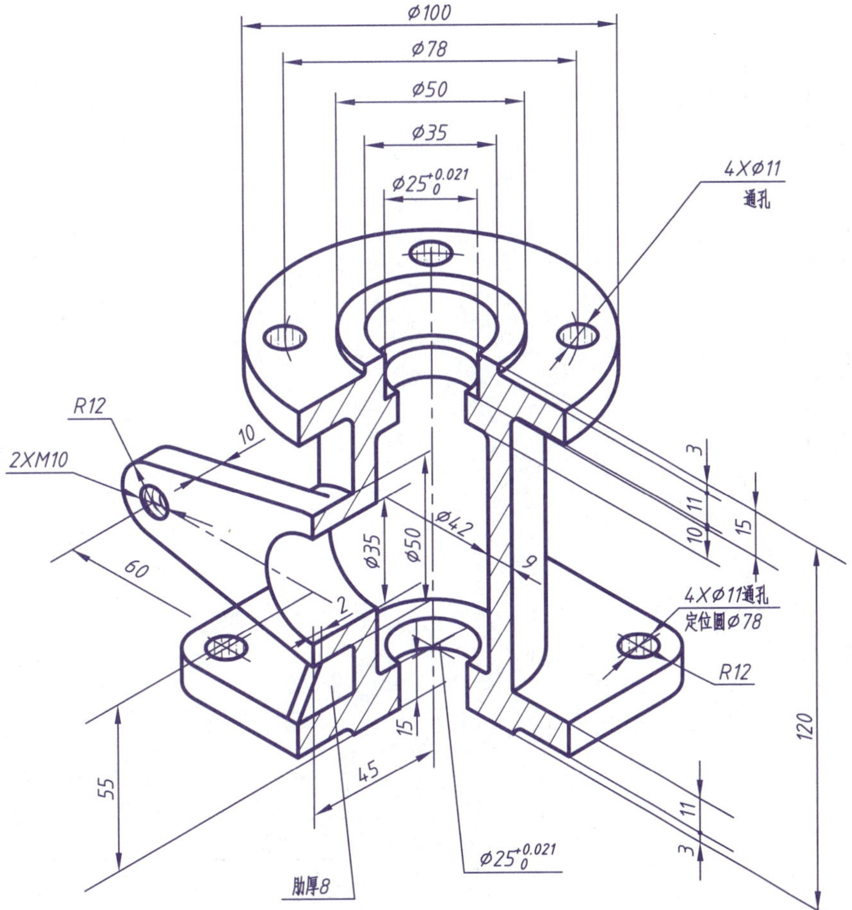

未注圆角 R3~R5

外表不加工面涂漆

名称：机体

材料：HT150

(√)

10-14 根据零件的轴测图，在方格纸上画出其零件草图。

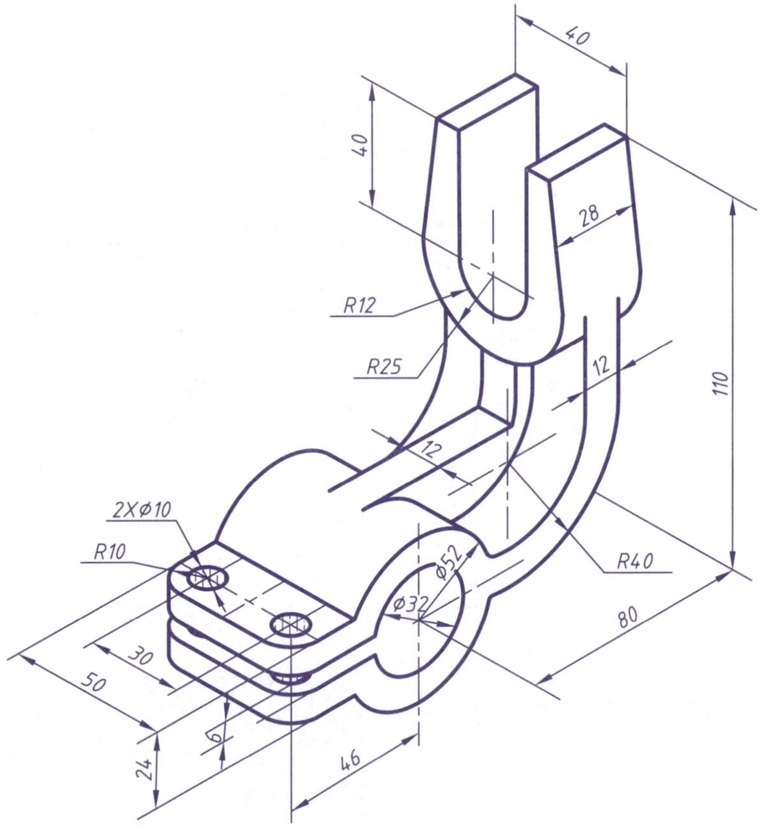

未注圆角 R3~R5

外表不加工面涂漆

名称：支架

材料：HT150

(√)

11-1　拼画装配图（一）：根据三角皮带传动机构的装配示意图和零件图（详见第63~65页），按1:2的比例绘制装配图。

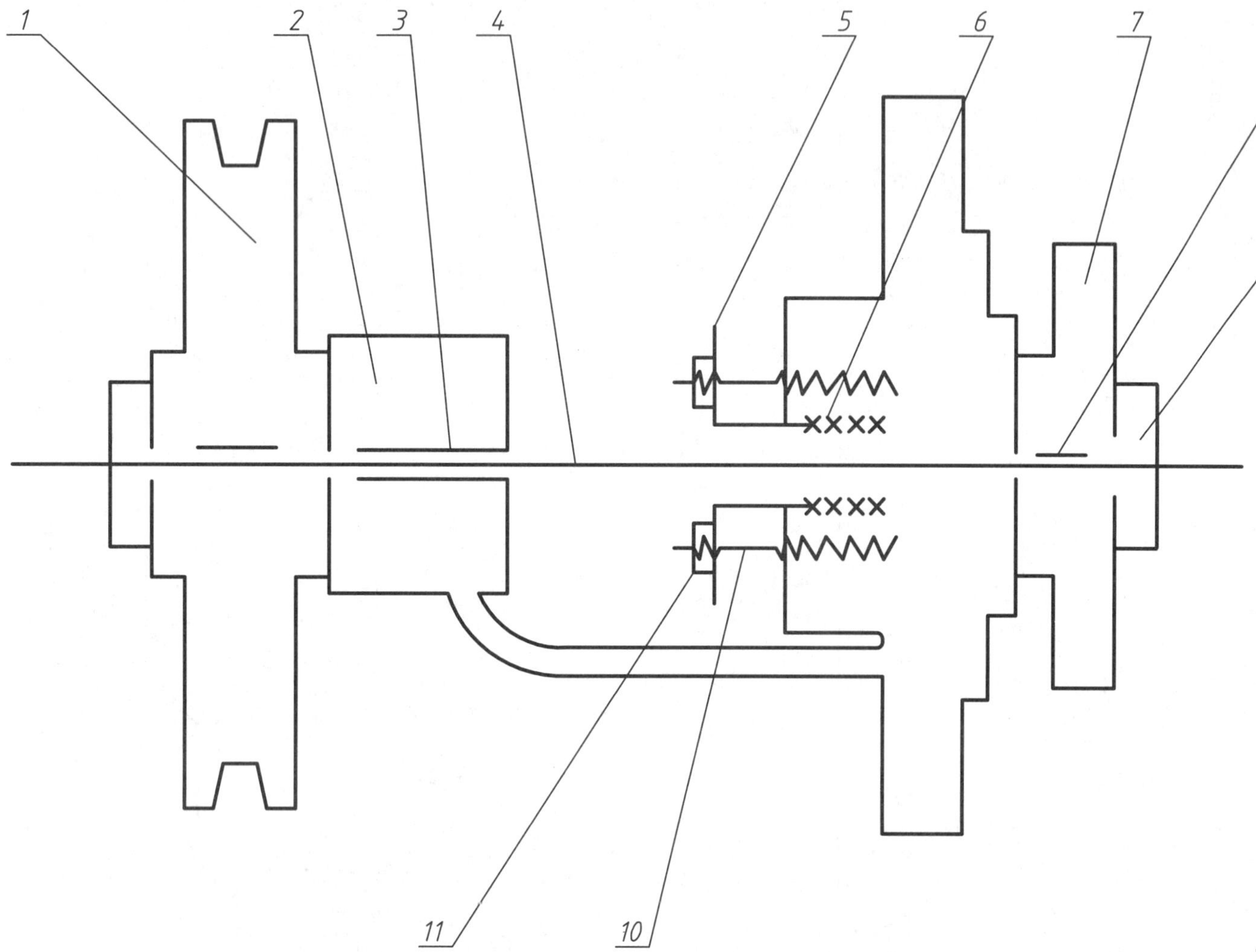

工作状况

三角皮带传动机构为一传递动力的传动部件。当皮带轮（件1）转动时，通过键（件8）带动支承在托架（件2）上的轴（件4）一起转动，套在轴上的齿轮（件7）因键的连接而随之一起转动，从而起到传递动力的作用。

204

序号	名称	数量	规格	材料	单重	总重	图号或标准号
11	螺母	2	M12	Q235			GB/T41-2016
10	双头螺栓	2	M12X50	Q235			GB/T897-1988
9	螺母	2	M20	Q235			GB/T41-2016
8	键	2	6X25	45			GB/T1096-2003
7	齿轮	1	m=4 z=30	HT200			
6	填料	1		石棉绳			
5	填料压盖	1		HT150			
4	轴	1		45			
3	衬套	1		ZQA19-4			
2	托架	1		HT150			
1	皮带轮	1		HT150			

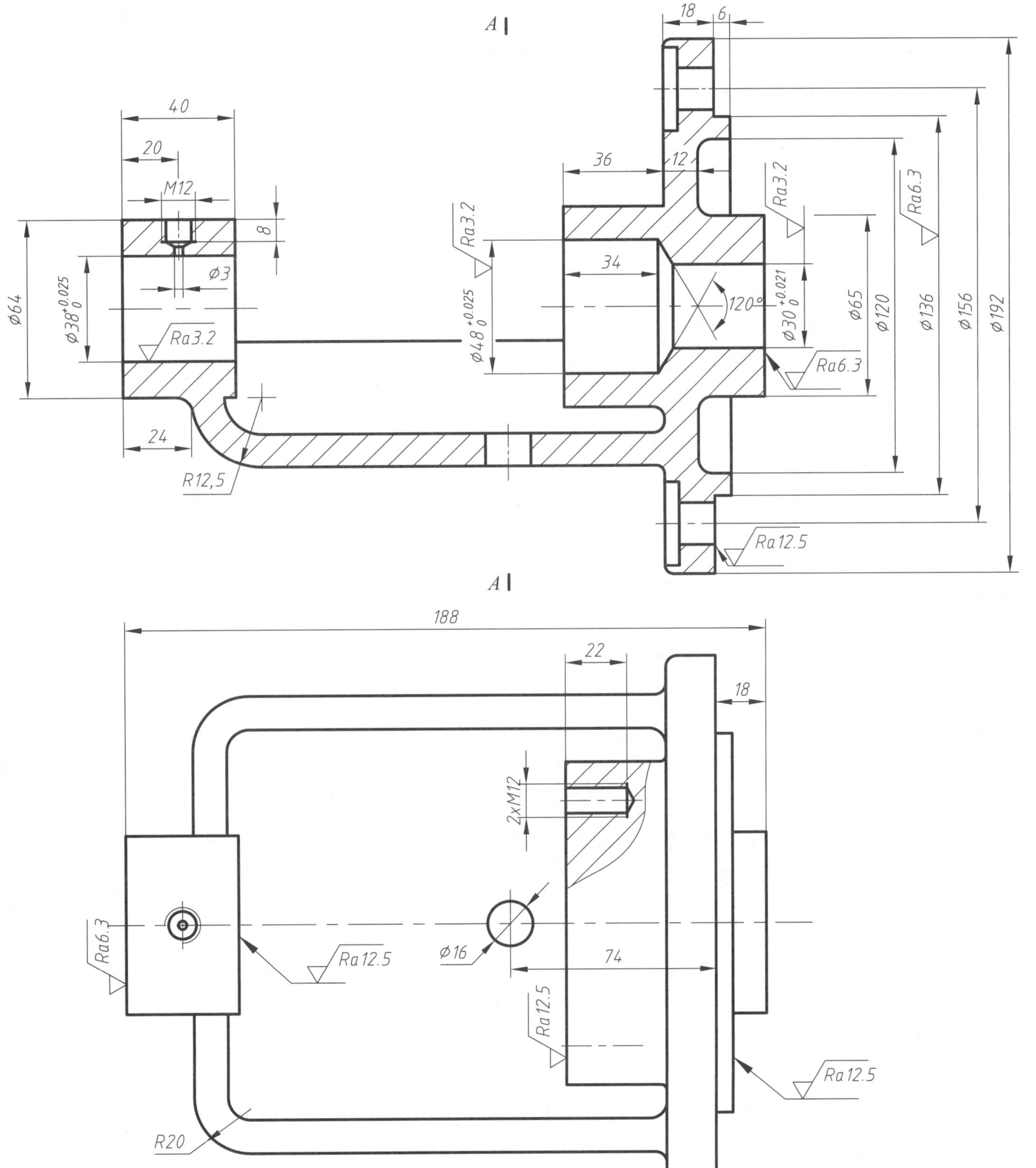

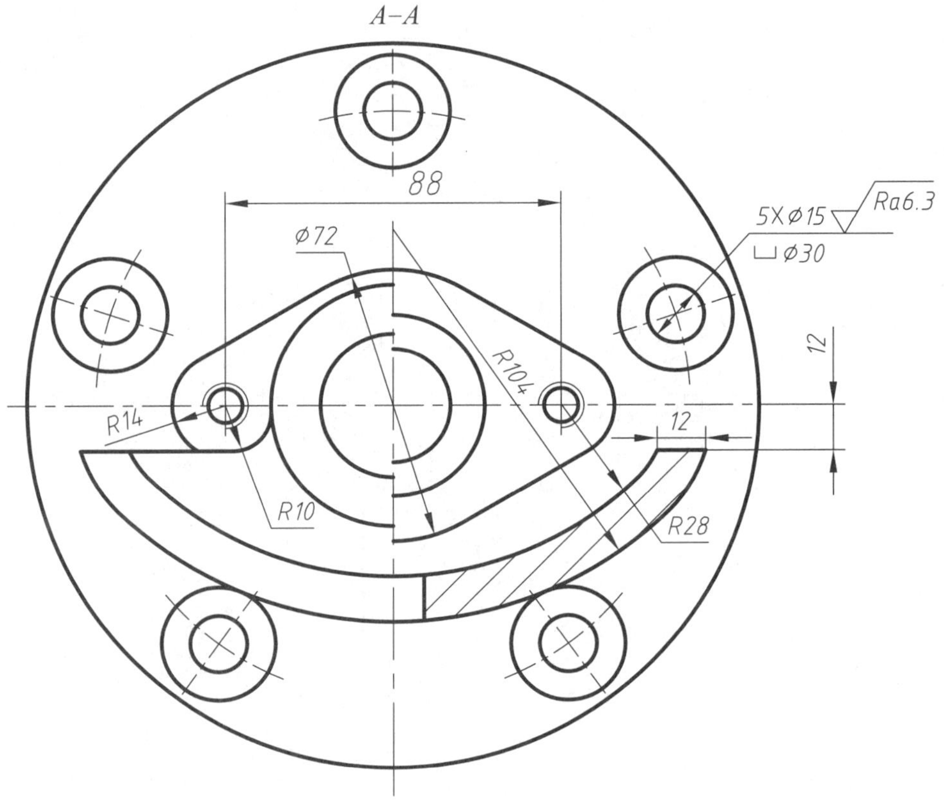

技术要求

未注圆角R3~R5。

$\sqrt{}$ ($\sqrt{}$)

2	托　架	1	HT150	1∶2	
序号	名称	数量	材料	比例	备注

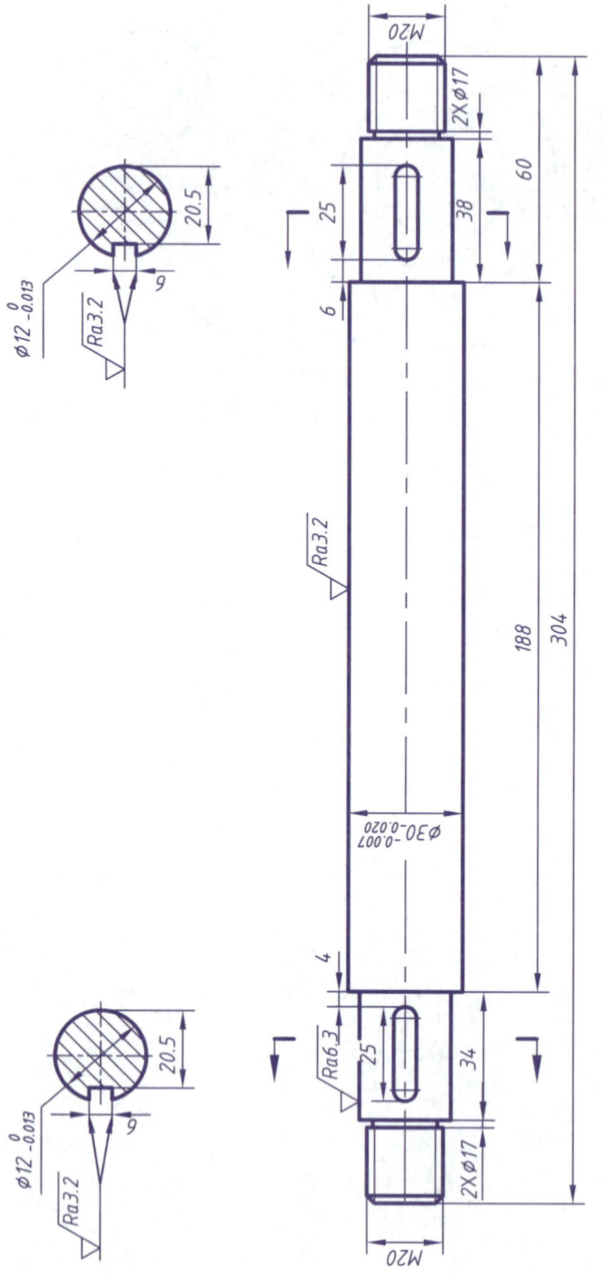

Ra12.5 (√)

序号	名称	数量	材料	比例	备注
4	轴	1	45	1:2	

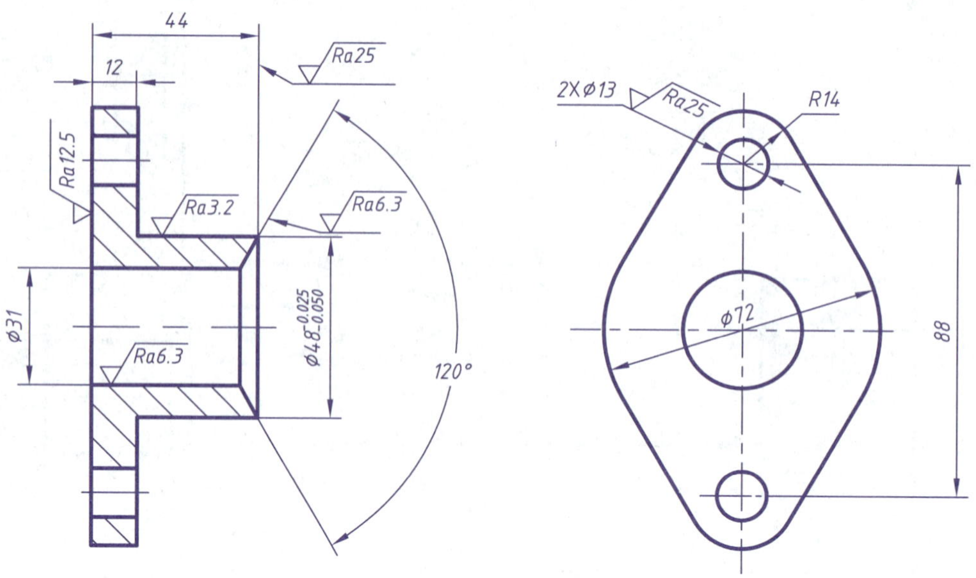

(√)

序号	名称	数量	材料	比例	备注
5	填料压盖	1	HT150	1:2	

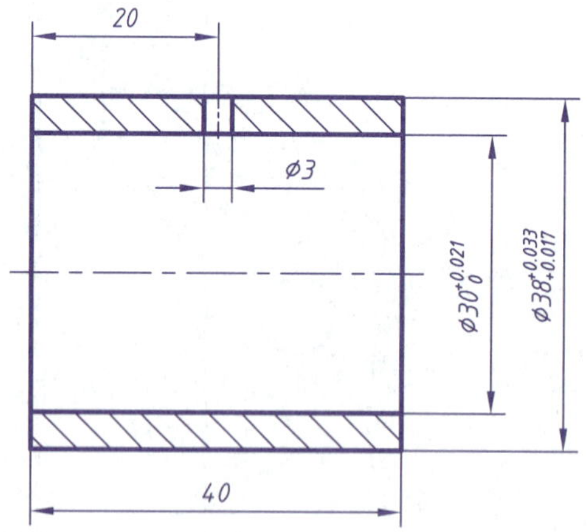

Ra6.3 (√)

序号	名称	数量	材料	比例	备注
3	衬　套	1	ZQA19-4	1:1	

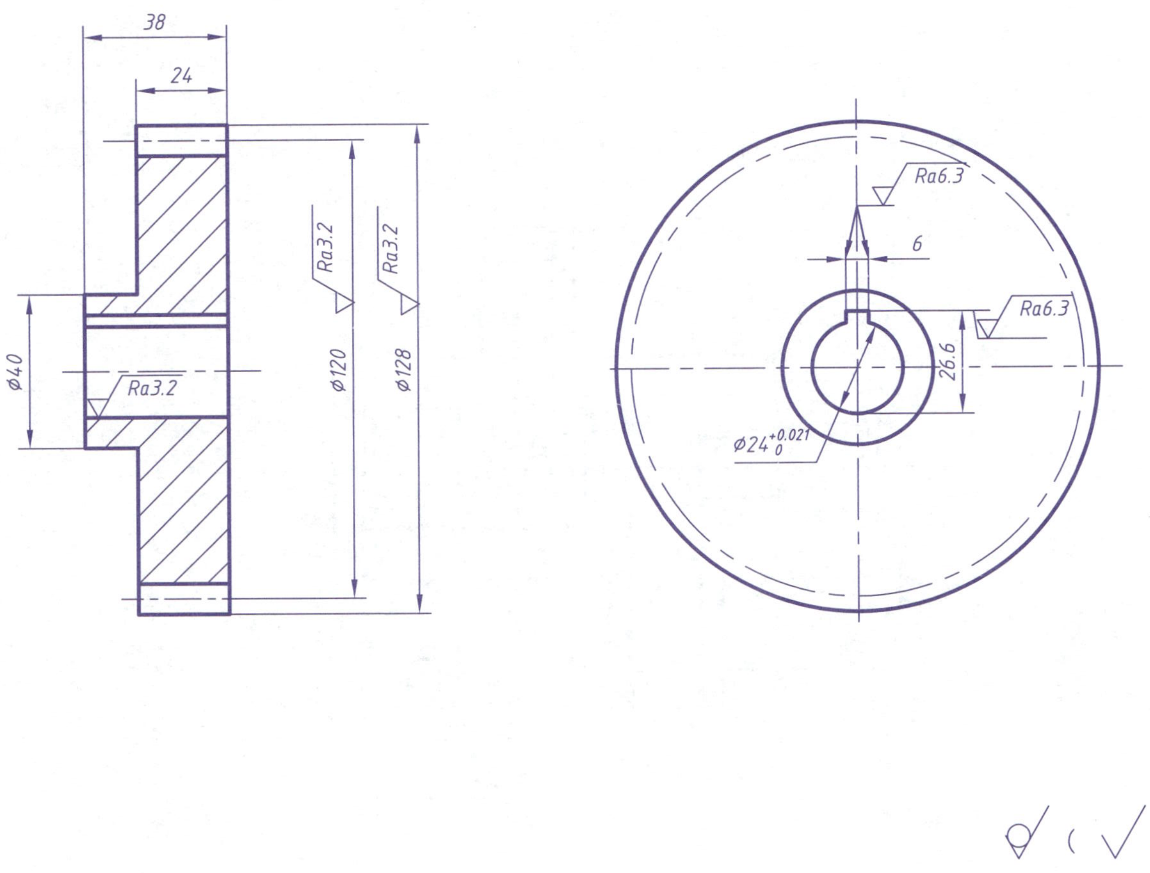

7	齿 轮	1	HT200	1:2	
序号	名称	数量	材料	比例	备注

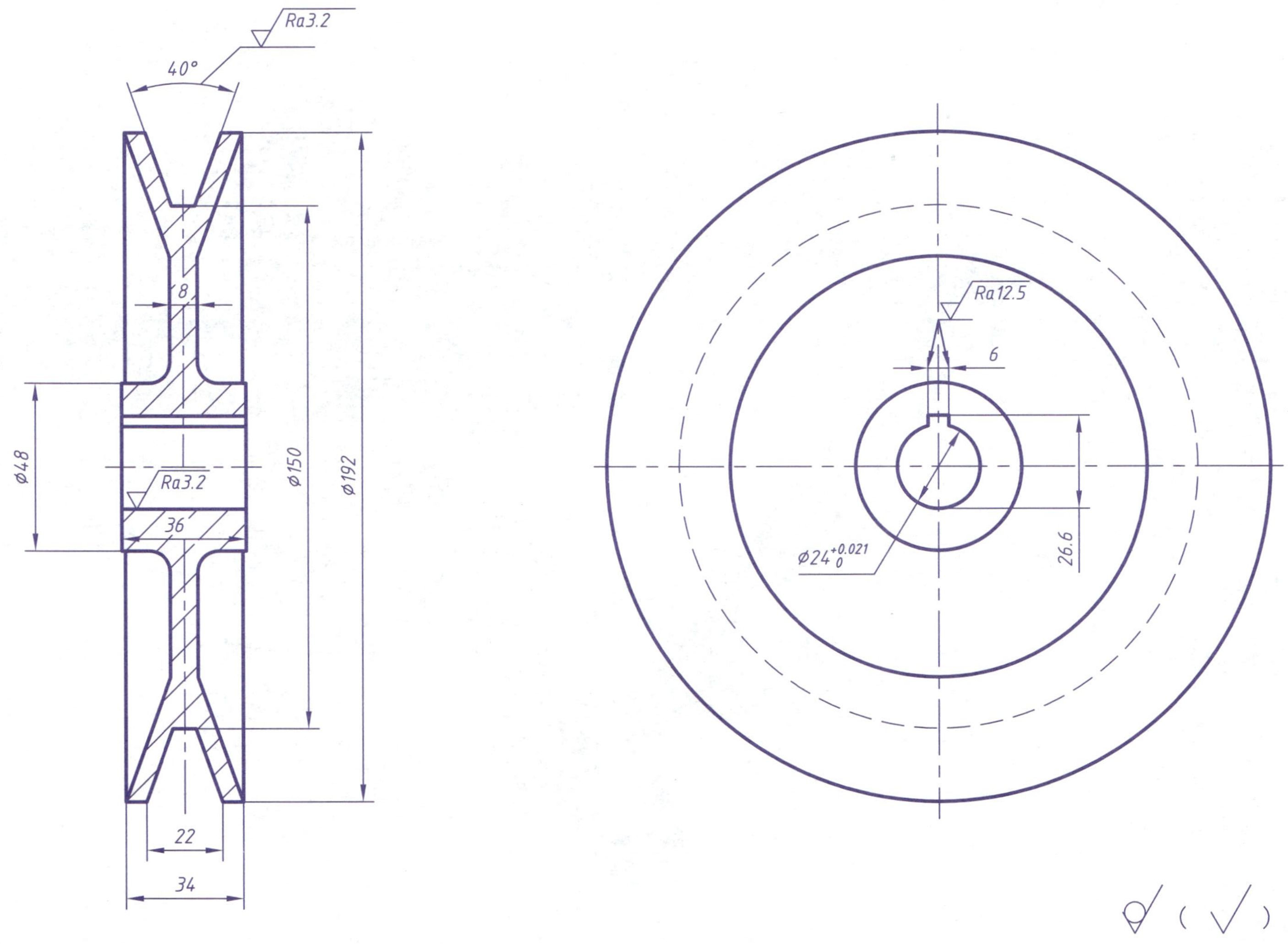

1	皮带轮	1	HT150	1:2	
序号	名称	数量	材料	比例	备注

11-2 拼画装配图(二):根据手压阀的轴测图、装配示意图和零件图拼画装配图。

工作状况

手压阀是吸进或排出液体的一种手动阀门。当握住其手柄(件2)向下压紧阀杆(件5)时,弹簧(件9)受力压缩,使阀杆向下移动,液体入口与出口相通;当手柄向上抬起时,由于弹簧自身受到力的作用,阀杆向上压紧阀体(件7),使液体入口与出口不通。

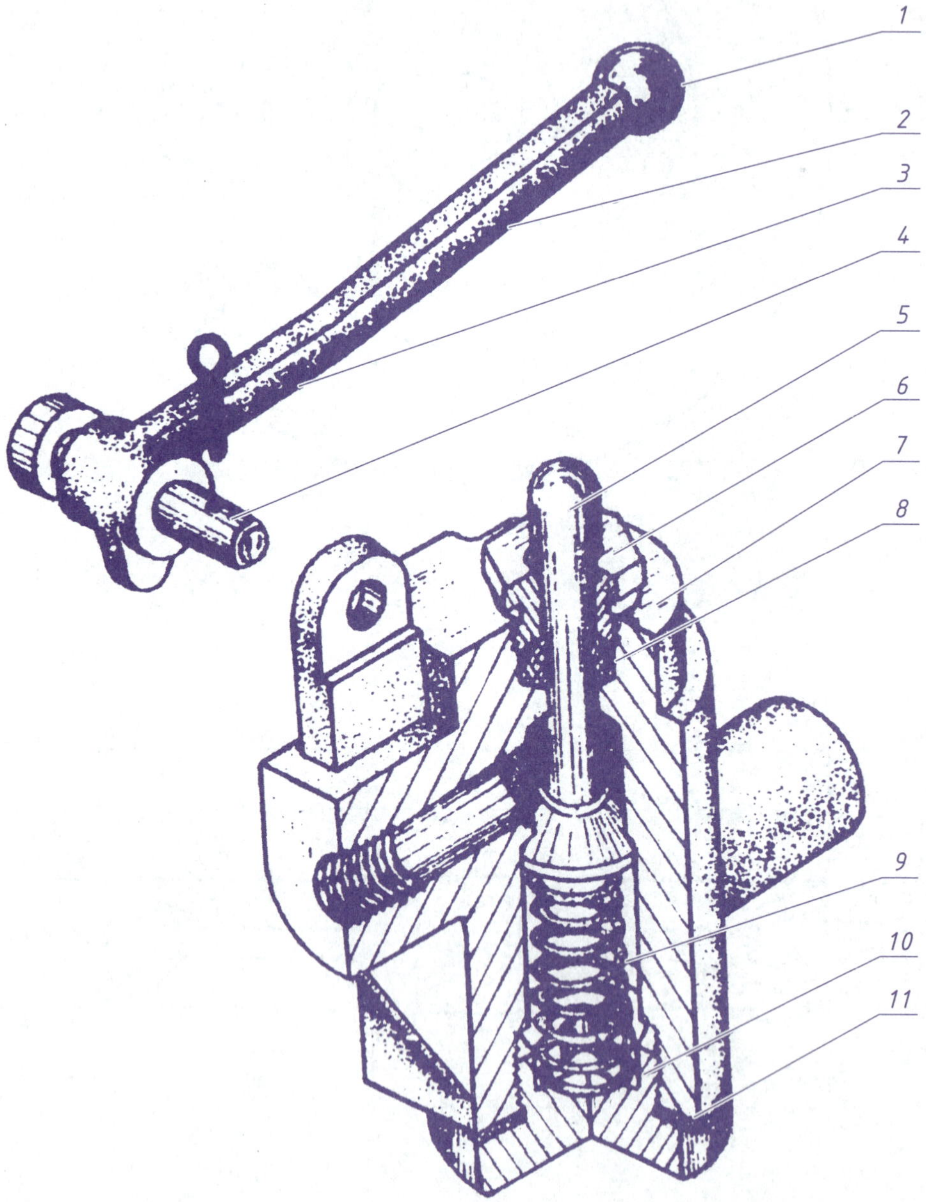

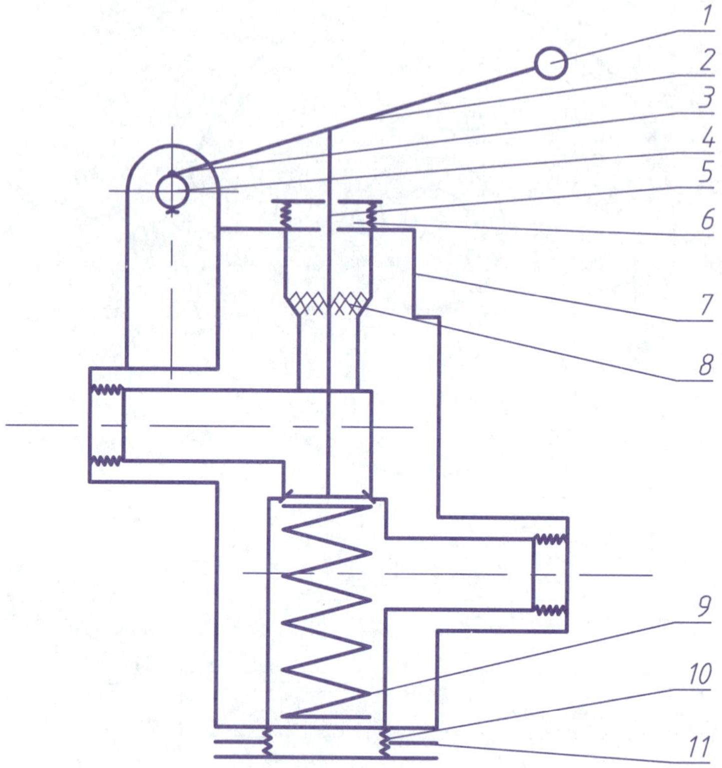

205

序号	名称	数量	规格	材料	单重	总重	图号或标准号
11	胶垫	1		橡胶			
10	调节螺母	1		Q235			
9	弹簧	1		65Mn			
8	填料			石棉			
7	阀体	1		HT150			
6	锁紧螺母	1		Q235			
5	阀杆	1		45			
4	销钉	1		20			
3	开口销	1	4X16	Q235			GB/T91-2000
2	手柄	1		20			
1	球头	1		胶木			

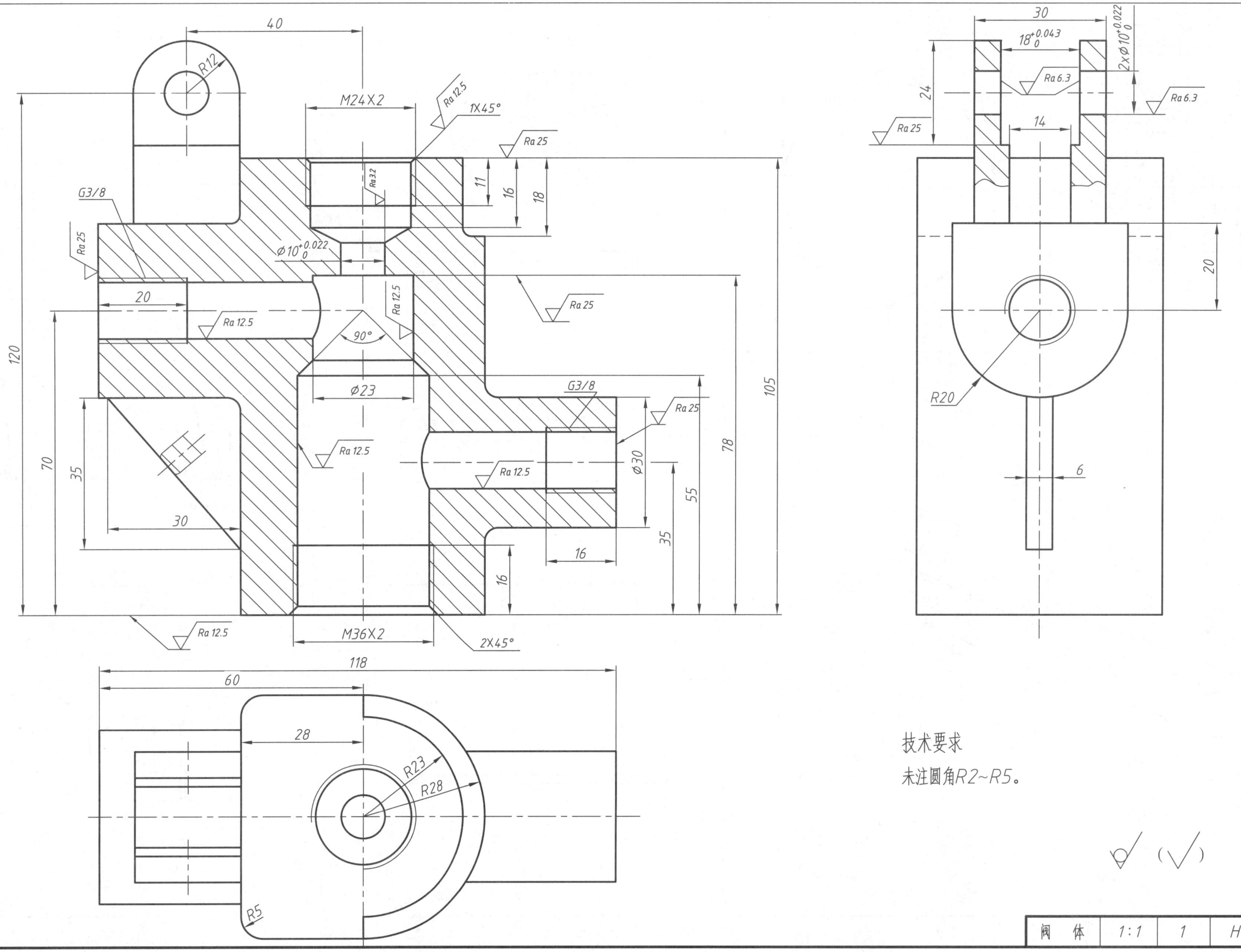

技术要求

未注圆角R2~R5。

阀　体	1:1	1	HT150

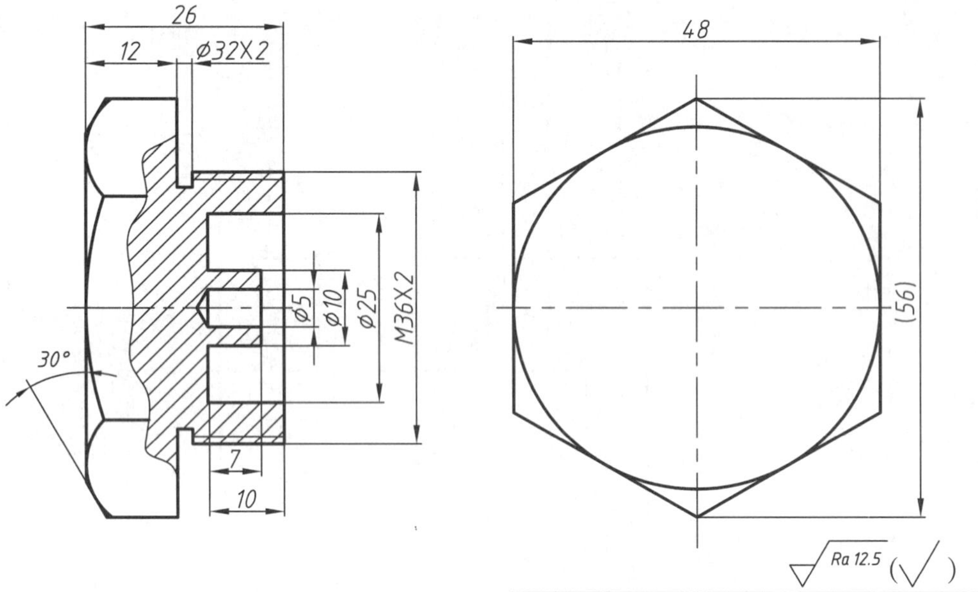

调节螺母	1:1	1	Q235

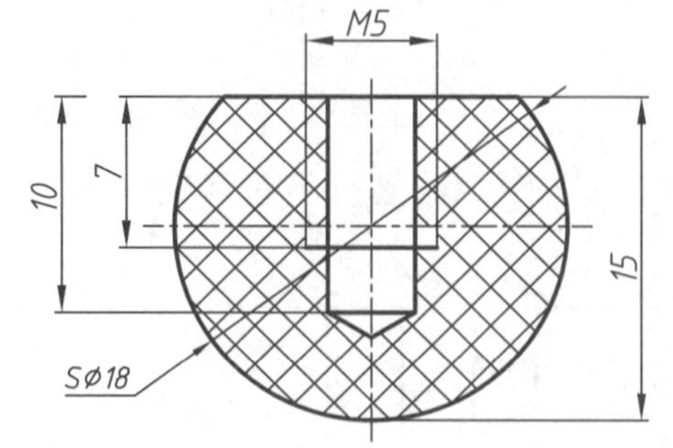

球　头	2:1	1	胶木

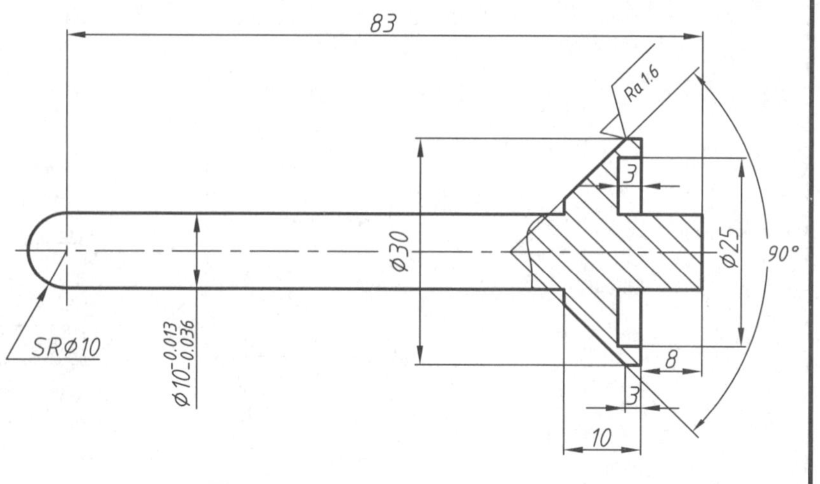

阀　杆	1:1	1	45

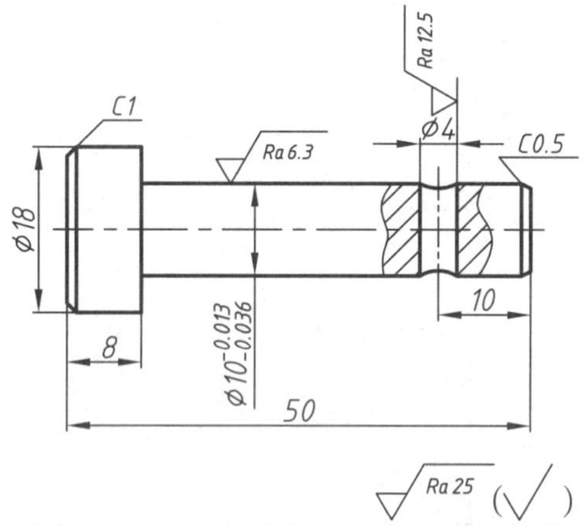

销　钉	1:1	1	20

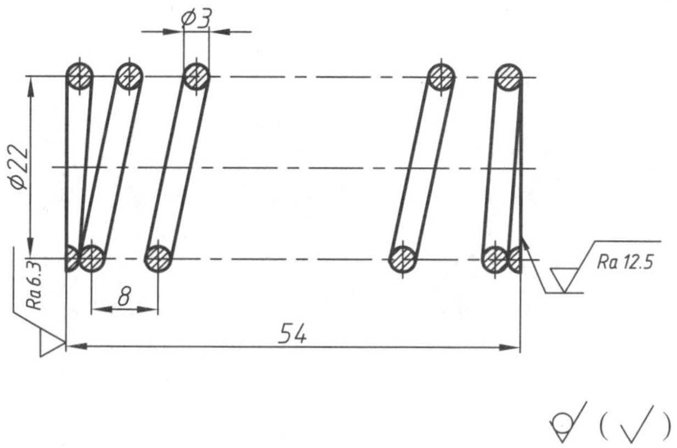

弹　簧	1:1	1	65Mn

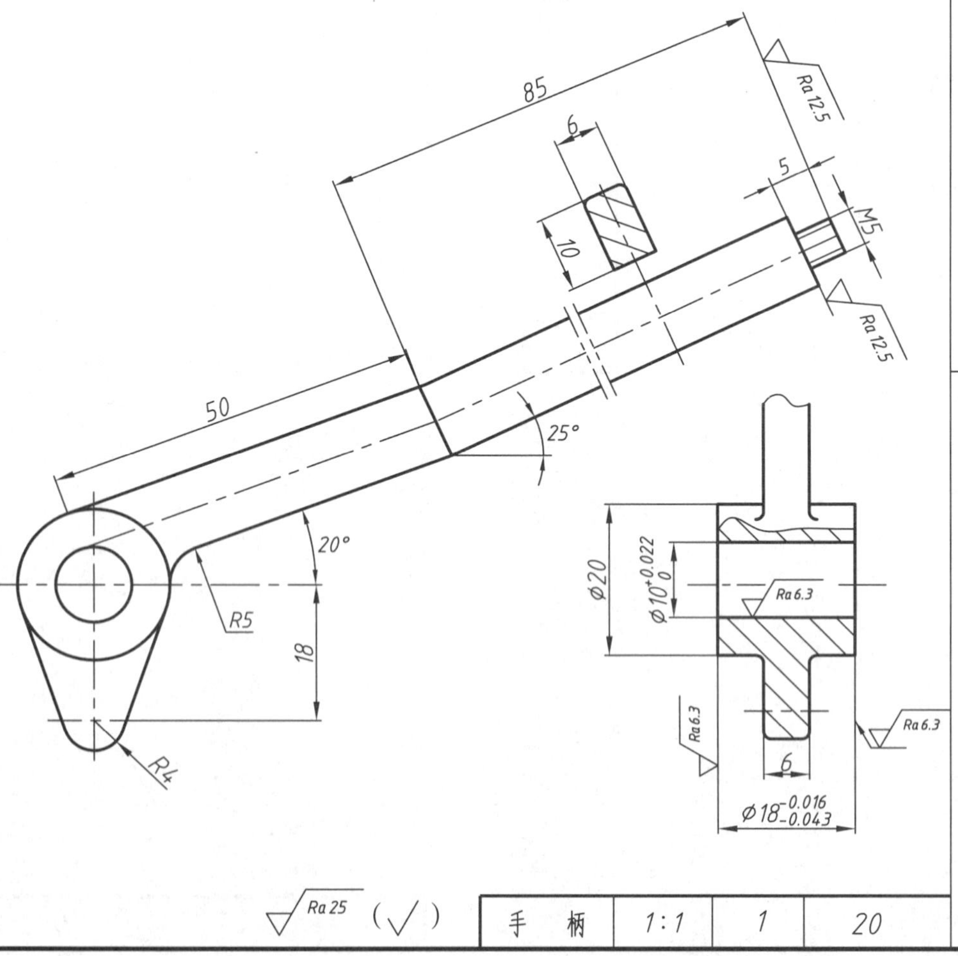

手　柄	1:1	1	20

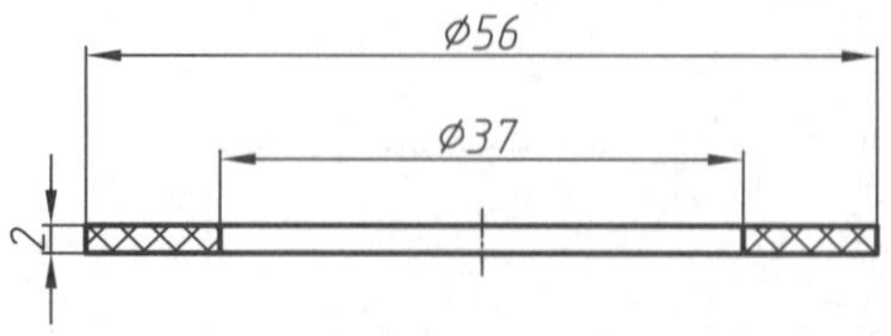

胶　垫	1:1	1	橡胶

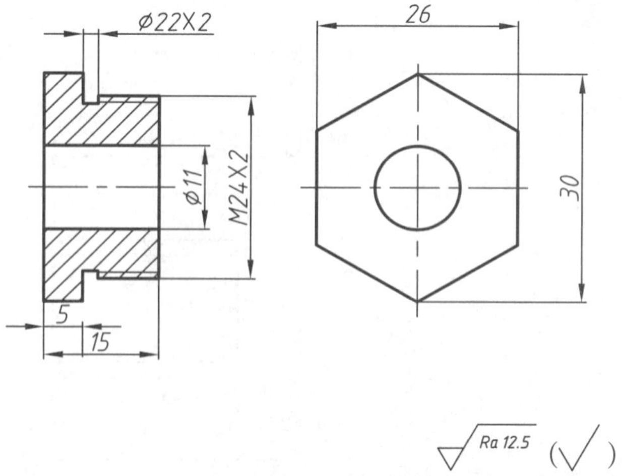

锁紧螺母	1:1	1	Q235

11-2续　拼画手压阀的装配图

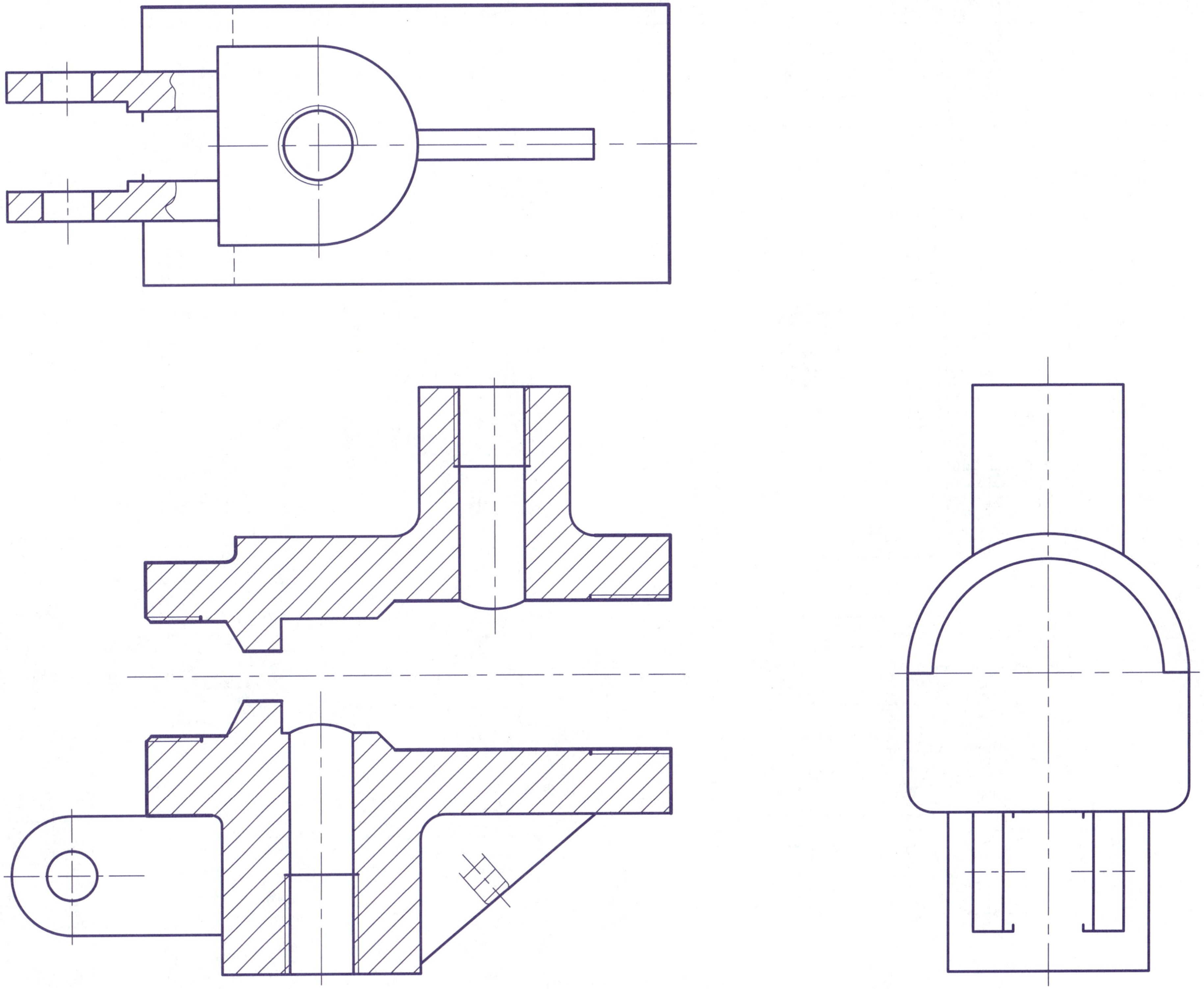

11-3 读下面阀门的装配图，并回答下列问题：(1)分析零件间的装配关系，说明活门(件2)的拆卸次序；(2)图中 $\phi 42\ \frac{H11}{C11}$ 表示什么含义？(3)读懂各零件的形状，分别画出壳体(件1)、活门(件2)、轴(件4)和压盖螺母(件8)的零件图(用合适的表达方法表示形体，尺寸从图中直接量取，尺寸标注、表面粗糙度代号等省略)。

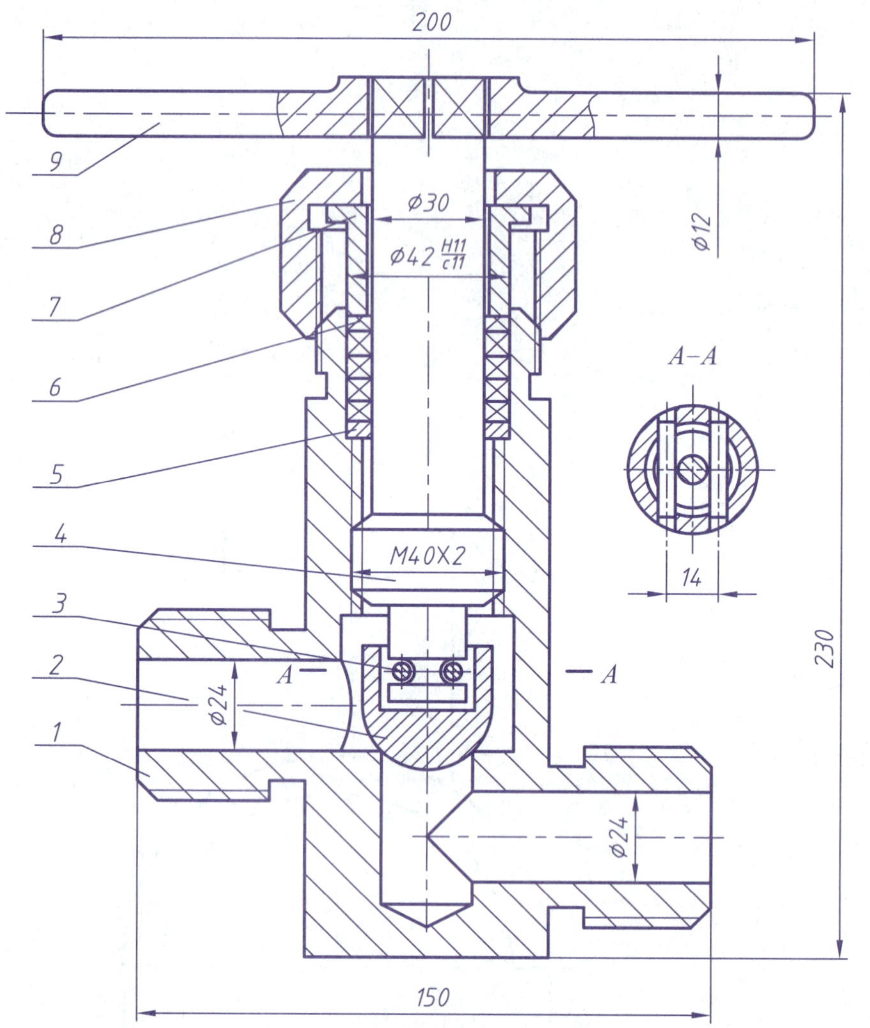

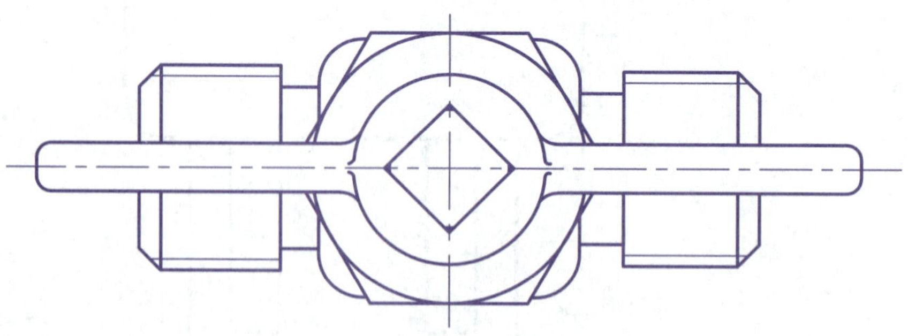

答：(1) ____________________。

(2) ____________________。

(3)绘制零件图：

件1 壳体

件2 活门

件8 压盖螺母

件4 轴

工作状况

阀门是控制流体流量和流动方向的部件。当旋动手柄(件9)时，轴(件4)通过圆柱销(件3)带动活门(件2)上升或下降，以开启或关闭壳体(件1)内部的通路，并以活门的开启大小控制流体的流量。为防止流体外泄，轴与壳体间用填料(件6)密封。

206

9	手 柄	1	HT100	
8	压盖螺母	1	HT200	
7	压 盖	1	HT150	
6	填 料		石棉绳	
5	圆 盘	1	Q235	
4	轴	1	45	
3	圆柱销 4X8	2	45	GB/T119.1-2000
2	活 门	1	ZQSn5-5	
1	壳 体	1	ZG35	
序号	名称	数量	材料	备注

阀 门			比例	1:2	Z-01	
			件数			
制图		日期	重量		共一张	第一张
描图		日期	华东理工大学			
审核		日期				

11-4　读下面柱塞泵的装配图，并回答下列问题：(1)分析所采用的视图及各视图的作用；(2)分析零件间的装配关系，写出下阀瓣(件13)和衬套(件6)的拆卸次序；(3)柱塞泵上哪些表面有配合要求？试说明各配合代号的含义；(4)读懂柱塞泵的装配图，拆画泵体(件5)、管接头(件9)、螺塞(件10)、上阀瓣(件12)的零件图(用合适的表达方法表示形体，尺寸标注、表面粗糙度代号等省略)。

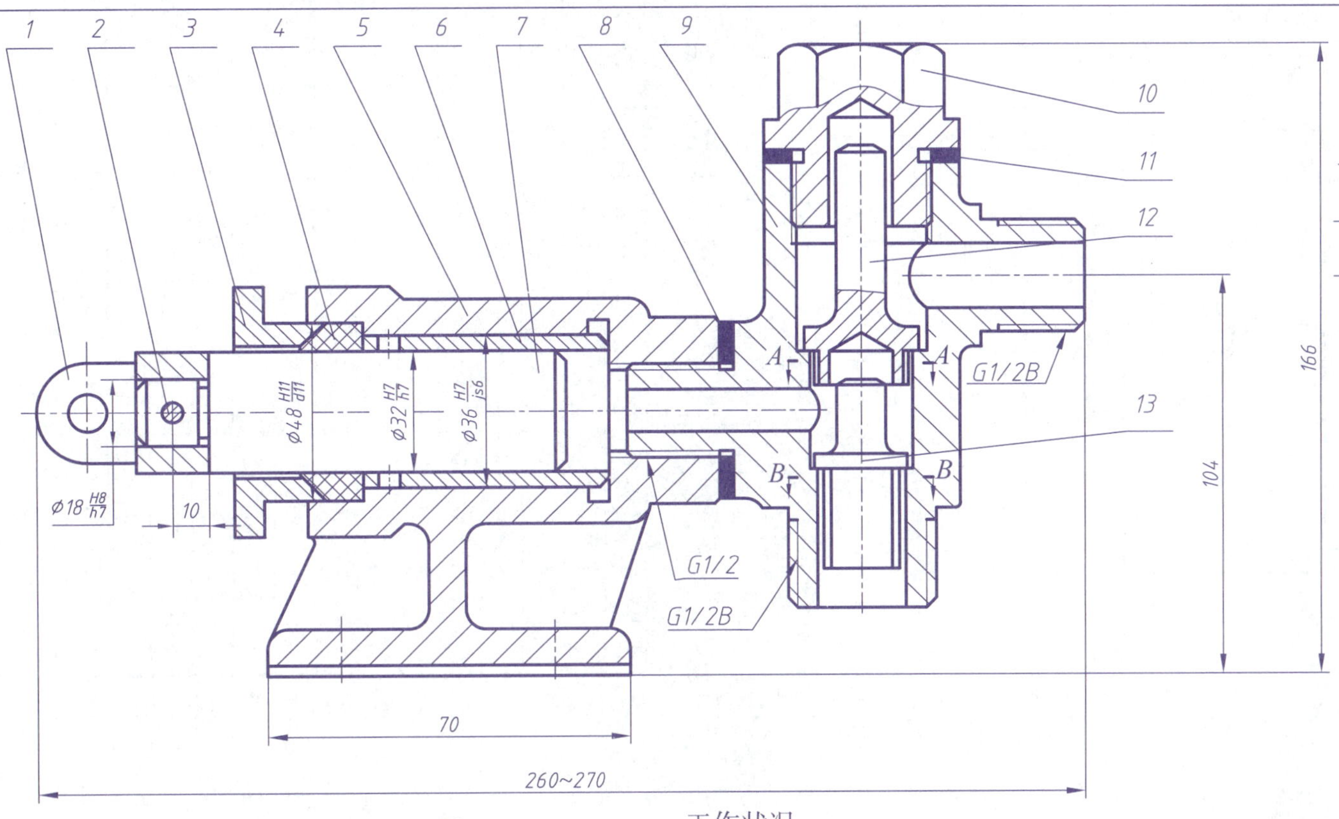

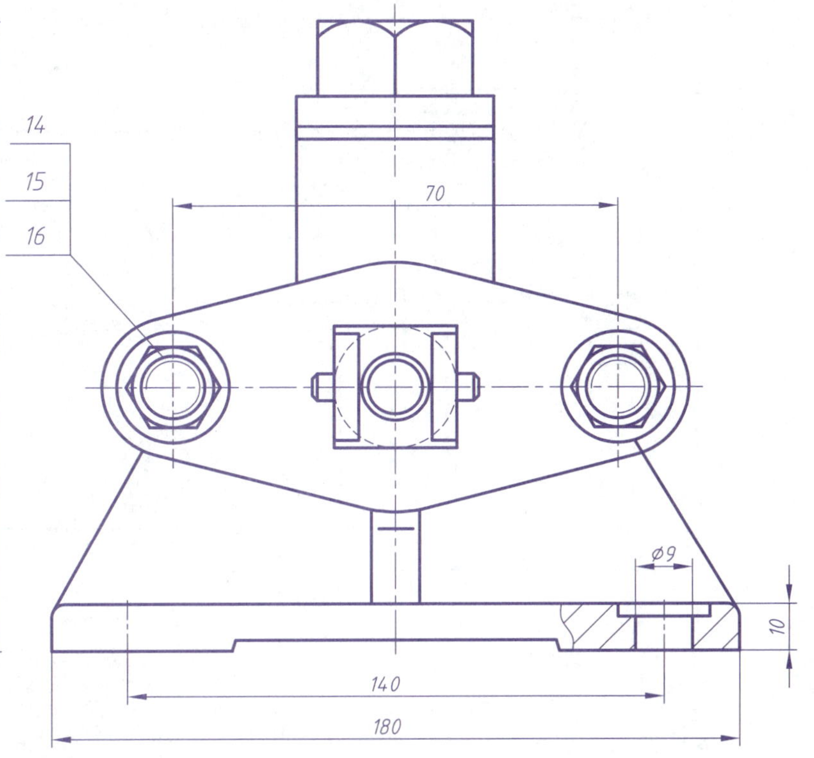

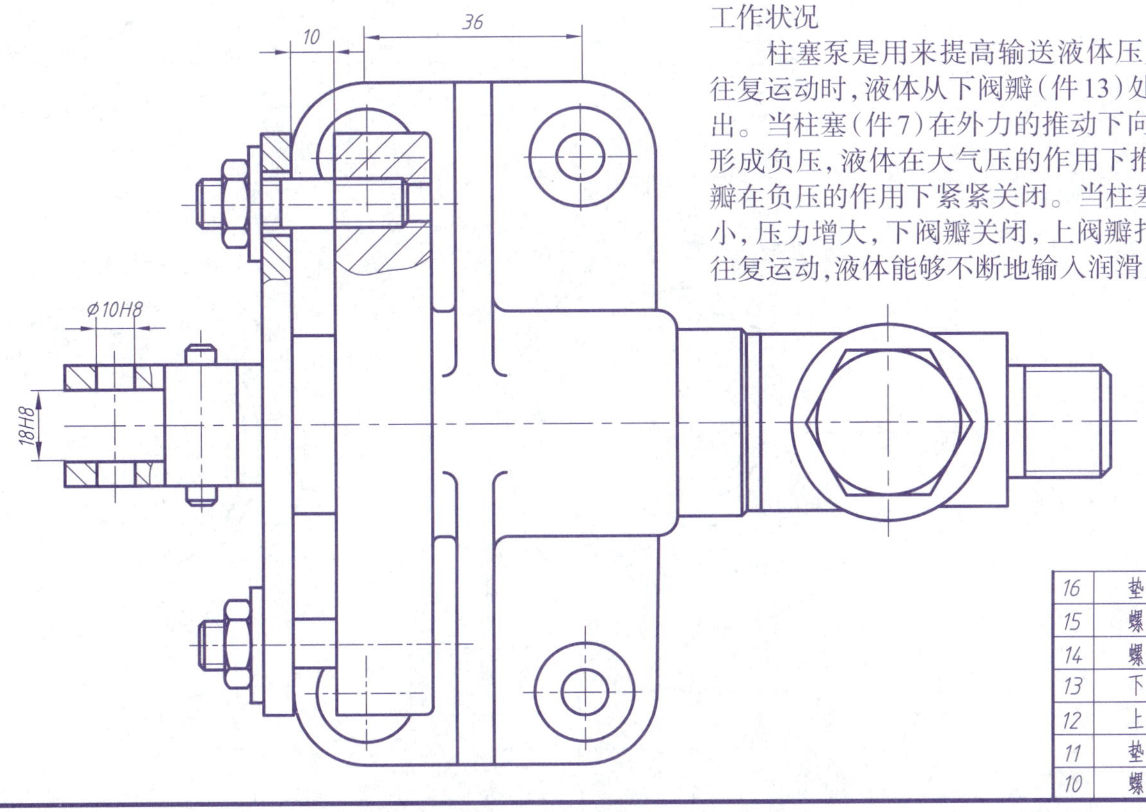

工作状况

柱塞泵是用来提高输送液体压力的供油部件。当柱塞泵做往复运动时，液体从下阀瓣(件13)处流入，从上阀瓣(件12)处流出。当柱塞(件7)在外力的推动下向左移动时，腔体内体积增大，形成负压，液体在大气压的作用下推开下阀瓣进入腔体，而上阀瓣在负压的作用下紧紧关闭。当柱塞向右移动时，腔体内体积减小，压力增大，下阀瓣关闭，上阀瓣打开，液体流出。由于柱塞的往复运动，液体能够不断地输入润滑系统或其他需要的地方。

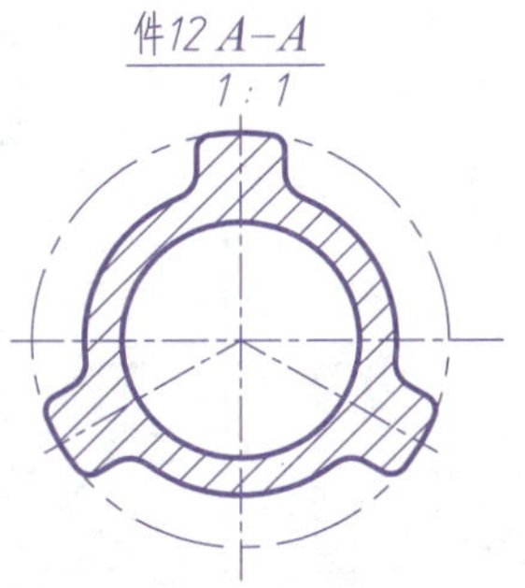

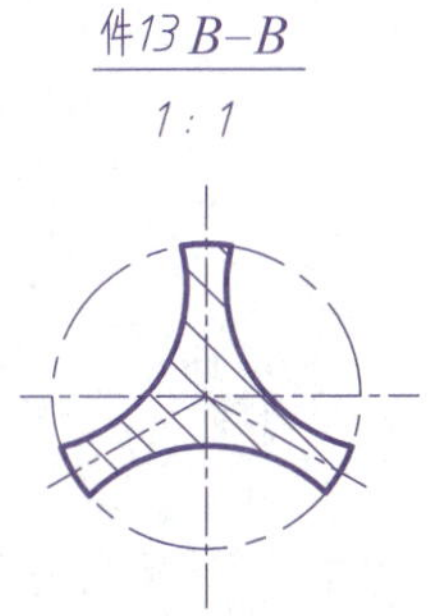

207

序号	名称	数量	规格	材料	单重	总重	图号或标准号
16	垫圈	2	10-140HV				GB/T848-2002
15	螺母	2	M10				GB/T41-2016
14	螺柱	2	M10X30				GB/T5780-2016
13	下阀瓣	1		ZCuZn38Mn2Pb2			
12	上阀瓣	1		ZCuZn38Mn2Pb2			
11	垫圈	1		纸			
10	螺塞	1		Q235-A			
9	管接头	1		HT200			
8	垫圈	1		纸			
7	柱塞	1		45			
6	衬套	1		ZCuZn38Mn2Pb2			
5	泵体	1		HT200			
4	填料			油麻绳			
3	压盖	1		HT150			
2	销	1	A5X30	35			
1	连套	1					GB117-2000

柱塞泵		比例	1:2	6A10-00	
		件数			
制图	日期	重量		共一张	第一张
描图	日期	华东理工大学			
审核	日期				

11-5　读下面隔膜阀的装配图，并回答下列问题：(1) 分析所采用的视图及各视图的作用；(2) 分析各零件间的装配关系，写出阀杆(件8)的拆卸次序；(3) 试说明塞子(件13)和紧定螺钉(件11)的作用；(4) 读懂各零件的形状，分别画出套筒(件6)、阀体(件7)和阀杆(件8)的零件图(用合适的表达方法表示形体，尺寸标注、表面粗糙度代号等省略)。

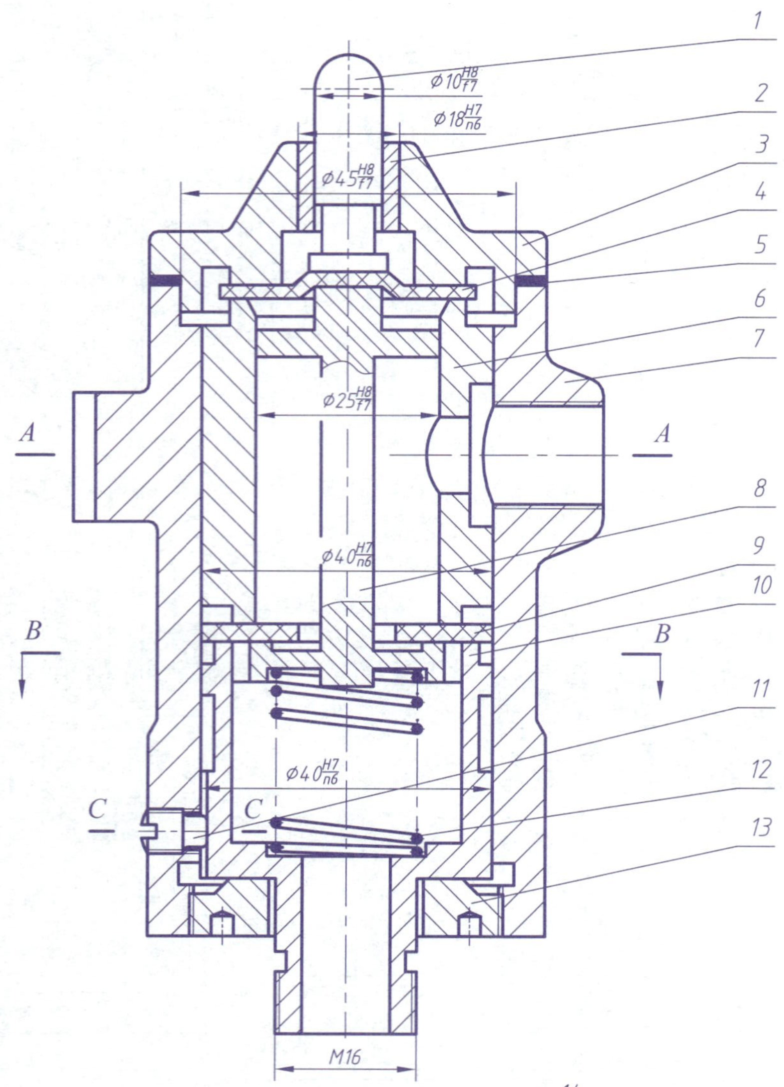

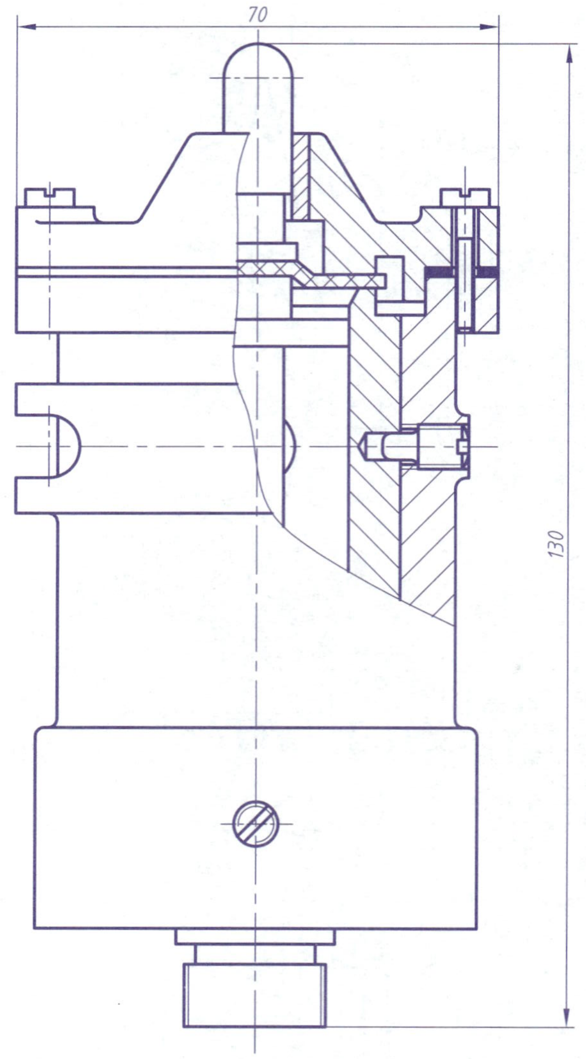

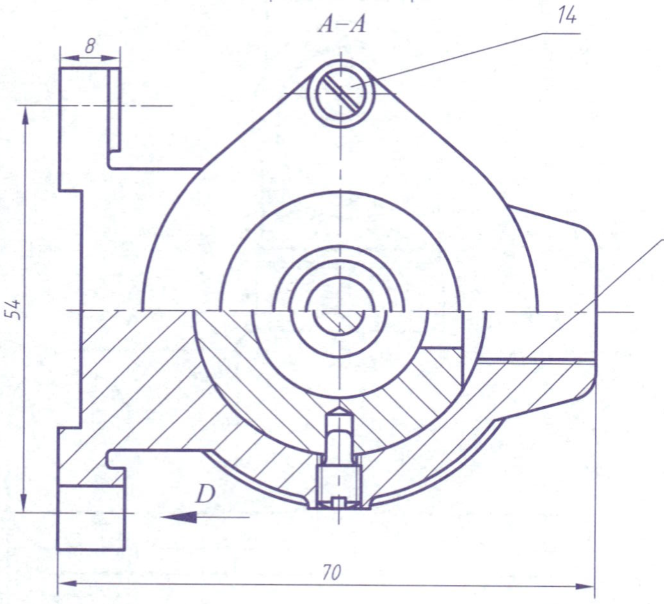

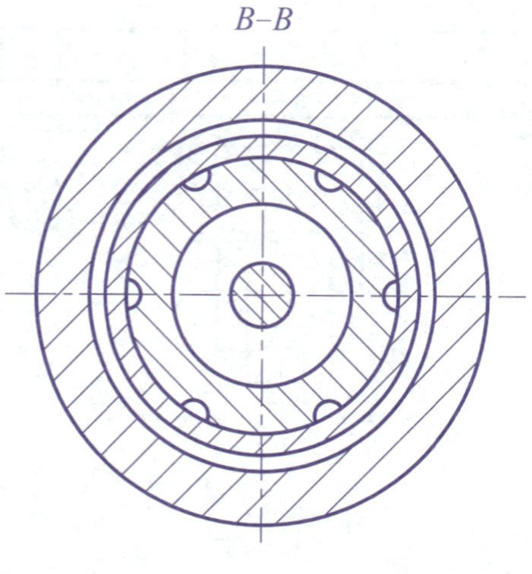

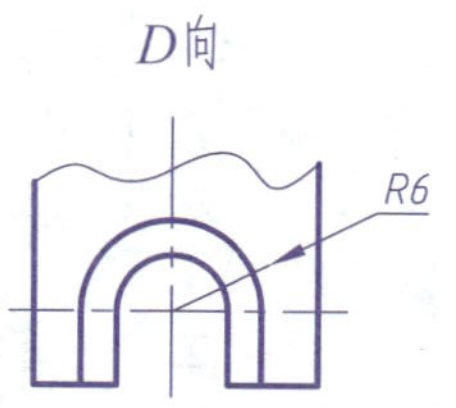

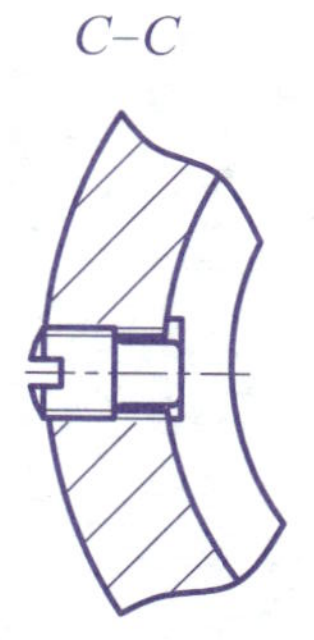

工作状况

隔膜阀是一种节制气流的阀门。当阀帽(件1)受外力作用而下压时，固定在阀杆(件8)上的隔膜(件4)因受到弹力作用而下压阀杆，这样与阀杆连接的弹簧(件12)被压缩，使阀杆与胶垫(件9)间产生空隙，从阀门底部进入的气体就均匀地流入阀体(件7)而排出；当阀帽所受外力消除后，由于弹簧的弹力作用，阀杆压紧胶垫而使气流不通。

208

序号	名称	数量	规格	材料	单重	总重	图号或标准号
14	螺　钉	2	M6X20	Q235			GB/T65-2016
13	塞　子	1		Q235			
12	弹　簧	1		50CrVA			
11	紧定螺钉	2	M6X10	Q235			GB/T75-2018
10	阀　套	1		Q235			
9	胶　垫	1		橡胶			
8	阀　杆	1		45			
7	阀　体	1		HT150			
6	套　筒	1		Q235			
5	衬　垫	1		橡胶			
4	隔　膜	1		橡胶			
3	盖　子	1		HT150			
2	衬　套	1		Q235			
1	阀　帽	1		45			

隔膜阀		比例	1:1	Z-03	
		件数			
制图	日期	重量		共一张	第一张
描图	日期	华东理工大学			
审核	日期				

12-1　画出斜交两圆柱的表面展开图。

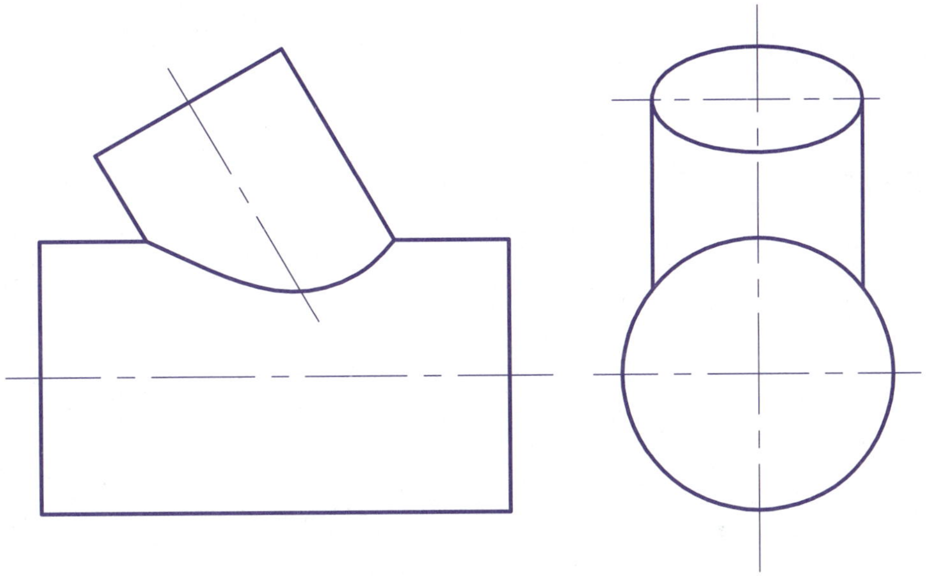

209

12-2　画出漏斗的表面展开图。

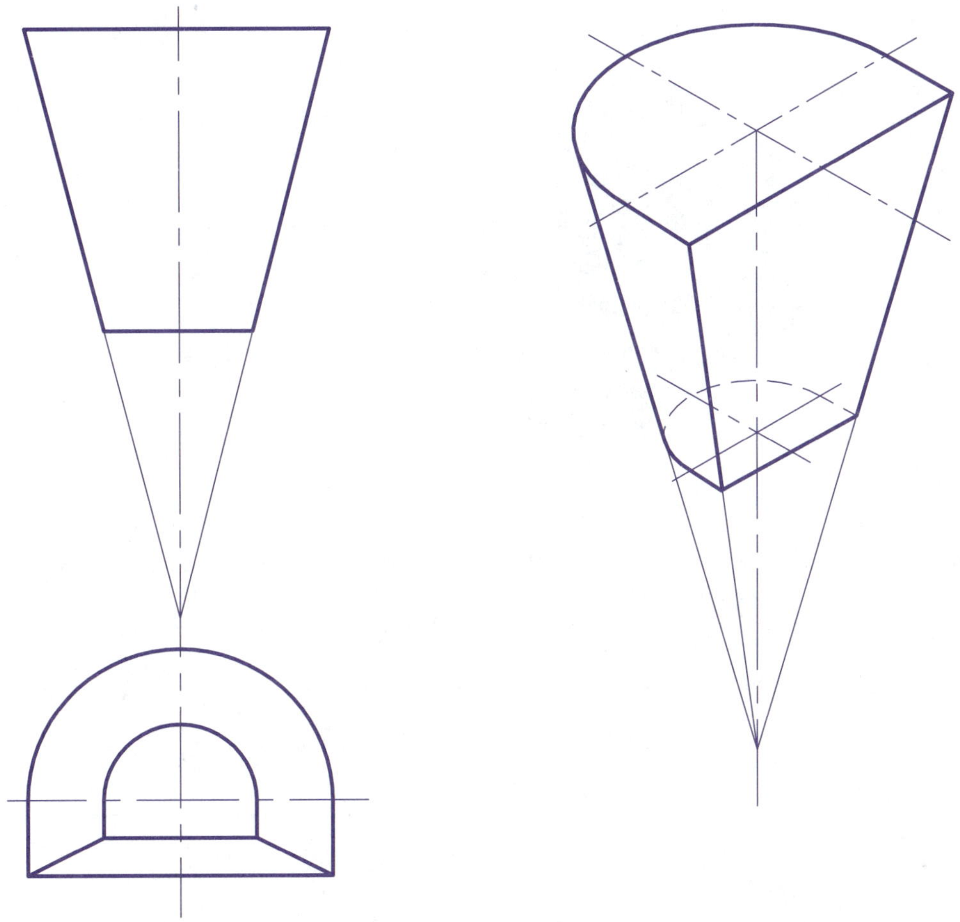

210

12-3　画出右侧所示方接圆变形接头的表面展开图。

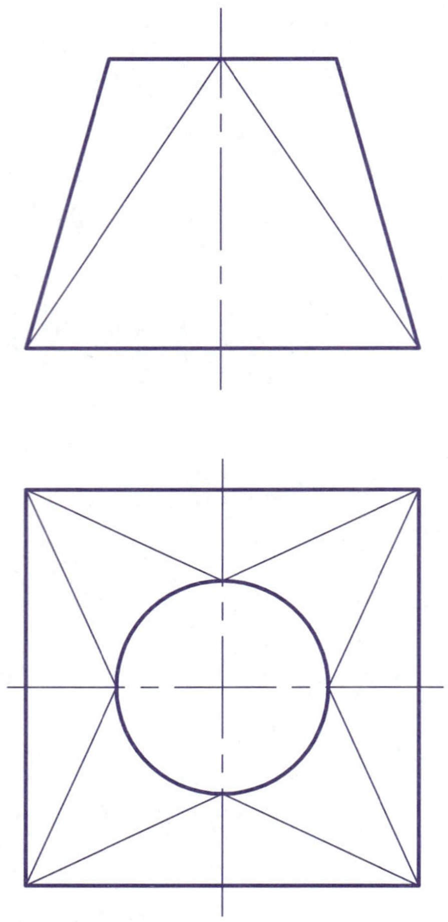

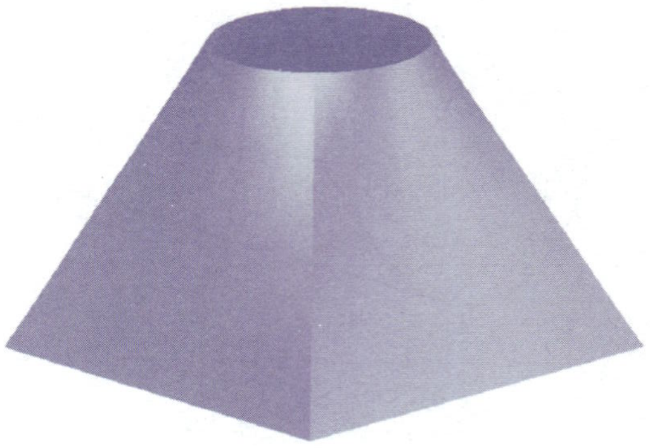

13-1　试根据贮槽的设备设计条件单，按第 76 页所附的零部件图中给定的规定标记，从教材的有关表格中查得相关数据，并拼画该设备的装配图。

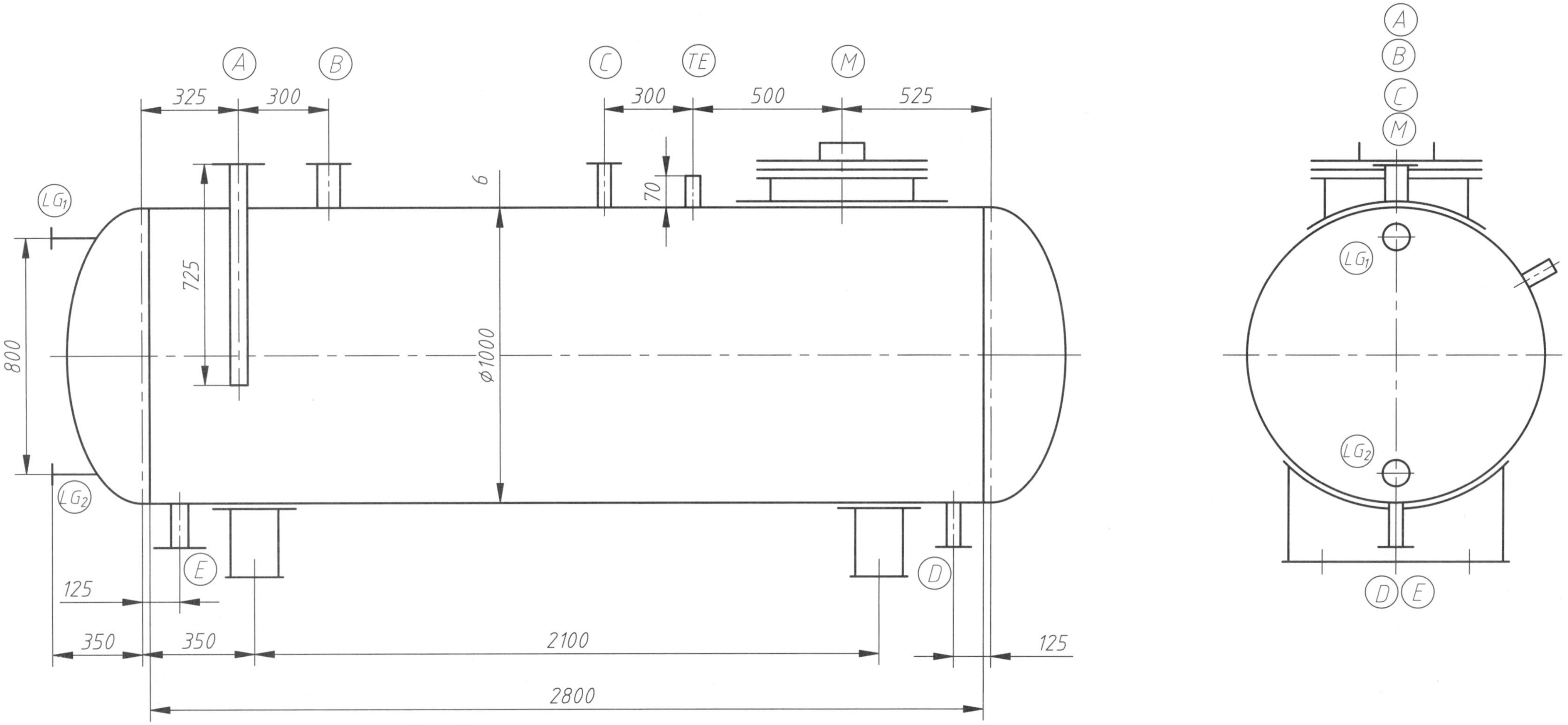

212

管口表							
符号	公称尺寸	公称压力	连接标准	法兰型式	连接面型式	用途和名称	设备中心线至法兰面距离
A	50	0.25	HG/T 20592	PL	RF	进料口	650
B	65	0.25	HG/T 20592	PL	RF	备用口	650
C	40	0.25	HG/T 20592	PL	RF	排气口	650
TE	1″		TH3039-59		内螺纹	温度计口	
M	450	0.25				人孔	
D	40	0.25	HG/T 20592	PL	RF	排污口	650
E	50	0.25	HG/T 20592	PL	RF	放料口	650
$LG_{1\sim2}$	15	1.5	HG/T 20592	PL	RF	液面计口	650

材料表	
壳体，封头	Q235-A
管法兰	Q235-A
接管	20
支座	按标准
人孔	按标准
补强圈	Q235-A
凸缘	Q235-A

设计数据表			
规范		压力容器类别	I
介质和其特性		焊后热处理	
工作温度　°C	≤100	无损检测	PT
设计温度　°C	200	全容积	2.5
工作压力　MPaG	常压	防腐要求	外表涂红丹两度
设计压力　MPaG		保温厚　mm	80
水压试验压力 MPaG			
气密试验压力 MPaG			
焊接接头系数	0.85		
腐蚀裕度　mm	1		
估计质量表		负荷表	
净质量　kg			
操作质量　kg			
充水质量　kg			

采用标准
GB150.1~150.4-2011《压力容器》
《固定式压力容器安全技术监察规程》

技术要求

1.安装液面计时两接管之间的距离公差为±1.5mm,接管对于基准距离公差为3mm。

2.保温层材料为矿渣棉板材。

版次 REV	说　明 DESCRIPTION	设计 PRE'D	校核 CHKD	审核 APPR	批准 AUTH'D	日期 DATE

本图纸为　　工程公司财产，未经本许可不得转让给第三者或复制。
This drawing is the property of　　ENGINEERING CORP.
unauthorized disclosure to any third party or duplication is not permitted.

工程公司 ENGINEERING CORP.	资质等级 Grade of qualification	甲级 Class A	证书编号 Certificate NO.	

项目 PROJ		图名 DRAWING NAME	贮槽 设备设计条件单
装置/工区 UNIT & WORK AREA			
上海 SHANGHAI	专业 SPEC	比例 SCALE　：　第　张共　张 of	图号 DRAWING NO.

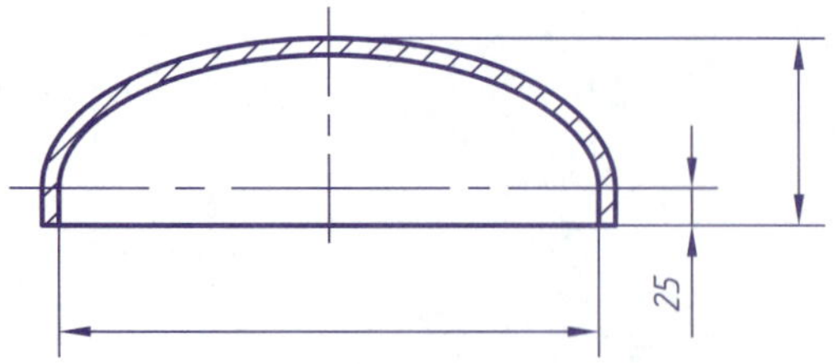

EHA 1000×6−Q235A GB/T 25198−2023

椭圆形封头

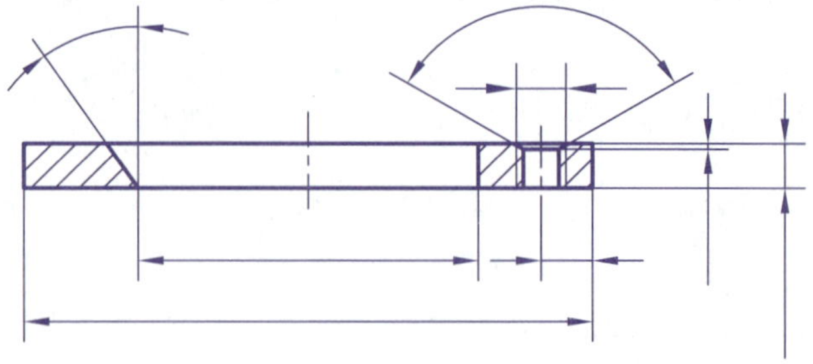

d_N450×6−D−Q235A NB/T 11025−2022

补强圈

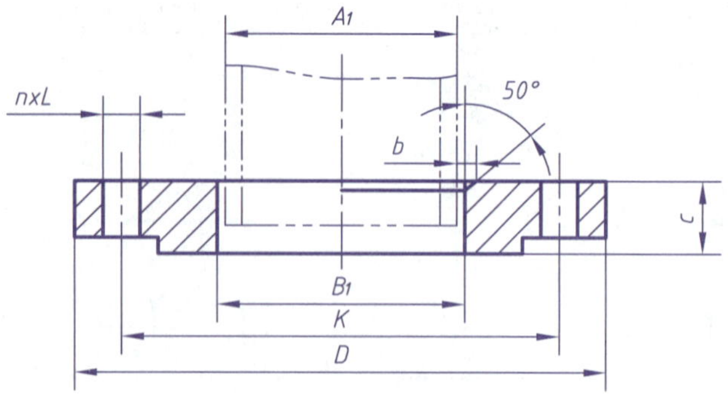

DN	40	50	65	15(PN10)
A_1	45	57	76	19
B_1				
K				
D				
L				
n				
c				

HG/T 20592−2009 法兰 PL××（B）−2.5 RF Q235A

管法兰

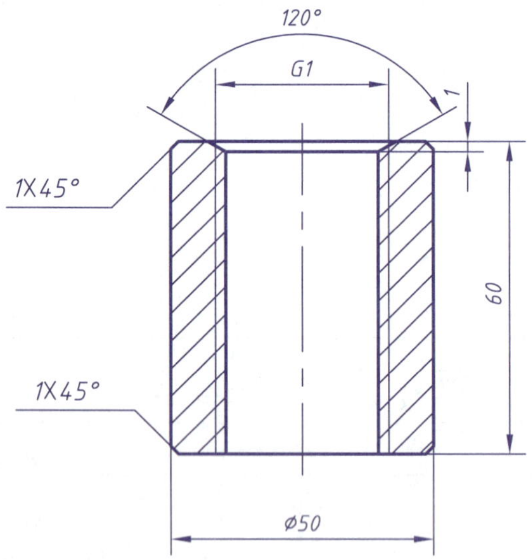

凸缘 P_g16 D_g25 TH3037−59

凸缘

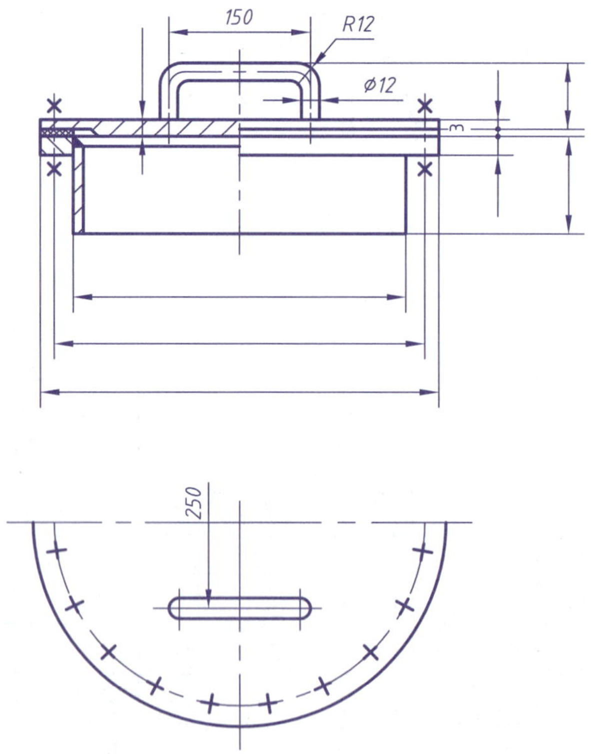

人孔 (A−XB350) 450 HG/T 21515−2014

人孔

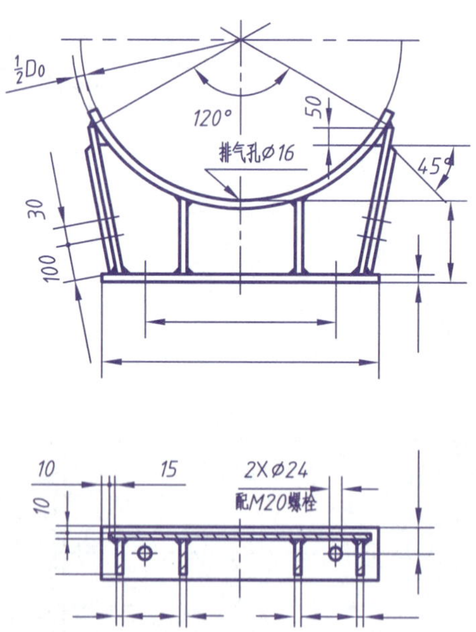

NB/T 47065.1−2018，鞍座 A 1000−F

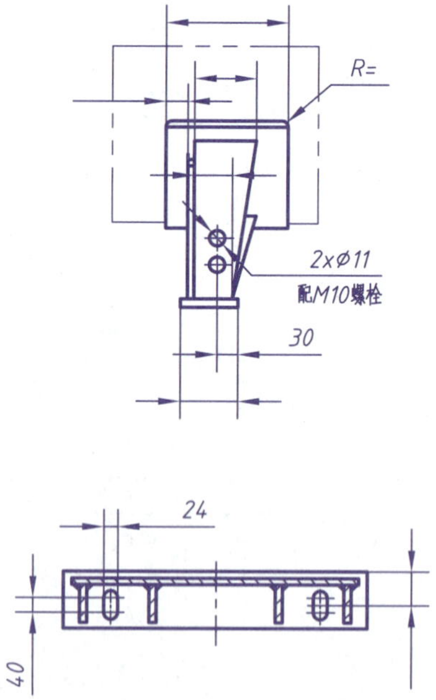

NB/T 47065.1−2018，鞍座 A 1000−S

鞍式支座

13-2 试根据带夹套立式贮槽的设备设计条件单，按第78、79页所附的零部件图中所给定的规定标记，从教材的有关表格中查得相关数据，然后拼画该设备的装配图。

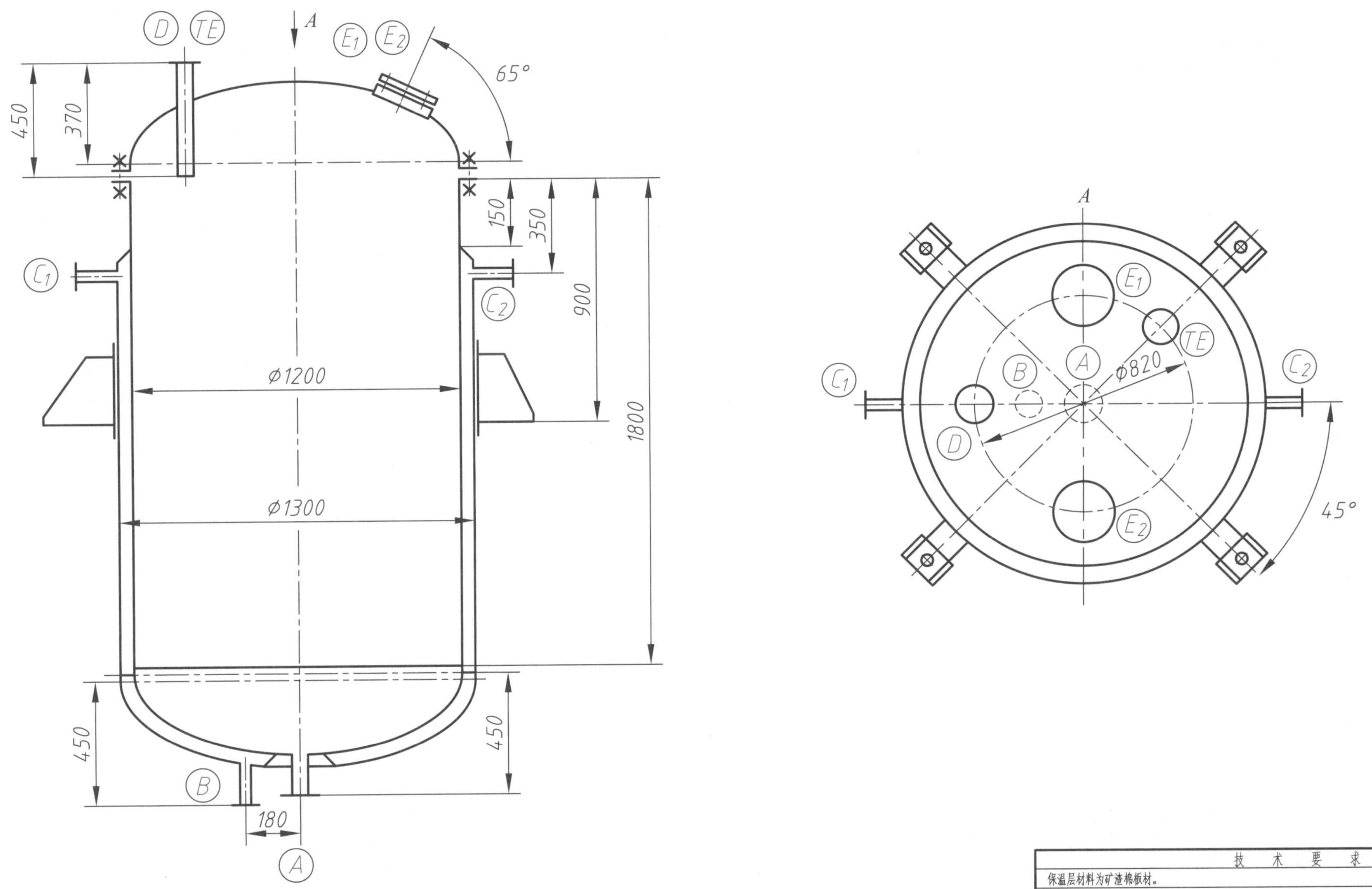

213

管口表

符号	公称尺寸	公称压力	连接标准	法兰型式	连接面型式	用途和名称	设备中心线至法兰面距离
A	50	0.6	HG/T 20592	PL	RF	出料口	见图
B	25	0.6	HG/T 20592	PL	RF	冷凝液出口	见图
$C_{1\sim2}$	25	0.6	HG/T 20592	PL	RF	蒸汽进口	800
D	50	0.6	HG/T 20592	PL	RF	进料口	见图
TE	40	0.6	HG/T 20592	PL	RF	温度计插口	见图
$E_{1\sim2}$	125	0.6	NB/T47017-2011	/	/	视镜	

材料表

壳体，筒体封头，夹套封头	Q235A
管法兰	Q235A
接管	20
支座	按标准
视镜	按标准

设计数据表

规范			压力容器类别	I	
	容器	夹套		容器	夹套
介质和其特性		水或蒸汽	腐蚀裕度 mm	1	1
工作温度 °C	80~120	20~143	焊后热处理		
设计温度 °C	200	200	无损检测	RT	RT
工作压力 MPaG	0.5	0.3	全容积	3	
设计压力 MPaG			保温厚 mm		80
水压试验压力 MPaG	0.6	0.4	换热面积		8.4
气密试验压力 MPaG					
焊接接头系数	0.85	0.85			

估计质量表		负荷表	
净质量 kg			
操作质量 kg			
充水质量 kg			

采用标准

GB150.1~150.4-2011《压力容器》

《固定式压力容器安全技术监察规程》

技术要求

保温层材料为矿渣棉板材。

版次 REV	说明 DESCRIPTION	设计 PRE'D	校核 CHKD	审核 APPR	批准 AUTH'D	日期 DATE

本图纸为 工程公司财产，未经本许可不得转让给第三者或复制。

This drawing is the property of ENGINEERING CORP.

unauthorized disclosure to any third party or duplication is not permitted.

工程公司 ENGINEERING CORP.	资质等级 Grade of qualification	甲级 Class A	证书编号 Certificate NO.	
项目 PROJ		图名 DRAWING NAME	带夹套立式贮槽 设备设计条件单	
装置/工区 UNIT & WORK AREA				
上海 SHANGHAI	专业 SPEC	比例 SCALE :	第 张共 张 of	图号 DRAWING NO.

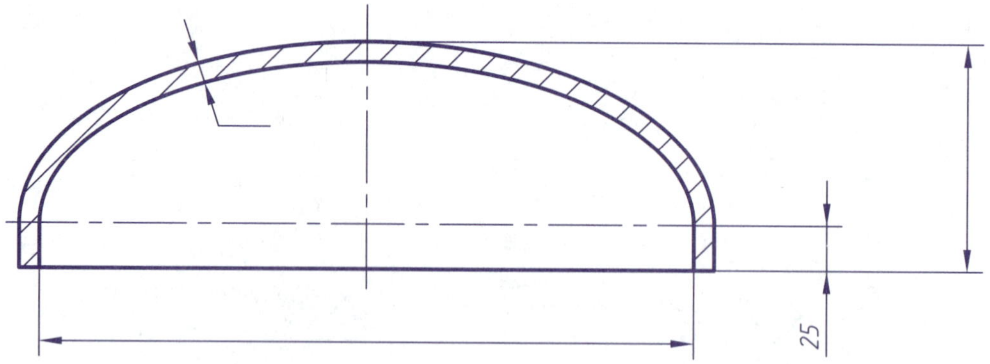

EHA 1200×8−Q235A GB/T 25198−2023

封头

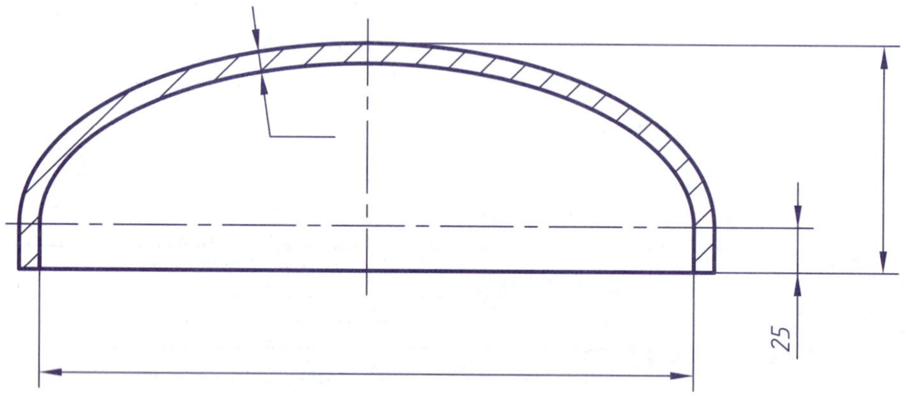

EHA 1300×8−Q235A GB/T 25198−2023

封头

夹套

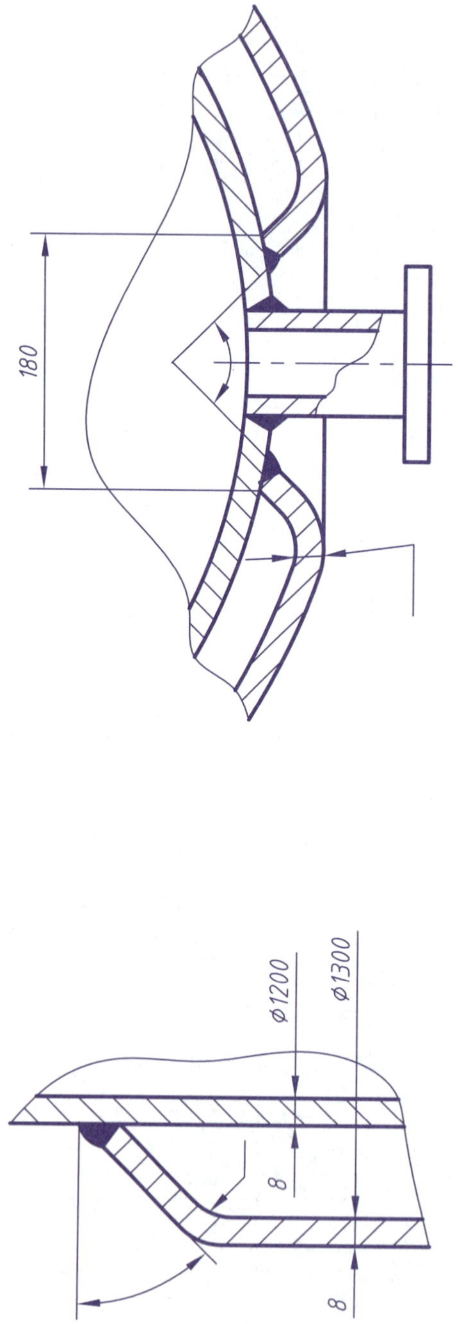

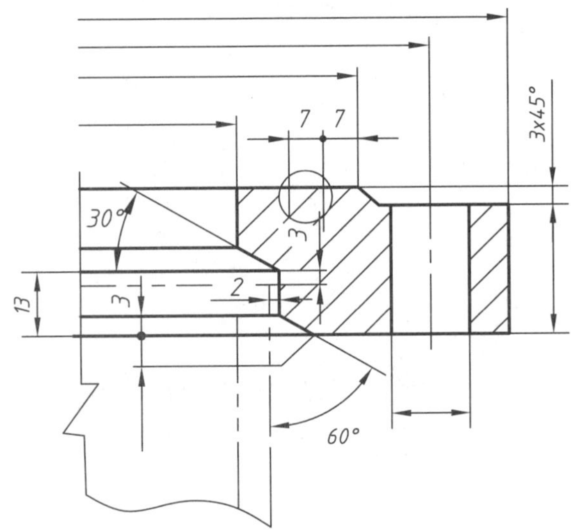

法兰−RF 1200−0.6 NB/T 47021−2012

容器法兰

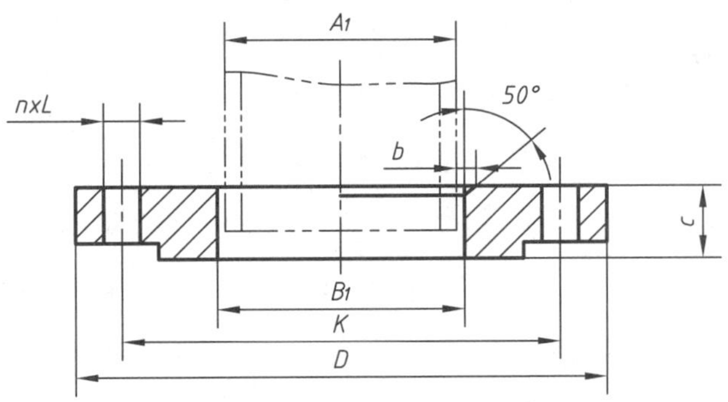

DN	150	200	300
A_1			
B_1			
K			
D			
L			
n			
c			

HG/T 20592−2009 法兰 PL××（B）−6 RF Q235A

管法兰

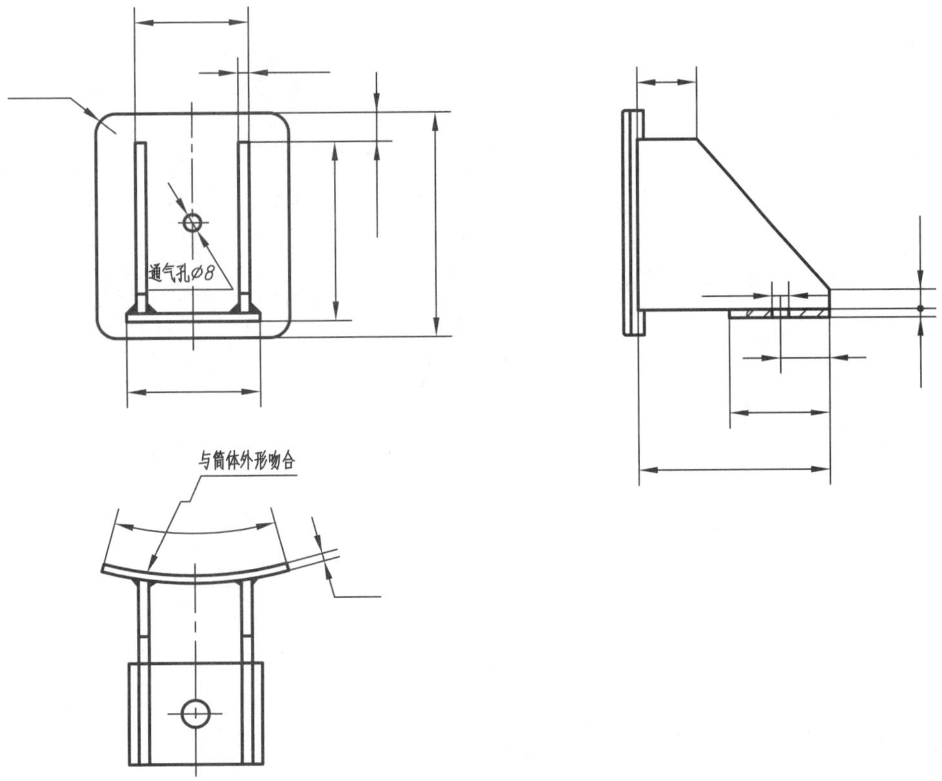

NB/T 47065.3−2018，耳座 B3−I

耳座

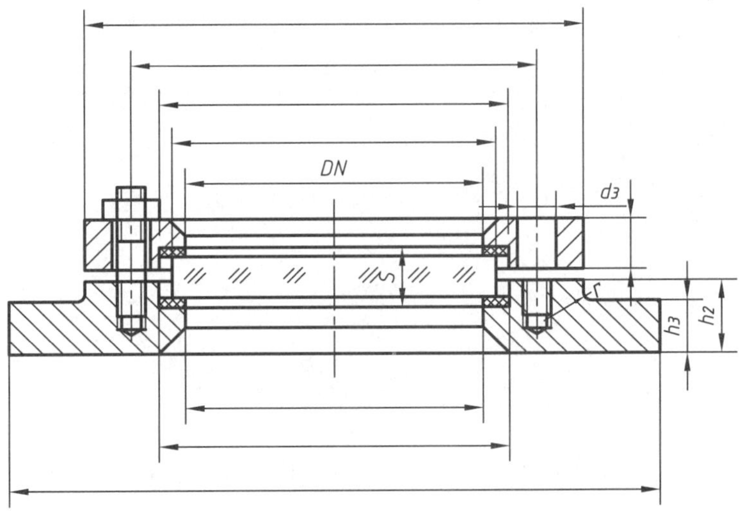

视镜 PN1.0 DN125 I，NB/T 47017−2011

视镜

13-3　参照下列说明，阅读指定的化工设备图，并完成题目。

一、瓷环波纹复式填料塔（图号：Z-05-01）

（一）工作状况

填料塔是内部装有一定高度填料的塔器。填料的作用是增大塔内两种流体的接触面积，以实现热量和质量的充分传递。填料塔的结构较简单、检修较方便，广泛应用于气体吸收、蒸馏、萃取等单元操作中。

瓷环波纹复式填料塔内所装的填料除瓷环外，还有由波纹形薄板叠成的盘状填料。

本设备工作时，料液由塔中部的进料管B进入塔内，通过管上的小孔向下喷洒，并沿填料表面下流；气体由塔下部的进口管E进入塔内，通过填料孔隙逆流而上，与液体密切接触进行热量和质量传递；回流液自塔顶的管口D流入塔内，气体从管口C逸出；填料层下流的残液从塔底的接管口A排出。

（二）读图要求

1. 填空

（1）本设备的公称直径为______mm，工作压力为______MPaG，工作温度为______℃。塔的总高为______mm，共由______种零部件组装而成。

（2）本图在绘制时所采用的比例有______________________________。

（3）由__________视图来确定各管口的周向方位。

（4）进入塔内的料液有______个进口，管口序号为__________。

（5）本设备采用______支座，共有______个，每个支座的允许载荷是__________。

（6）法兰（件20）共有______只，它与塔节（件19）之间所采用的连接方式为__________。

（7）接管A的公称直径为______mm，外径为______mm，壁厚为______mm。

（8）液体分布器（件30）和塔节（件29）的连接方式采用__________。

2. 简答题

（1）本图采用了几个视图？它们各采用了什么表达方法？

（2）如何简化画出本设备中的填料和螺栓连接？（用图示方式表示）

3. 读懂本设备的装配图，分别画出液体分布器（件30）和进料管（件13）的一组视图（尺寸不注）。

214

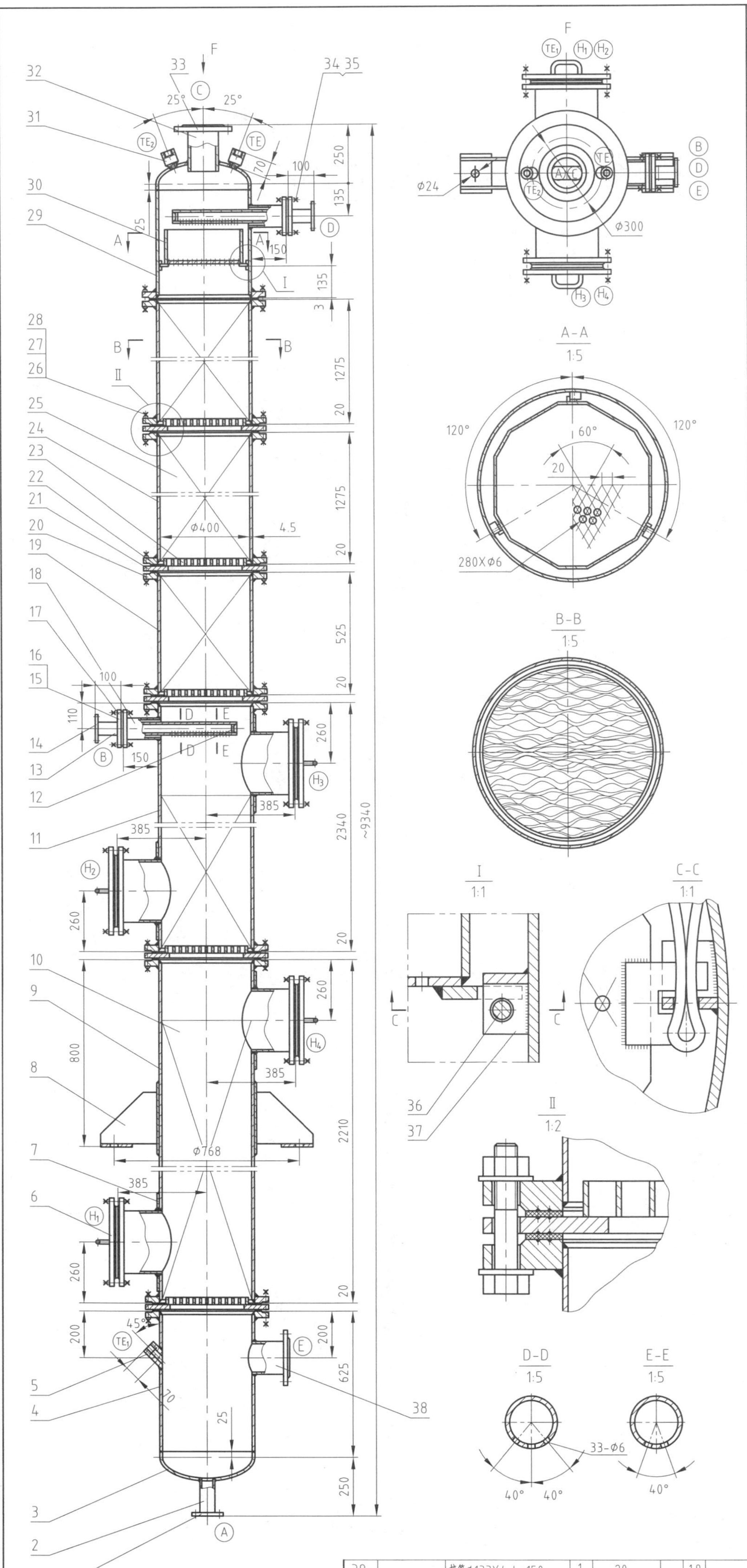

设 计 数 据 表 DESIGN SPECIFICATION			
规 范 CODE	GB150.1~150.4-2011《压力容器》《固定式压力容器安全技术监察规程》TSG21-2016		
介质 FLUID		压力容器类别 PRESS. VESSEL CLASS	I
介质特性 FLUID PERFORMANCE		焊条型号 WELDING ROD TYPE	按NB/T47015-2011规定
工作温度 WORKING TEMP. IN/OUT (°C)	100	焊接规程 WELDING CODE	按NB/T47015-2011规定
工作压力 WORKING PRESS. (MPaG)	常压	焊缝结构 WELDING STRUCTURE	除注明外采用全焊透结构
设计温度 DESIGN TEMP. (°C)	200	除注明外角焊缝腰高 THICKNESS OF FILLET WELD EXCEPT NOTED	按较薄板厚度
设计压力 DESIGN PRESS. (MPaG)	0.25	管法兰与接管焊接标准 WELDING BETW. PIPE FLANGE AND PIPE	按相应法兰标准
腐蚀裕量 CORR. ALLOW. (mm)	1	无损检测 N.D.E 焊接接头类别 WELDED JOINT CATEGORY / 方法-检测率 EX. METHOD% / 标准-级别 STD-CLASS	
焊接接头系数 JOINT EFF.	0.85	A,B 容器 VESSEL	RT-%10 JB4730-Ⅲ
热处理 PWHT		C,D 容器 VESSEL	按规范
水压试验压力 卧试/立试(MPaG) HYDRO. TEST PRESS.	0.25	全容积 FULL CAPACITY (m^3)	
气密性试验压力 (MPaG) GAS LEAKAGE TEST PRESS.		基本风压 WIDE PRESSURE (N/m)	
保温层厚度/防火层厚度 (mm) INSULATION/FIRE PROTECTION	80/0	地震烈度 EARTHQUAKE	
表面防腐要求 REQUIREMENT FOR ANTI-CORROSION	筒体外表涂红丹两度	场土地类别/地震影响 SITE CLASS/EARTHQUAKE INFLUENCE	
其它 OTHER		管口方位 NOZZLE ORIENTATION	按F向视图

技术要求

1. 塔体直线度公差为2/1000塔高，总直线度公差为20mm。塔体安装垂直度公差为2/1000塔高，且不大于30mm。
2. 容器法兰密封面与筒体轴线应垂直，其公差为1mm。
3. 塔体在同一断面上的最大直径与最小直径之差小于或等于2mm。
4. 栅板应平整，安装后的平面度公差为2mm。
5. 件30液体分布器安装时平面度公差为3mm，其中心线与塔体中心线同轴度公差为3mm。
6. 本塔提馏段填料为瓷环，精馏段填料为陶瓷波纹。每盘高度为50mm，Φ380波纹为同一方向，安装时，盘与盘之间应使波纹方向错开90°。波纹填料与塔壁之间的间隙用石棉绳或玻璃棉填实。
7. 保温材料为玻璃棉。

符号	公称尺寸	公称压力	连接标准	法兰型式	连接面型式	用途和名称	设备中心线至法兰面距离
A	50	0.6	HG20592	PL	RF	残液出口	见图
TE_{1-2}	M27X2				螺纹	电阻温度计口	见图
H_{1-4}	250	0.6				手孔	见图
B	40	0.6	HG20592	PL	RF	进料口	见图
C	125	0.6	HG20592	PL	RF	气体出口	见图
TE	M27X2				螺纹	水银温度计口	见图
D	40	0.6	HG20592	PL	RF	回流口	见图
E	125	0.6	HG20592	PL	RF	气体进口	355

件号 PARTS NO.	图号或标准号 DWG. NO. OR STD. NO.	名称 PARTS NAME	数量 QTY.	材料 MAT'L	单 SINGLE	总 TOTAL	备注 REMARKS
38		接管Φ133X4 L=150	1	20		1.9	
37	Z-05-08	固定角钢 25X25X4	3	Q235A	0.09	0.27	
36	GB/T91-2000	开口销 8X45	3	Q235A	0.02	15.12	
35	GB/T6170-2015	螺母M12	8	Q235A	0.02	0.16	
34	GB/T5782-2016	螺栓M12X50	8	Q235A	0.06	0.48	
33	HG/T20592-2009	法兰PL125 (B) -0.6 RF	4	Q235A	4.08	16.32	
32		接管Φ133X4 L=195	1	20		2.5	
31	Z-05-07	温度计接头M27X2	2	Q235A	0.5	1	
30	Z-05-04	液体分布器	1			7.0	
29		塔节DN400 δ=4.5 H=444	1	Q235A		20	
28	GB/T6170-2015	螺母 M20	96	Q235A	0.6	5.76	
27	GB/T97.1-2002	垫圈 20	192	Q215-A	0.03	5.76	
26	GB/T5782-2016	螺栓M20X100	96	Q235A	0.09	8.64	
25		瓷环波纹填料 Φ380X50		陶瓷		250	
24		塔节DN400 δ=4.5 H=1263	1	Q235A	56	112	
23	Z-05-03	栅板Φ390 δ=3	5	Q235A	7	35	
22	NB/T47024-2012	垫片 400-1.0-XB350	12	石棉橡胶板			
21	Z-05-02	栅板托圈Φ535/Φ337 δ=14	5	Q235A	14.6	73	
20	NB/T47021-2012	法兰-RF400-1.0	12	Q235A	25.1	301.2	
19		塔节DN400 δ=4.5 H=513	1	Q235A		22	
18		接管Φ76X4 L=153	2	20	1.07	2.14	
17	HG/T20592-2009	法兰 PL65 (B) -0.6 RF	2	Q235A	1.85	3.7	
16	NB/T47024-2012	垫片 65-0.6 XB350	2	石棉橡胶板			
15	HG20601-2009	法兰盖PL65-0.6 RF	2	Q235A	2.45	4.9	
14	HG/T20592-2009	法兰 PL40 (B) -0.6 RF	2	Q235A	1.38	2.76	
13	Z-05-05	进料管Φ45X3.5	2	20	2.15	4.3	
12		堵板Φ36 δ=4	2	Q235A	0.02	0.04	
11		塔节DN400 δ=4.5 H=2328	1	Q235A		105	
10		瓷环填料 25X25X2.5	0.5m³	陶瓷		253	
9		塔节DN400 δ=4.5 H=2198	1	Q235A		100	
8	NB/T47065.3-2018	耳座B2-Ⅱ	2	Q235-A·F/Q235A	10	20	
7	JB/T4736-2002	补强圈 d_N250X6-D	4	Q235A	5.68	22.72	
6	HG/T21529-2014	手孔Ⅱ (A·G) 250	4		39.6	158.4	
5	Z-05-06	温度计接头 M27X2	1	Q235-A·F		0.5	
4		塔节DN400 δ=4.5 H=594	1	Q235A		27	
3	GB/T25198-2010	椭圆形封头 EHA400X6	2	Q235A	9.3	37.2	
2		接管Φ57X3.5 L=153	1	20		0.71	
1	HG/T20592-2009	法兰 PL50 (B) -0.6 RF	1	Q235A	1.51	3.02	

质量 MASS (kg)

设备净质量 NET MASS	(kg)	1604
其中 瓷环 PORCELAIN	(kg)	253
不锈钢 STAINLESS STEEL	(kg)	
钛材 TITANIUM	(kg)	
空质量 EMPTY MASS	(kg)	
操作质量 OPERATING MASS	(kg)	
盛水质量 MASS OF FULL WATER	(kg)	
最大可拆件重量 MAX. REMOV. PART MASS	(kg)	

压力容器设计许可证章

版次 REV	说明 DESCRIPTION	设计 PRE'D	校核 CHKD	审核 APPR	批准 AUTH'D	日期 DATE
0	装配图					

本图纸为工程公司财产，未经本许可不得转让给第三者或复制。

This drawing is the property of ENGINEERING CORP. unauthorized disclosure to any third party or duplication is not permitted.

工程公司 ENGINEERING CORP.	资质等级 Grade of qualification	甲级 Class A	证书编号 Certificate NO.
项目 PROJ.		图名 DRAWING NAME	瓷环波纹复式填料塔Φ400X9340装配图
装置/工区 UNIT & WORK AREA			T1002
上海 SHANGHAI	专业 SPEC 设备	比例 SCALE 1:10 第 张 共 张 of	图号 DRAWING NO. Z-05-01

13-4 参照下列说明，阅读指定的化工设备图，并完成题目。

二、2.5 m^3反应罐（图号：Z-06-01）

（一）工作状况

反应罐是将化工物料进行混合使之发生反应的一种常用设备。本设备工作时，氨水自管口I进入罐内，固体物料可从打开的旋柄快开人孔（件20）投入，浓硫酸从管口F进入，并通过浆式搅拌器（件7）充分混合。物料反应完成后，可由管口G通过压缩空气将料液从压料管C压出，必要时也可由底部的管口A排出。反应时所产生的热量则被流经夹套的冷却盐水带走。冷却盐水从管口B进入夹套内，从管口E流出。

（二）读图要求

1. 填空

（1）本设备的公称直径为______mm，公称容积为______m^3。容器内和夹套内的工作压力分别为______MPaG和______MPaG，工作温度分别为______℃和______℃。搅拌轴的转速为______r/min。

（2）管口I、G的周向方位在______视图上确定，两管口的夹角为__________。

（3）浆式搅拌器（件7）有______副，与搅拌轴的连接采用__________连接。

（4）管夹（件11）共有______只，各管夹间的间距为______mm，它与筒体（件9）之间的连接采用__________方式。

（5）本设备共采用了______种材料。

2. 简答题

（1）为表达本设备的结构形状和装配关系，本图采用了哪些视图？它们各采用了什么表达方法？

（2）上、下两只椭圆形封头（件5、件4）如何分别与筒体（件9）连接？

（3）压料管如何固定在罐内？

（4）椭圆形封头（件5）、法兰（件1）的规定标记是什么？规定标记中的各项分别表示什么含义？接管 $\phi 45 \times 3.5$ 中各项分别表示什么含义？

3. 画出表达管夹（件11）结构、形状的一组视图（尺寸不注）。

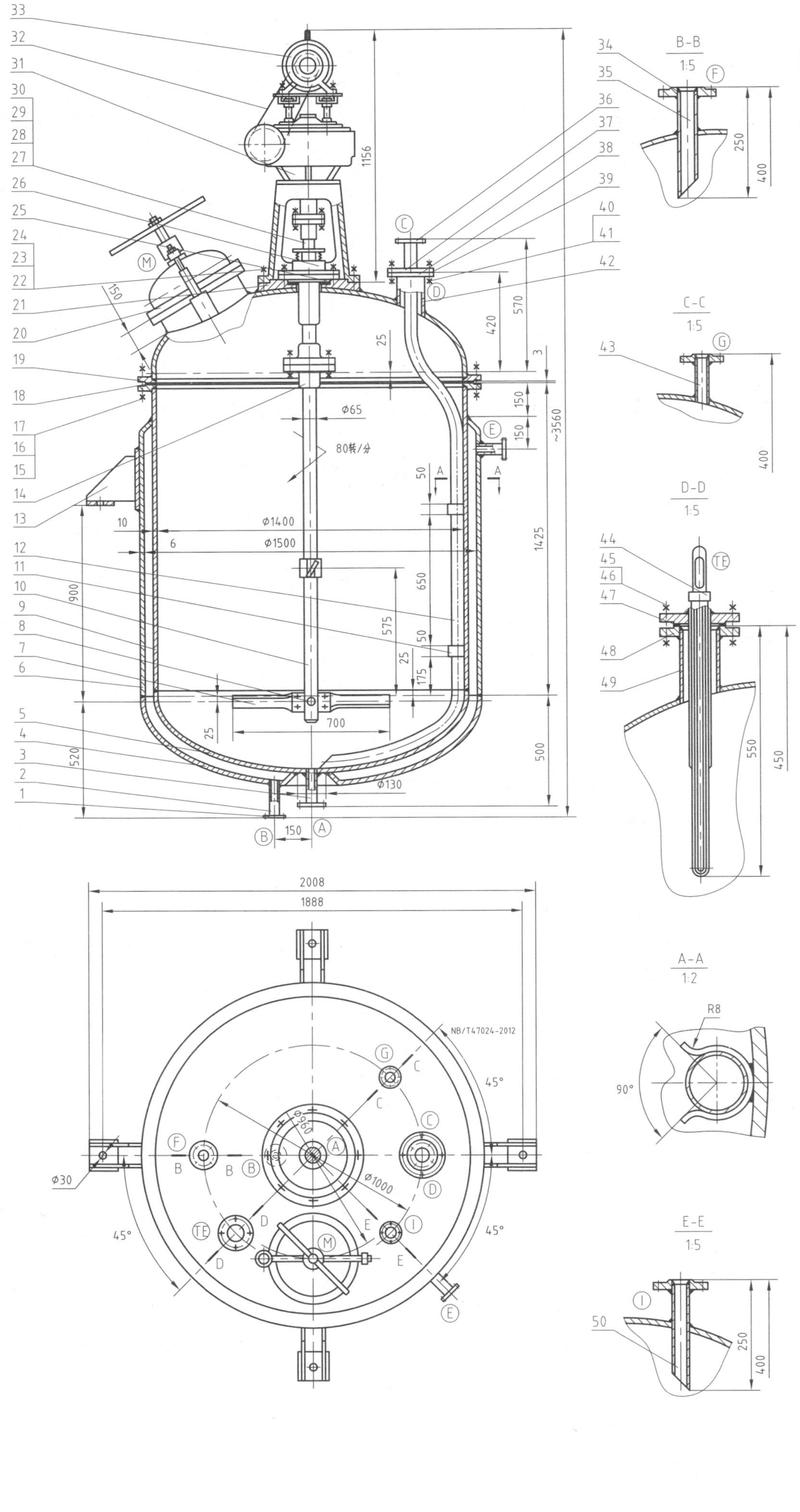

设计数据表 DESIGN SPECIFICATION							
规范 CODE	GB150.1~150.4-2011《压力容器》 《固定式压力容器安全技术监察规程》TSG21-2016						
	容器 VESSLE	夹套 JECKET	压力容器类别 PRESS VESSLE CLASS			I	
介质 FLUID	氨水，浓硫酸	冷却盐水	焊条型号 WELDING ROD TYPE			按NB/T47015-2011规定	
介质特性 FLUID PERFORMANCE			焊接规程 WELDING CODE			按NB/T47015-2011规定	
工作温度 (°C) WORKING TEMP.IN/OUT	100	100	焊缝结构 WELDING STRUCTURE			除注明外采用全焊透结构	
工作压力 (MPaG) WORKING PRESS.	0.2	0.3	除注明外角焊缝腰高 THICKNESS OF FILLET WELD EXCEPT NOTED			按较薄板厚度	
设计温度 (°C) DESIGN TEMP.	100	100	管法兰与接管焊接标准 WELDING BETW. PIPE FLANGE AND PIPE			按相应法兰标准	
设计压力 (MPaG) DESIGN PRESS.	0.25	0.4	无损检测 N.D.E	焊接接头类别 WELDED JOINT CATEGORY		方法-检测率 EX. METHOD%	标准-级别 STD-CLASS
腐蚀裕量 (mm) CORR. ALLOW.	2	2		A,B	容器 VESSLE	RT-%10	JB4730-Ⅲ
焊接接头系数 JOINT EFF.	0.85	0.85		C,D	夹套 JECKET	RT-%10	JB4730-Ⅲ
热处理 PWHT				A,B	容器 VESSLE		
水压试验压力卧试/立试 (MPa) HYDRO. TEST PRESS.	0.4	0.45		C,D	夹套 JECKET		
气密性试验压力 (MPaG) GAS LEAKAGE TEST PRESS.			全容积 (m^3) FULL CAPACITY			2.5	
加热面积 (m^2) TRANS SURFACE			搅拌器型式 AGITATOR TYPE			桨式	
保温层厚度/防火层厚度 (mm) INSULATION/FIRE PROTECTION	80	100	搅拌器转速 (rpm) AGITATOR SPEED			80	
表面防腐要求 REQUIREMENT FOR ANTI-CORROSION			电机功率/防爆等级 B.H.P/ENCLOSURE TYPE			4	
其他 OTHER			管口方位 NOZZLE ORIENTATION			按俯视图	

技术要求

1、设备制造完毕后，容器内水压试验合格后再焊夹套。
2、保温材料为矿渣棉。
3、件31系外购件，其中下联轴器及皮带轮的轴分别与件27及件33加工装配。
4、设备组装后，在搅拌轴上端密封处的径向摆动量不得大于0.5mm，搅拌轴下端摆动量不大于1.0mm。

管口表

符号	公称尺寸	公称压力	连接标准	法兰型式	连接面型式	用途和名称	设备中心线至法兰面距离
A	40	0.6	HG20592	PL	RF	出料口	见图
B	25	0.6	HG20592	PL	RF	冷盐水进口	见图
M	400					人孔	见图
C	50	0.6	HG20592	PL	RF	压料口	见图
D	100	0.6	HG20592	PL	RF	压料管套管	见图
E	25	0.6	HG20592	PL	RF	冷盐水出口	90
F	40	0.6	HG20592	PL	RF	浓硫酸进口	见图
G	25	0.6	HG20592	PL	RF	压缩空气管	见图
TE	65	0.6	HG20592	PL	RF	温度计管口	见图
I	25	0.6	HG20592	PL	RF	氨水进口	见图

件号 PARTS. NO.	图号或标准号 DWG. NO. OR STD. NO.	名称 PARTS. NAME	数量 QTY.	材料 MAT'L	单 SINGLE 质量 MASS (kg)	总 TOTAL	备注 REMARKS
34	HG/T20592-2009	法兰 PL40 (B) -0.6 RF	2	Q235A			
33		电动机$JO_2$41-4	1				
32		三角皮带B型 L=1250	3	橡胶			
31		蜗轮减速机M8	1	Q235A			
30	GB858-88	垫圈45	2	Q195-A			
29	GB812-88	圆螺母M45X1.5	2	Q235A			
28	GB1097-2003	键18X70	1	45			
27		搅拌器上轴	1	45			
26	通设-121-1/15	机械密封	1				
25		垫片Φ130/Φ62 δ=3	1	石棉橡胶板			
24	GB/T6170-2015	螺母M16	8	Q235A			
23	GB/T97.1-2002	垫圈16	8	Q195			
22	JB/T8007.4-1999	双头螺栓AM16X50	8	Q255			
21		垫铁	1	Q235-A·F			
20	通-104-3/18	旋柄快开人孔Dg400	1				
19	HG/T20592-2009	法兰-RF 1400-0.6	2	Q235A			
18	NB/T47024-2012	垫片1400-0.6	1	石棉橡胶板			
17	GB/T6170-2015	螺母M20	52	Q235A			
16	GB/T97.1-2002	垫圈20	52	Q195			
15	GB/T5782-2016	螺栓M20X95	52	Q255			
14	通25-1/1	刚性联轴器Dg65	1				
13	NB/T47065.3-2018	耳座B3-I	4	Q235-A·F/Q235A			
12		压料管Φ57X3.5 L=3000	1	10			
11		管夹 扁钢50X4X170	2	Q235-A·F			
10		搅拌器下轴	1	45			
9		筒体DN1400 δ=10 H=1350	1	Q235A			
8	GB/T1119.1-2000	圆柱销12X90	1	45			
7	HG5-220-65	浆式搅拌器	2				
6		夹套筒体DN1500 δ=6 H=1350	1	Q235A			
5	GB/T25198-2010	椭圆形封头EHA 1400X6	1	Q235A			
4	GB/T25198-2010	椭圆形封头EHA 1500X6	1	Q235A			
3		接管Φ45X3.5 L=155	1	10			
2		接管Φ32X3.5 L=155	2	10			
1	HG/T20592-2009	法兰 PL25 (B) -0.6 RF	4	Q235A			

50		接管Φ32X3.5 L=245	1	20	42		接管Φ108X4 L=155	1	20
49		接管Φ76X4 L=155	1	20	41	GB/T6170-2015	螺母M16	4	Q235A
48	HG/T20592-2009	法兰PL65 (B) -0.6 RF	1	Q235A	40	GB/T5782-2016	螺栓M16X65	4	Q235A
47	NB/T47024-2012	垫片 RF65-0.6 XB 350	1	石棉橡胶板	39	NB/T47024-2012	垫片 RF100-0.5 XB350	1	石棉橡胶板
46	GB/T6170-2015	螺母M16	4	Q235A	38	HG/T20592-2009	法兰PL100 (B) -0.6 RF	1	Q235A
45	GB/T5782-2016	螺栓M16X65	4	Q215A	37	HG20601-2009	法兰盖PL100-0.6 RF	1	Q235A
44		温度计	1		36	HG/T20592-2009	法兰PL50 (B) -0.6 RF	1	Q235A
43		接管Φ32X3.5 L=155	1	20	35		接管Φ45X3.5 L=245	1	Q235A

设备净质量 NET MASS (kg)		压力容器设计许可证章
其中 瓷环 PORCELAIN (kg)		
其中 不锈钢 STAINLESS STEEL (kg)		
其中 钛材 TITANIUM (kg)		
空质量 EMPTY MASS (kg)		
操作质量 OPERATING MASS (kg)		
盛水质量 MASS OF FULL WATER (kg)		
最大可拆件重量 MAX. REMOV. PART MASS (kg)		

版次 REV	说明 DESCRIPTION	设计 PRE'D	校核 CHKD	审核 APPR	批准 AUTH'D	日期 DATE
0	装配图					

本图纸为 工程公司财产，未经本许可不得转让给第三者或复制。
This drawing is the property of ENGINEERING CORP. unauthorized disclosure to any third party or duplication is not permitted.

工程公司 ENGINEERING CORP.		资质等级 Grade of qualification		甲级 Class A	证书编号 Certificate NO.		
项目 PROJ.		图名 DRAWING NAME		反应罐VN=2.5m^3装配图 R1002			
装置/工区 UNIT & WORK AREA							
上海 SHANGHAI	专业 SPEC 设备	比例 SCALE 1:10	第 张共 张 of	图号 DRAWING NO.	Z-06-01		

资料号	制图	日期
专业	签字	日期

三、浮头式换热器（图号：Z-07-01）

（一）工作状况

换热器是化工生产中通过物料间热量交换来达到加热或冷却目的的设备。浮头式换热器是换热器中常用的一种型式。将本设备用于冷却裂解油，本设备工作时，裂解油自管口B进入左端管箱的上半部，并通过上半部分列管（列管装在两管板——件7、件35之间）流至右端浮头处，再转流入下半部分列管，最后由左端管箱的下部管口A流出；冷却水自管口E进入筒体，在列管外经折流板（件21、件27）阻挡迂回流动，最后由管口C流出。经管内外热量交换，使管内裂解油冷却。

左端安装列管的管板（件7）固定在管箱和筒体的法兰（件8、件6）之间，而右端的管板（件35）采用可浮动的结构，这样可使列管在温度变化时能自由伸缩。

管口D为排污口。

（二）读图要求

1. 填空

（1）本设备的公称直径为______mm，换热面积为______m^2；共有______种零部件和______种接管口。

（2）本设备管程的工作压力为______MPaG，工作温度为______℃。

（3）固定管板（件7）上的列管孔有______个。连接拉杆用的螺孔有______个，螺孔的深度为______mm。

（4）拉杆有______种，各有______根。拉杆上套有的定距管有______种，各有______根。

（5）折流板有______种，共有______块，间距是______mm。

（6）列管有______根，它与管板（件7、件35）的连接采用______连接。拉杆（件23）与固定管板（件7）的连接采用______连接。

（7）吊环有______只，其装配方位在__________视图上确定。

（8）滑板有______块，滑板间的夹角为______。

2. 简答题

（1）本图采用了几个视图？它们各采用了什么表达方法？

（2）浮头部分的浮头管板（件35）、浮头法兰（件36）、浮头勾圈（件34）、球形盖（件40）是如何装配连接的？

（3）防冲板（件19）是如何装配连接的？

3. 画出表达折流板（件21）结构、形状的一组视图（尺寸不注）。

216

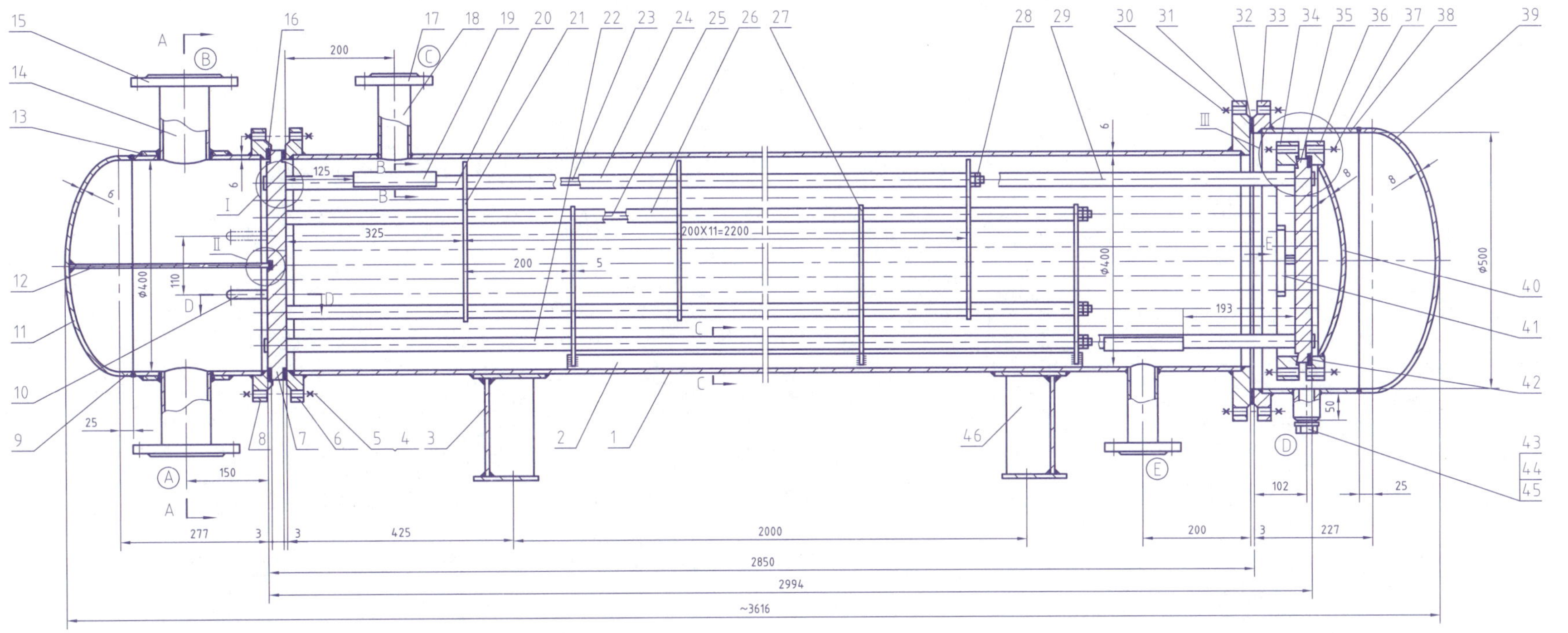

设 计 数 据 表 DESIGN SPECIFICATION

规范 CODE	GB/T151-2014《热交换器》 《固定式压力容器安全技术监察规程》TSG21-2016					
	壳程 SHELL	管程 TUBE	压力容器类别 PRESS VESSLE CLASS		Ⅰ类	
介质 FLUID	冷却水	裂解油	焊条型号 WELDING ROD TYPE		按NB/T47015-2011规定	
介质特性 FLUID PERFORMANCE			焊接规程 WELDING CODE		按NB/T47015-2011规定	
工作温度 (°C) WORKING TEMP.IN/OUT	32~42	135~140	焊缝结构 WELDING STRUCTURE		除注明外采用全焊透结构	
工作压力 (MPaG) WORKING PRESS.	0.3	0.8	除注明外角焊缝腰高 THICKNESS OF FILLET WELD EXCEPT NOTED		按较薄板厚度	
设计温度 (°C) DESIGN TEMP.	100	200	管法兰与接管焊接标准 WELDING BETW. PIPE FLANGE AND PIPE		按相应法兰标准	
设计压力 (MPaG) DESIGN PRESS.	0.6	1.0	管板与筒体连接应采用 CONNECTION OF TUBESHEET AND SHELL			
金属温度 (°C) MEAN METAL TEMP.			管板与管子连接 CONNECTION OF TUBE AND TUBESHEET		胀接	
腐蚀裕量 (mm) CORR. ALLOW.	1.0	1.0	无损检测 N.D.E	焊接接头类别 WELDED JOINT CATEGORY	方法-检测率 EX. METHOD%	标准-级别 STD-CLASS
焊接接头系数 JOINT EFF.	0.85	0.85	A,B	壳程 SHELL SIDE	RT-%10	JB4730-Ⅲ
程数 NUMBER OF PASS	1	2	A,B	管程 TUBE SIDE	RT-%10	JB4730-Ⅲ
热处理 PWHT	不需要	需要	C,D	壳程 SHEEL SIDE	按规范	
水压试验压力 卧试/立试(MPaG) HYDRO. TEST PRESS.	0.9	1.5	C,D	管程 TUBE SIDE	按规范	
气密性试验压力 (MPaG) GAS LEAKAGE TEST PRESS.			管板密封面与壳体轴线垂直度公差 (mm) VERTICAL TOLERANCE OF TUBESHEET SEALING SURFACE AND SHELL AXIS		1	
保温层厚度/放火层厚度 (mm) INSULATION/FIRE PROTECTION						
换热面积(外径) (m^2) TRANS SURFACE(O.D.)	15		其它 OTHER			
表面防腐要求 REQUIREMENT FOR ANTI-CORROSION	外表涂红丹、灰漆各一度		管口方位 NOZZLE ORIENTATION		按A-A剖视图	

管 口 表

符号	公称尺寸	公称压力	连接标准	法兰型式	连接面型式	用途和名称	设备中心线至法兰面距离
A	80	1.0	HG20592	PL	突面	裂解油出口	350
B	80	1.0	HG20592	PL	突面	裂解油进口	350
C	50	0.6	HG20592	PL	突面	冷却水出口	350
D	1"	1.6	TH3037-59		螺纹	排污口	见图
E	50	0.6	HG20592	PL	突面	冷却水进口	350

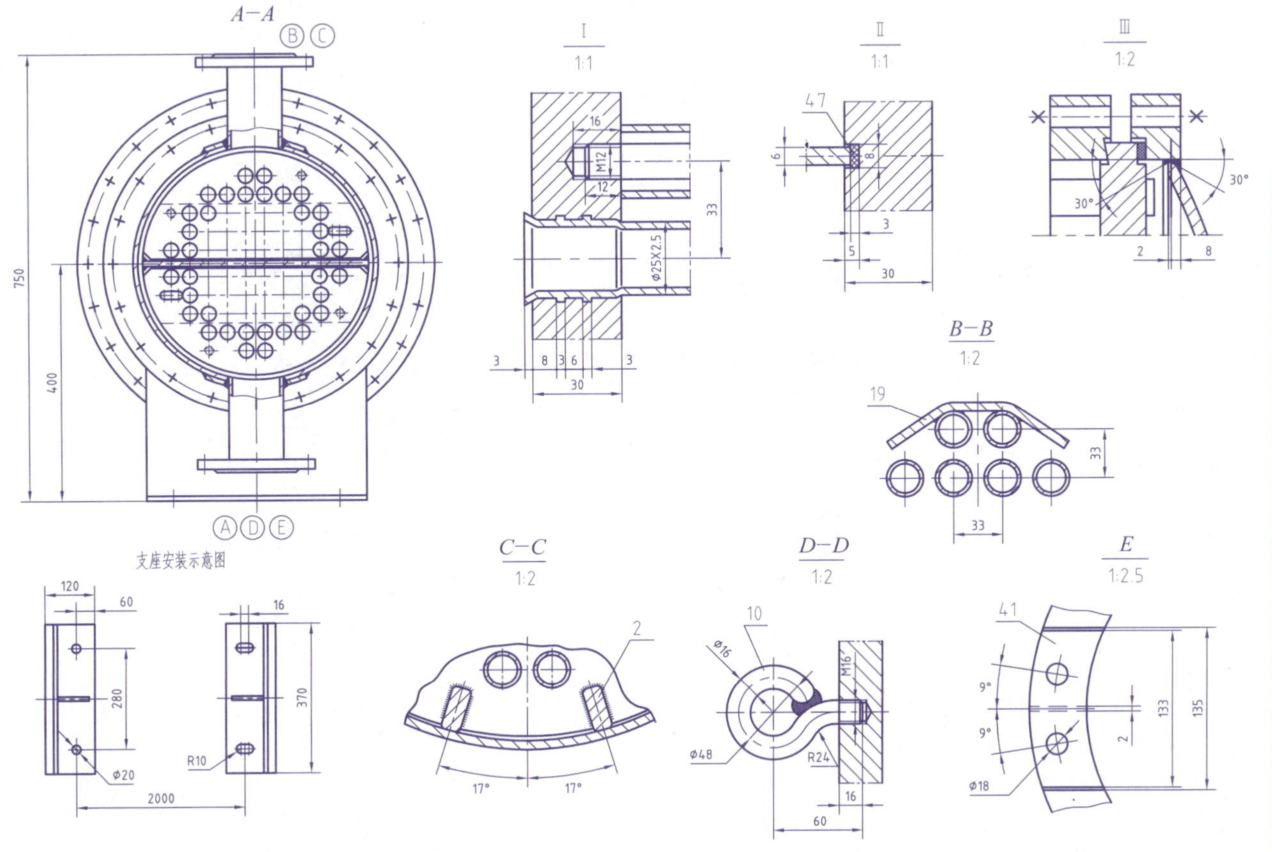

件号 PARTS. NO.	图号或标准号 DWG. NO. OR STD. NO.	名称 PARTS. NAME	数量 QTY.	材料 MAT'L	单 SINGLE 质量 MASS (kg)	总 TOTAL 质量 MASS (kg)	备注 REMARKS
47		垫片 δ=3	1	耐油石棉橡胶板			
46	NB/T47065.1-2018	鞍座BⅠ400-S	1	Q235-A.F/Q235-A		11.7	
45	JB/T1700-2008	螺塞M25	1	Q235A		0.32	
44		垫片φ45Xφ32 δ=3	1	耐油石棉橡胶板			
43	TH3037-59	凸缘P_g16D_g25(1")	1	Q235A		0.54	
42		垫片φ368/φ364 δ=3	1	耐油石棉橡胶板			
41		连接板 δ=20	2	Q235A	0.3	0.6	
40		球形盖PN1.0 DN400	1	Q235A		6.3	
39	GB/T25198-2010	封头EHA 500X8	1	Q235A		19.6	
38		筒节DN500 H=185	1	Q235A		11.1	
37	NB/T47027-2012	等长双头螺柱M16X130	20	Q235A	0.173	3.46	
36		浮头法兰 δ=30	1	Q235A		13.5	
35		浮头管板 δ=30	1	Q235A		18.8	
34		浮头勾圈 δ=45	2	Q235A		20	
33	JB/T4701-2000	外头盖法兰 RF500-0.6	1	Q235A		22.7	
32	NB/T47024-2012	垫片 500-0.6	1	耐油石棉橡胶板			
31		筒体右法兰 δ=25	1	Q235A		29.8	
30	NB/T47027-2012	等长双头螺柱M16X100	24	Q235A	0.133	3.19	
29		列管φ25X2.5 L=3000	68	20	4.2	286	
28	GB/T6170-2015	螺母M12	8	Q235A	0.016	0.13	
27		折流板 δ=5	6	Q235A	2.52	15.2	
26		定距管φφ25X2.5 L=195	22	20	0.27	6	
25		拉杆 φ12 L=2575	3	Q235A	2.28	6.84	
24		定距管φ25X2.5 L=395	10	20	0.55	5.5	
23		拉杆 φ12 L=2375	1	Q235A		2.1	
22		定距管φ25X2.5 L=525	1	20		0.73	
21		折流板 δ=5	6	Q235A	2.52	15.2	
20		定距管φ25X2.5 L=325	3	20	0.45	1.35	
19		防冲板 δ=6	2	Q235A	1	2	
18		接管φ57X3.5 L=153	2	20	0.69	1.38	
17	HG/T20592-2009	法兰PL50 (B) -1.0 RF	2	Q235A	1.51	3.02	
16	JB/T4704-2000	垫片400-1.0	2	耐油石棉橡胶板			
15	HG/T20592-2009	法兰PL50 (B) -0.6 RF	2	Q235A	20	7.18	
14		接管φ89X4 L=150	2	20	1.26	2.56	
13	JB/T4736-2002	补强圈d_N80X6-D	2	Q235A	0.88	1.76	
12		隔板 δ=4	1	Q235A		6.7	
11	GB/T25198-2010	封头EHA 400X6	1	Q235A		9.7	
10		吊环φ16	2	Q235A	0.28	0.56	
9		筒节DN400 δ=6 H=235	1	Q235A		14.1	
8		管箱法兰 FM-400-1.0	1	Q235A		18.8	
7		固定管板 δ=30	1	Q235A		25	
6	NB/T47021-2012	筒体左法兰RF-400-1.0	1	Q235A		19.7	
5	GB/T6170-2015	螺母M16	128	Q235A	0.034	4.35	
4	NB/T47027-2012	等长双头螺柱M16X110	20	Q235A	0.147	2.94	
3	NB/T47065.1-2018	鞍座BⅠ400- F	1	Q235-A.F/Q235A		11.7	
2		滑板30X12X2200	2	Q235A	5.7	11.4	
1		筒体DN400 δ=6 H=2830	1	Q235A		220	

设备净质量 NET MASS (kg)		864	压力容器设计许可证章
其中	瓷环 PORCELAIN (kg)		
	不锈钢 STAINLESS STEEL (kg)		
	钛材 TITANIUM (kg)		
空质量 EMPTY MASS (kg)			
操作质量 OPERATING MASS (kg)			
盛水质量 MASS OF FULL WATER (kg)			
最大可拆件重量 MAX. REMOV. PART MASS (kg)			

版次 REV	说明 DESCRIPTION	设计 PRE'D	校核 CHKD	审核 APPR	批准 AUTH'D	日期 DATE
0	装配图					

工程公司 ENGINEERING CORP.		资质等级 Grade of qualification	甲级 Class A	证书编号 Certificate NO.	
项目 PROJ.		图名 DRAWING NAME	浮头式换热器F=15m^2装配图 E1002		
装置/工区 UNIT & WORK AREA					
上海 SHANGHAI	专业 SPEC 设备	比例 SCALE 1:5	第 张共 张 of	图号 DRAWING NO.	Z-07-01

14-1　阅读第 87 页所附的工艺管道及仪表流程图，并回答下列问题。

1. 工艺管道及仪表流程图一般含有哪些内容？

____

____

____

____

____

____

____

2. 工艺管道及仪表流程图采用__________的比例绘制。其图幅一般采用______幅面。

3. 工艺管道及仪表流程图中的设备、机器用______线绘制。绘制时，图中各设备、机器的位置要便于__________，其相互间物料关系密切者（如高位槽中的液体自流入贮槽、液体由泵送入塔顶等）的相对高低位置要与__________相吻合。

4. 在工艺管道及仪表流程图中，对设备（机器）应标注设备位号和____________，在设备的______或______，要求排列整齐，并尽可能______设备。例如本图中的设备位号“V1002”，其中“V”表示______，“10”表示______________，“02”表示__________。

5. 在工艺管道及仪表流程图中，主物料管道用______线绘制，其他物料管道用______线绘制，仪表管道用______线绘制。

6. 在工艺管道及仪表流程图中要标注管道组合号。管道组合号由________、________、________、________、________和________六个部分组成。标注时，对横向管道注于管道的________方，对竖向管道注于管道的________方。例如，本图中的“PL1002–76 × 4”即管道组合号，其中“PL”表示__________，“10”表示__________，“02”表示__________，“76 × 4”表示__________。

7. 在工艺管道及仪表流程图中，管道上的阀门、管件和管道附件按规定的图形符号用______线绘制。写出本图中下列符号对应的名称：—◑— ______________，—⋈— ______________。

8. 在工艺管道及仪表流程图中，检测仪表用圆圈表示，其直径为______mm，线型为______线。圆圈中注上被测变量代号、仪表功能代号、工序号和顺序号。本图中代号 P、T、R、C 和 I 分别表示______、______、______、______和______。

9. 从本图中可读出该工段有______台设备（机器）。来自 P1001 的工艺液体（经管道 PL1001–76 × 4E）和来自 V1001 的工艺气体（经管道______________）一起进入 T1001 氧化塔。来自 V1008 的低压蒸汽经管道______________进入塔内换热器，与上述的工艺液体和工艺气体换热后，经管道______________排出。物料在塔内换热器的加热过程中进行化学反应，由塔顶经管道______________进入______________。

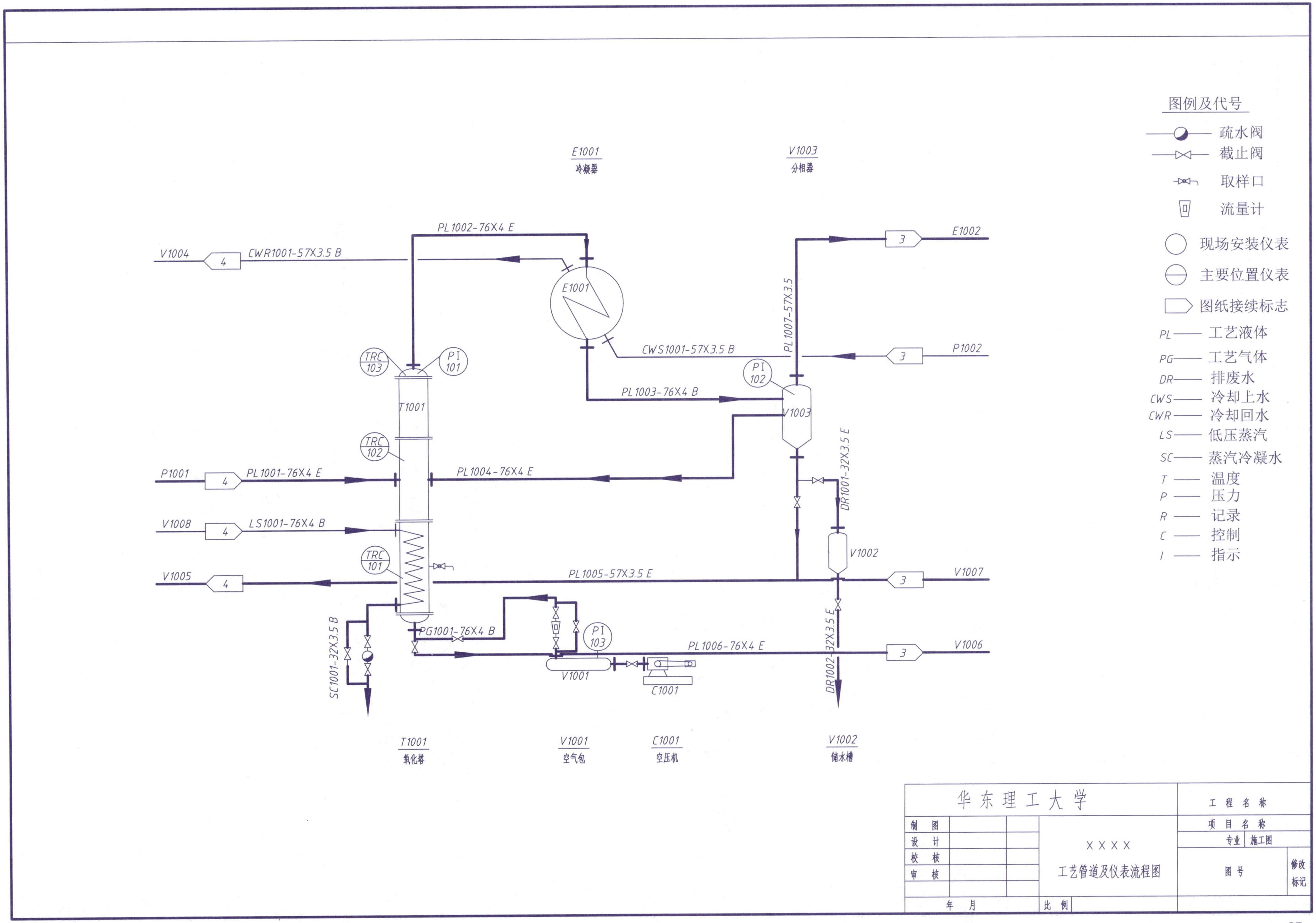
图例及代号
疏水阀
截止阀
取样口
流量计
现场安装仪表
主要位置仪表
图纸接续标志
PL—— 工艺液体
PG—— 工艺气体
DR—— 排废水
CWS—— 冷却上水
CWR—— 冷却回水
LS—— 低压蒸汽
SC—— 蒸汽冷凝水
T —— 温度
P —— 压力
R —— 记录
C —— 控制
I —— 指示
E1001 冷凝器
V1003 分相器
T1001 氧化塔
V1001 空气包
C1001 空压机
V1002 储水槽
PL1002-76X4 E
CWR1001-57X3.5 B
PL1007-57X3.5
CWS1001-57X3.5 B
PL1003-76X4 B
PL1001-76X4 E
PL1004-76X4 E
LS1001-76X4 B
PL1005-57X3.5 E
PG1001-76X4 B
PL1006-76X4 E
DR1001-32X3.5 E
DR1002-32X3.5 E
SC1001-32X3.5 B
V1004
P1001
V1008
V1005
E1002
P1002
V1007
V1006
TRC 103
PI 101
TRC 102
TRC 101
PI 102
PI 103
华东理工大学
制图
设计
校核
审核
年 月
比例
XXXX
工艺管道及仪表流程图
工程名称
项目名称
专业 施工图
图号
修改标记

14–2 参照下面的平面图和A–A剖视图，回答下列问题，并画出B–B剖视图。

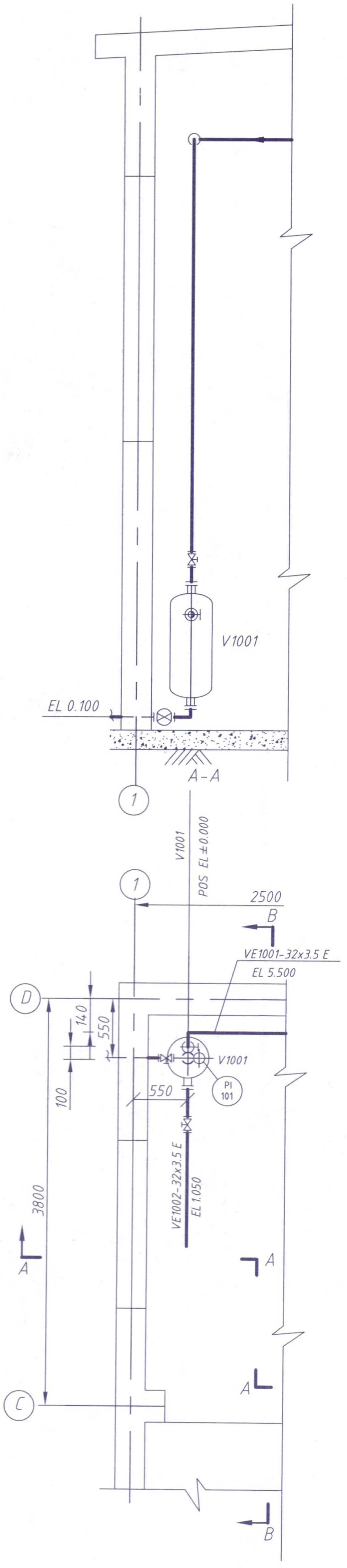

1. 管道布置图一般含有哪些内容？

____

____

____

____

____

____

____

____

____

2. 在管道布置图中，设备（机器）和建（构）筑物均用______线绘制。对于建（构）筑物及构件，应根据设备布置图按比例画出______、______、______、______、______、______、______、______、______等结构，与管道布置无关的内容可适当地简化；按设备布置图标注______和______。

3. 在管道布置图中，公称通径（DN）大于等于400 mm或16英寸的管道用__________线表示，小于等于350 mm或14英寸的管道用______线表示。

4. 在管道布置图中，管道上的阀门、管件、管道附件按规定的图形符号用______线绘制。阀门的____________及____________在图上一般应予表示。

5. 在管道布置图中，应标注设备的位号和定位尺寸。例如，本图中的“$\frac{\text{V1001}}{\text{POS EL} \pm 0.000}$”表示了设备的位号和高度方向的定位尺寸，其中“V1001”表示____________，“POS EL ± 0.000”表示______________。

14-3　已知管道的平面图和正立面图，补画左立面图。

219

220

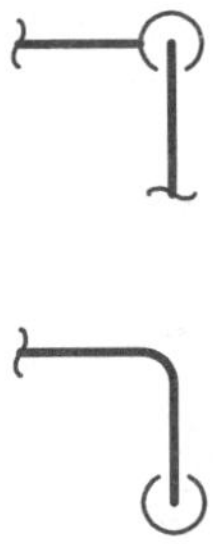

221

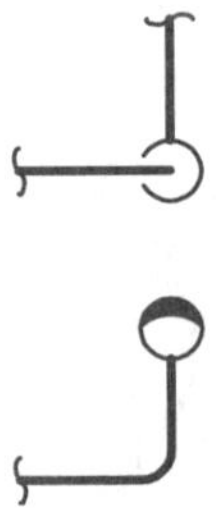

222

223

224

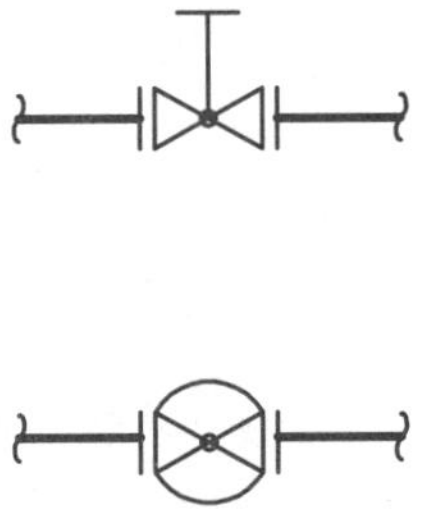

225

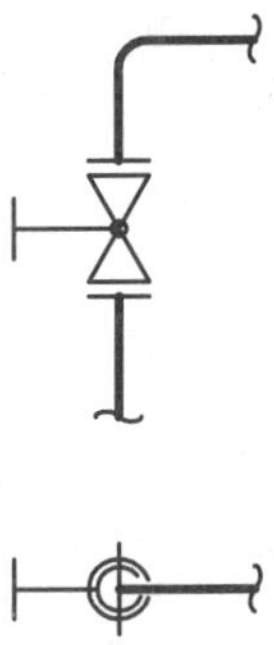

226

14-4　已知管道的平面图和正立面图，补画左立面图。

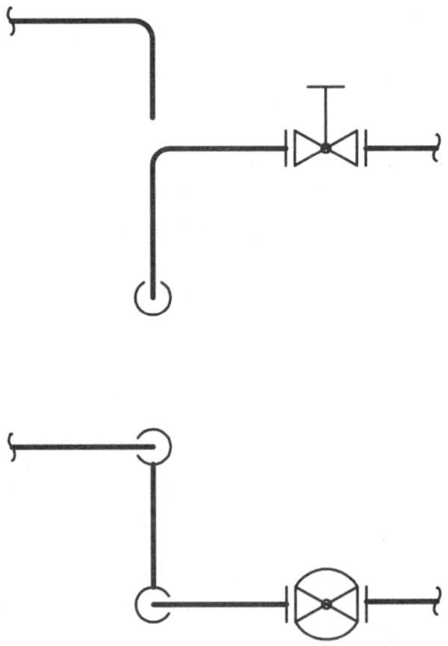

227

14-5　根据管道的投影图，画出管道的轴测图。

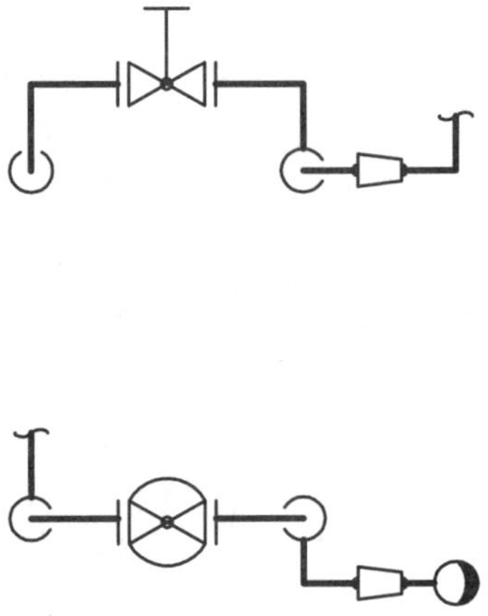

228

15-1　上机作业一：AutoCAD基本操作。

(一)目的要求：

1. 掌握进入和退出AutoCAD的基本方法，熟悉用户界面。
2. 学会新建图形、绘制简单图形的操作，掌握坐标及数据的输入方法。
3. 掌握打开工具栏的方法，打开“对象捕捉”工具栏，同时学会利用栅格绘制图形。
4. 掌握图形文件存盘和打开的方法。

(二)作业内容：

1. 绘制下图所示图形。

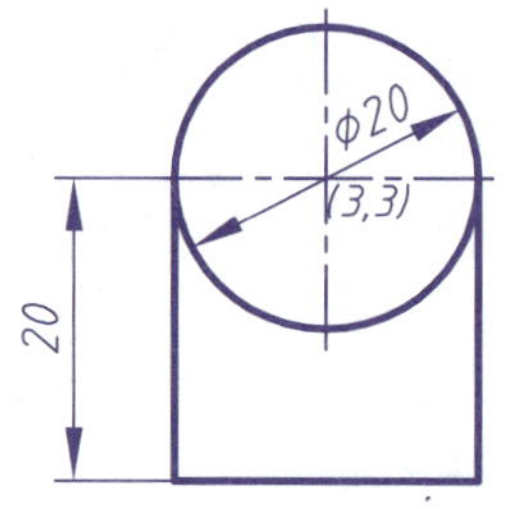

2. 设置图形的捕捉栅格，绘制下图所示图形。

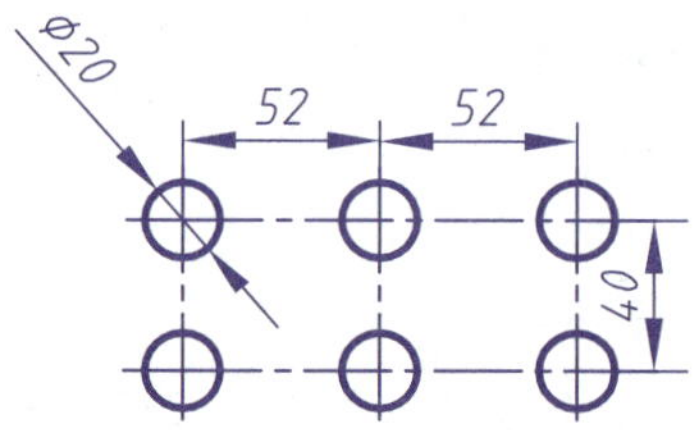

3. 利用点的相对直角坐标和相对极坐标，绘制下图所示图形。

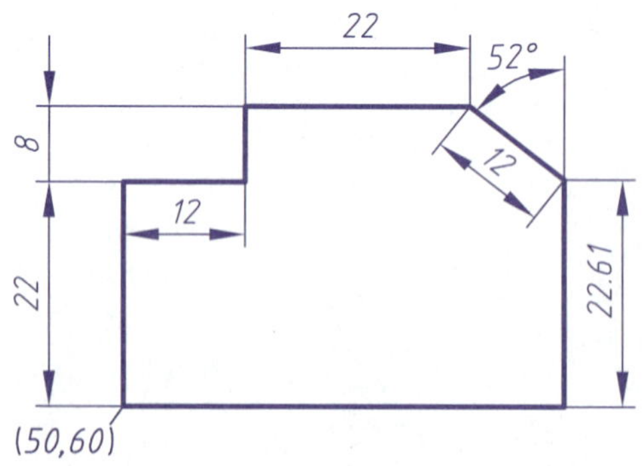

15-2　上机作业二：基本绘图。

(一)目的要求：

1. 掌握设定AutoCAD图形界限的方法。
2. 掌握绘制AutoCAD图形的基本绘图命令。
3. 能运用对象捕捉定点工具精确绘制图形。

(二)作业内容：

1. 设置图形界限为(60,40)，绘制下面左图所示图形。

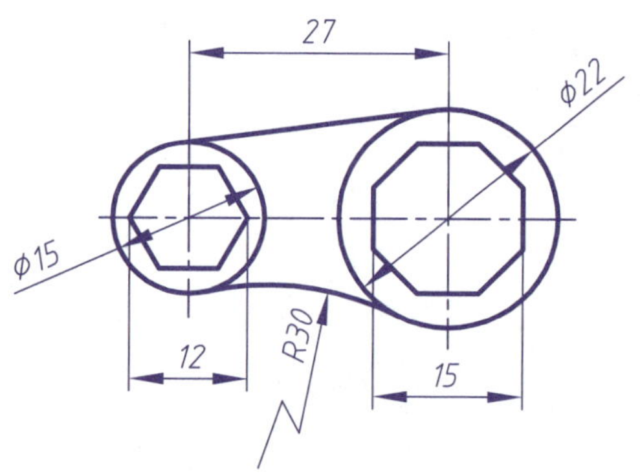

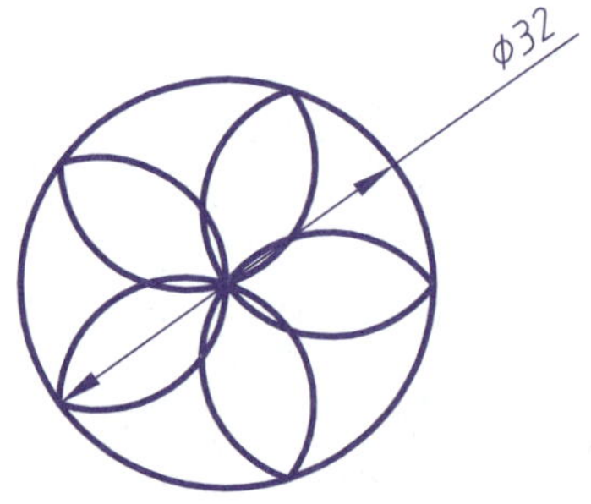

2. 新建一个文件，运用对象捕捉，绘制上面右图所示的花瓣图形。
3. 绘制下面左图所示的图形，其中圆弧用Pline命令绘制(尺寸自定)。

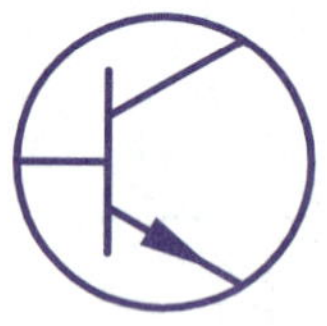

4. 绘制上面右图所示的三极管图案，其中箭头用Pline命令绘制(尺寸自定)。

15-3　上机作业三：图层设置。

（一）目的要求：

1. 掌握设置图层的方法。
2. 养成按照图层绘制不同属性对象的画图习惯。
3. 学会利用图层管理图形。

（二）作业内容：

1. 新建图形并根据下表设置图层。

层名	颜色	线型	用途
0	白	Continous	图框
粗实线	白	Continous	可见轮廓线
点画线	蓝绿	Center2	对称中心线、回转轴线
虚线	黄	Hidden2	不可见轮廓线
细实线	红	Continous	剖面线、波浪线等
尺寸	蓝	Continous	尺寸标注

2. 在设置好图层的图形文件中绘制下面图形，注意不同线型对象应绘制在与其对应的图层上，并设定线型比例LTSCALE=0.5。

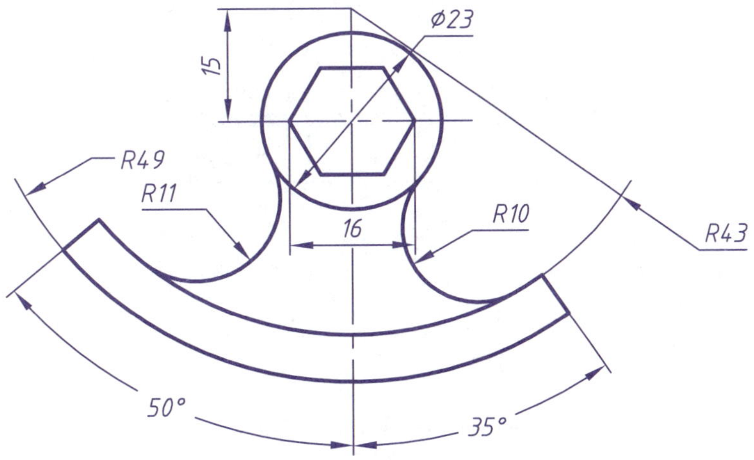

15-4　上机作业四：图形的编辑操作。

（一）目的要求：

1. 掌握AutoCAD各种图形编辑命令的功能和用法。
2. 了解选择图形对象的多种方法。

（二）作业内容：

1. 应用如Erase、Copy、Move、Rotate等编辑命令对上机作业三中所绘制的图形进行编辑。
2. 编辑图形时注意比较各种选择对象的方法，如：
需要点或窗口（W）/上一个（L）/窗交（C）/框（BOX）/全部（ALL）/栏选（F）/圈围（WP）/圈交（CP）/编组（G）/添加（A）/删除（R）/多个（M）/前一个（P）/放弃（U）/自动（AU）/单个（SI）
3. 使用绘图命令和编辑命令绘制下图所示图形。

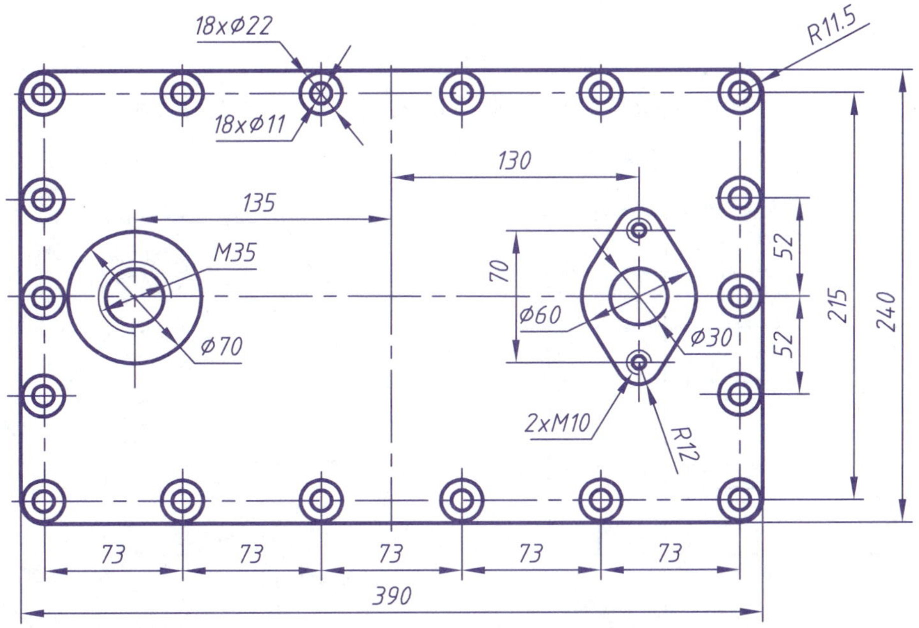

4. 用阵列命令将上机作业二中练习3的图形排列为下图所示图案。

15-5　上机作业五：图案填充。

（一）目的要求：

1. 掌握填充图案和绘制剖面线的方法。
2. 了解编辑图案填充的操作。

（二）作业内容：

1. 绘制下图所示图形。

2. 绘制下图所示图形，要求按照轮廓线、剖面线、中心线等分别设置图层。

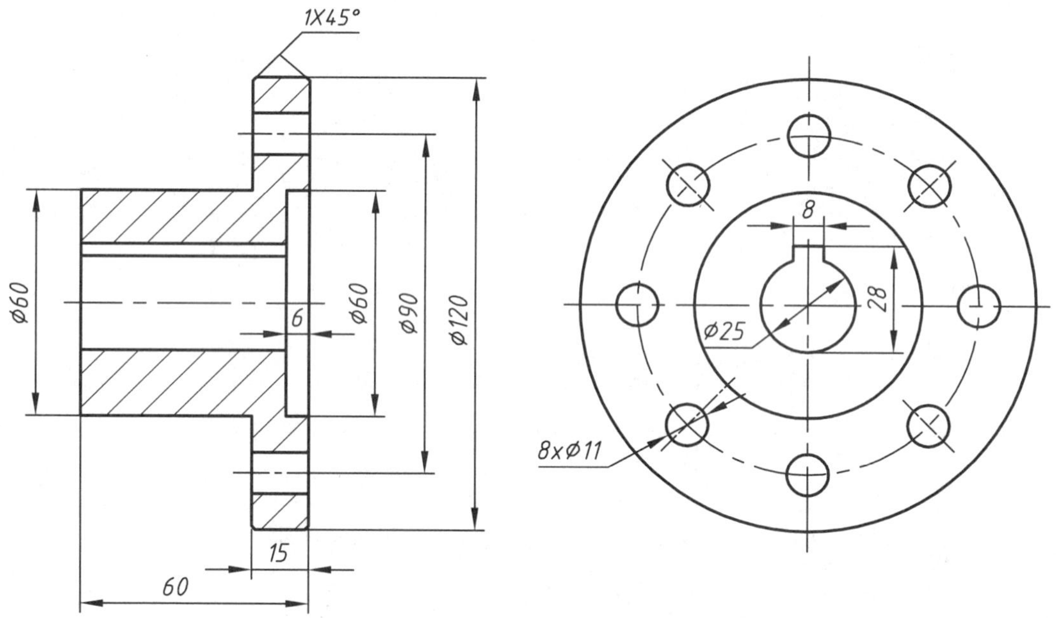

3. 使用不同的填充图案和填充比例修改上图中的剖面线。

15-6　上机作业六：文本注写。

（一）目的要求：

1. 掌握在AutoCAD图形中注写文字和设定文字样式的方法。
2. 掌握各种特殊符号的输入方法。

（二）作业内容：

绘制下图所示图形，设定图幅为A4，注意技术要求的注写和标题栏的绘制，标题栏的具体尺寸参考教材。

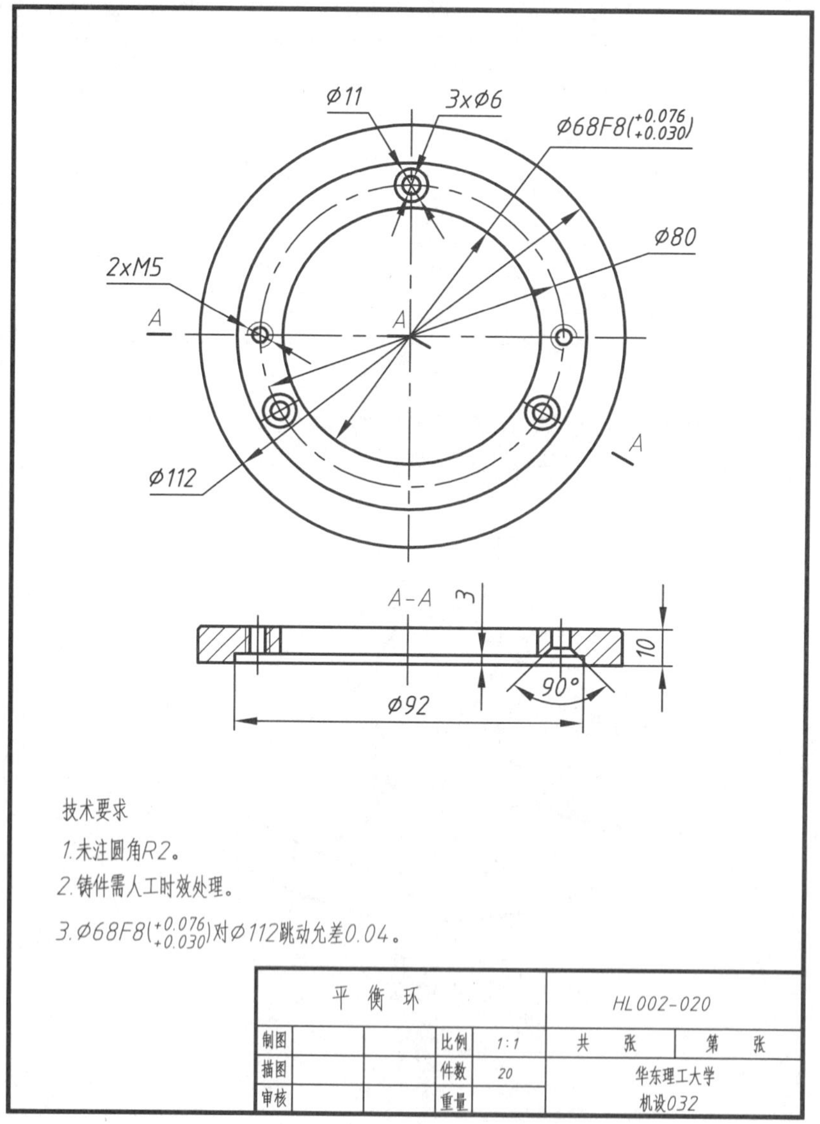

15-7　上机作业七：尺寸标注。

（一）目的要求：

1. 掌握标注尺寸的各种命令。
2. 学会新建自己的尺寸样式，能运用多种尺寸样式进行尺寸标注。
3. 掌握对尺寸样式的管理，能对样式不合适的尺寸进行修改，并会标注尺寸公差和形位公差。

（二）作业内容：

1. 绘制下图所示图形，并标注尺寸。

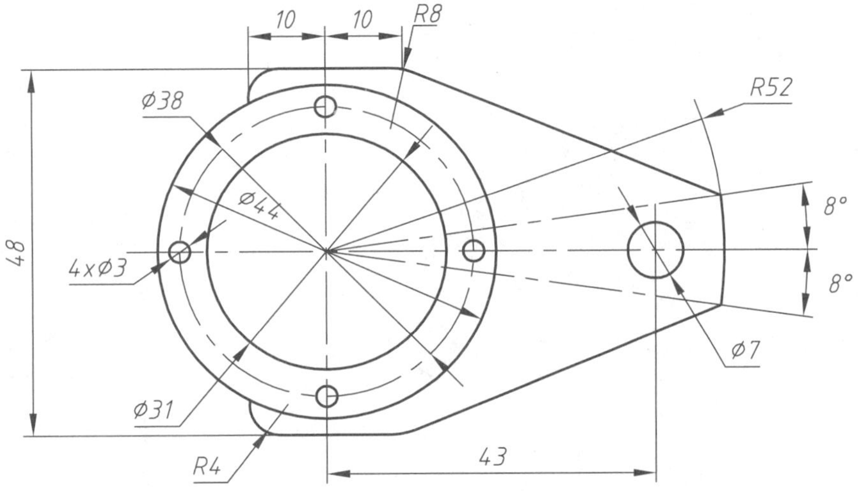

2. 绘制下图所示柱塞的图形，并标注尺寸。

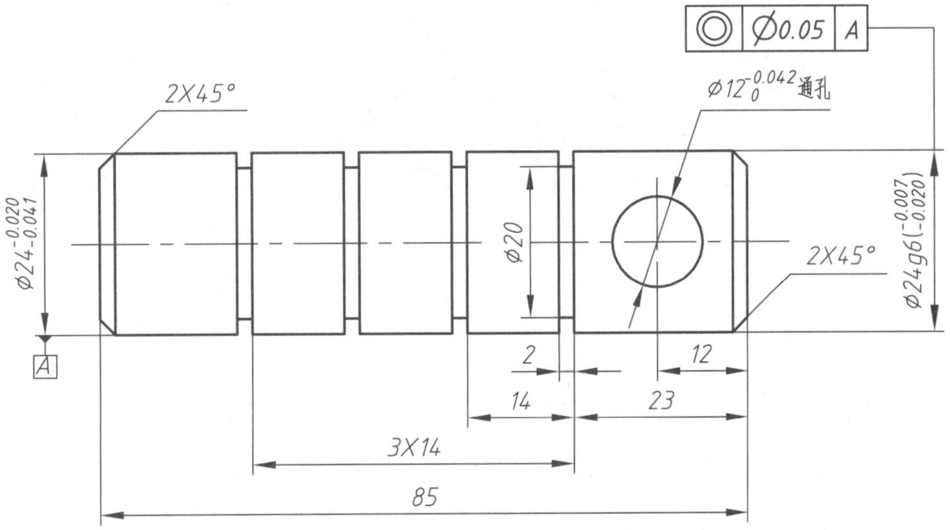

15-8　上机作业八：图块的应用。

（一）目的要求：

1. 了解图块的概念和图块的定义方法。
2. 掌握插入图块的操作步骤。

（二）作业内容：

1. 绘制右图所示表面粗糙度符号。

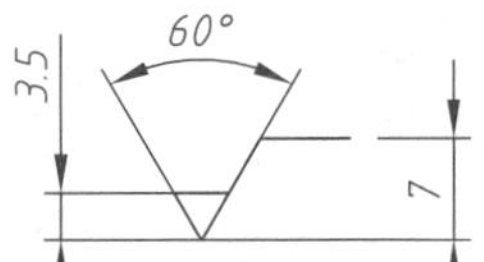

2. 参照 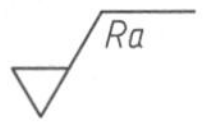 给上面绘制的表面粗糙度符号附加属性，属性包括：

标记：Ra　提示值：请输入表面粗糙度数值　（默认）值：1.6

3. 将表面粗糙度符号及其属性一起生成“粗糙度”图块。

4. 绘制下图所示平衡盘的图形，并将上面制作的“粗糙度”图块插入该图形中。

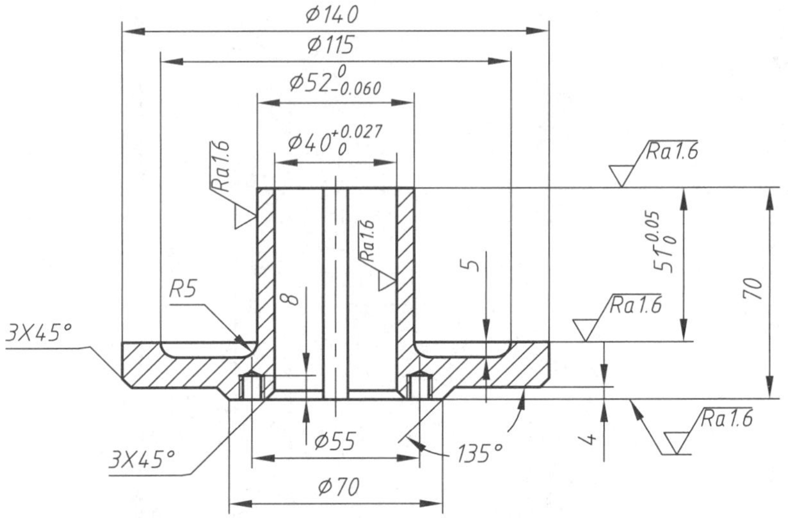

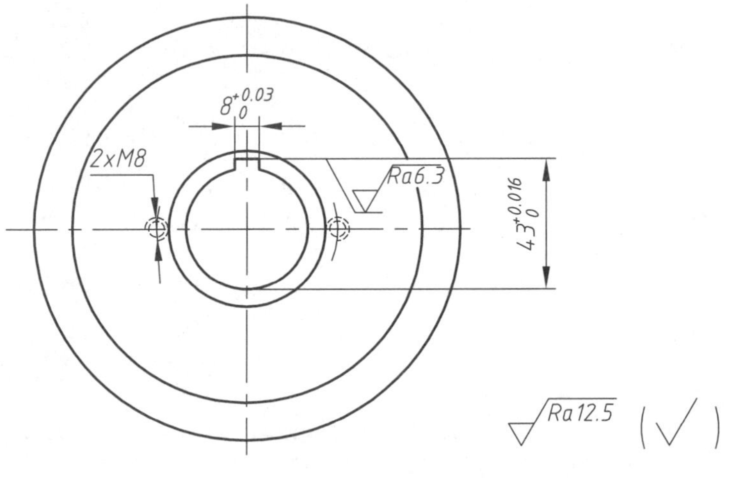

(一)目的要求：

能综合运用各种相关知识绘制复杂的图形。

(二)作业内容：

1. 作图范围为A3纸，按1:1的比例绘制下图所示缸盖的零件图。2. 合理设置图层，设定符合国家标准规定的文字样式和尺寸样式，并绘制图框和标题栏。

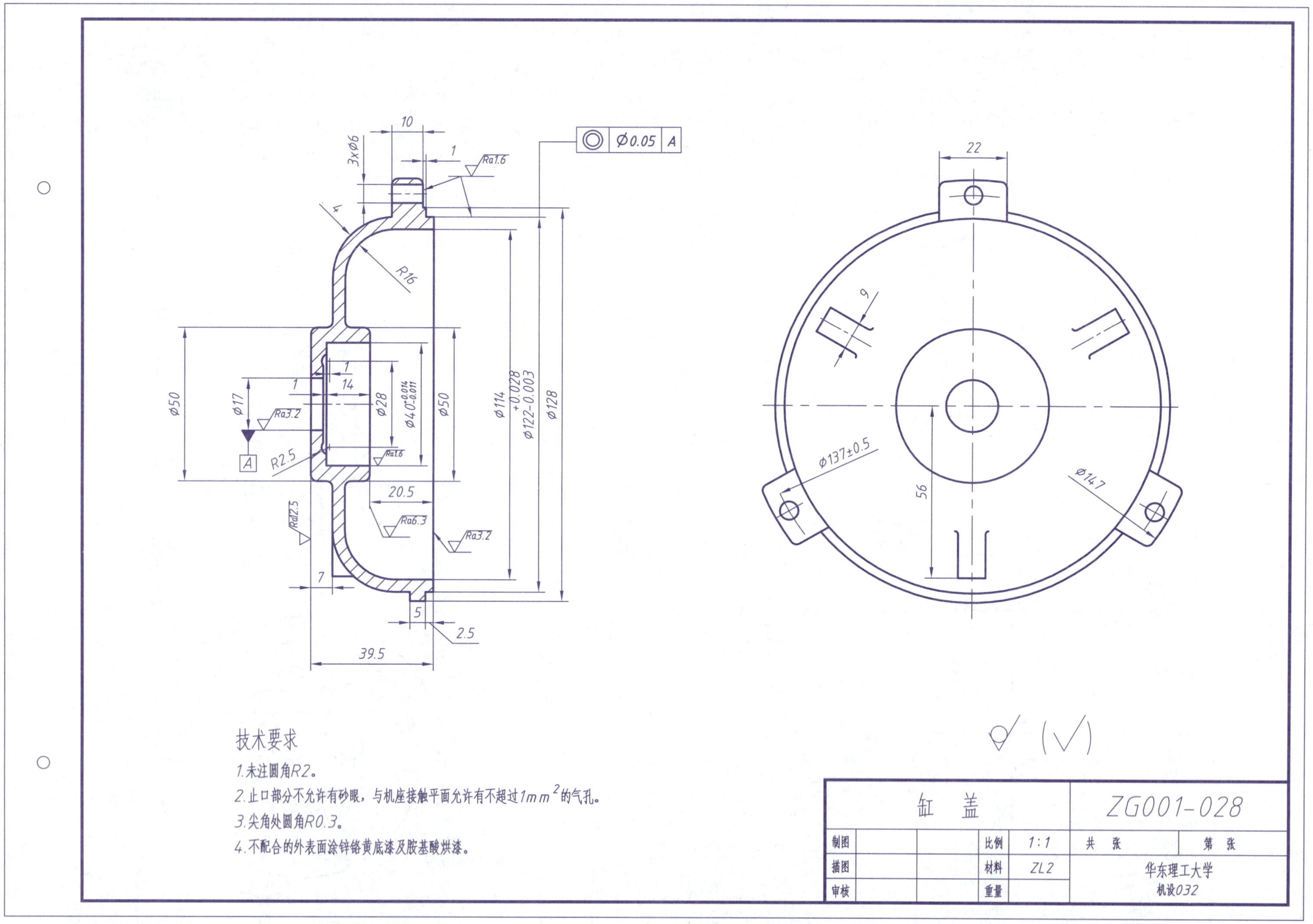

15-10 上机作业十：根据明细栏和管口表查得有关化工设备零部件的尺寸，绘制下图所示化工设备。

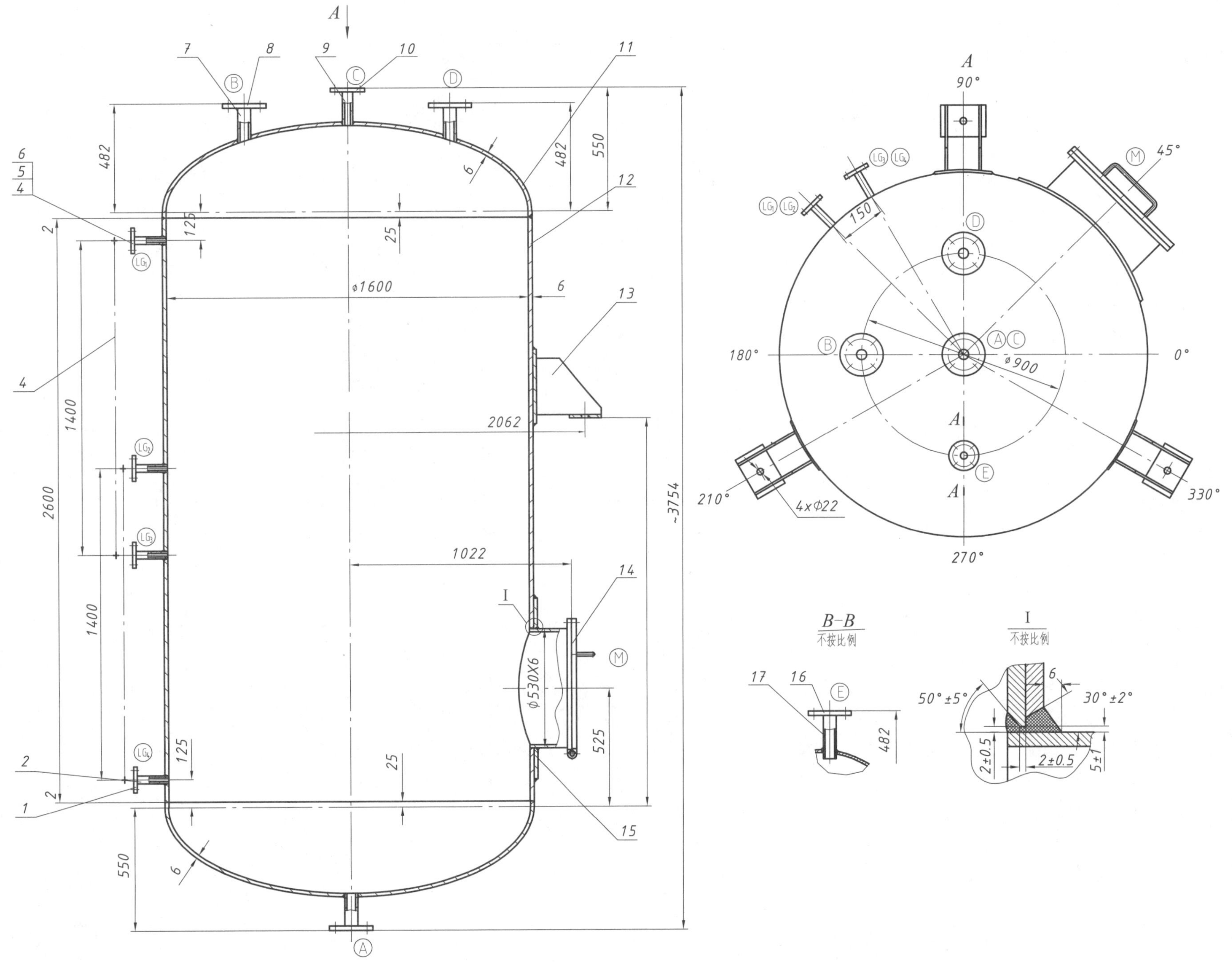

238

管口表							
符号	公称尺寸	公称压力	连接标准	法兰型式	连接面型式	用途和名称	设备中心线至法兰面距离
A	50	0.6	HG20593	PL	RF	出料口	见图
$LG_{1\sim2}$	20	0.6	HGJ46-91	PL	RF	液面计口	1056
B	50	0.6	HG20593	PL	RF	进料口	见图
C	40	0.6	HG20593	PL	RF	放空口	见图
D	50	0.6	HG20593	PL	RF	备用口	见图
E	25	0.6	HG20593	PL	RF	备用口	见图
M	400	0.6				人孔	见图

17	GB8163-87	接管 ϕ32X3.5 L=153	1	20		0.41	
16	HG20593-97	法兰PL25(B)-0.6RF	1	Q235-A		0.73	
15	JB/T4736-2002	补强圈 d_N500X6-D	1	Q235-A		15.6	
14	HG21516-95	人孔 Ⅲ(A·G)A500-0.6	1			130	
13	JB/T4725-92	耳座B4	3	Q235-A.F/Q235-A	15.7	47.1	
12		筒体DN1600δ=6 H=2600	1	Q235-A		616	
11	JB/T4746-2002	椭圆形封头 EHA1600X6	2	Q235-A	133.4	266.8	
10	HG20593-97	法兰PL40(B)-0.6RF	1	Q235-A		1.38	
9	GB8163-87	接管 ϕ45X3.5 L=153	1	20		0.54	
8	HG20593-97	法兰PL50(B)-0.6RF	3	Q235-A	1.51	4.53	
7		接管 ϕ57X3.5 L=153	3	20	0.71	2.13	
6	HGJ69-91	垫片 RF20-2.5	4	石棉橡胶板			
5	GB6170-86	螺母 M12	16	Q235-A	0.016	0.26	
4	GB5782-86	螺栓 M12X55	16	Q235-B	0.06	0.96	
3	HG21592-95	液面计 AG1.6-IW 1200	2		10.5	21	
2		接管ϕ25X3.5 L=153	4	20	0.25	1	
1	HGJ46-91	法兰20-2.5	4	Q235-A	0.94	3.76	
件号 PARTS. NO.	图号或标准号 DWG. NO. OR STD. NO.	名称 PARTS. NAME	数量 QTY.	材料 MAT'L	单 SINGLE 质量 MASS(kg)	总 TOTAL 质量 MASS(kg)	备注 REMARKS

X X X X X X 工程公司 ENGINEERING CORP.				资质等级 Grade of qualification	甲级 Class A	证书编号 Certificate NO.		
项目 PROJ.				图名 DRAWING NAME	贮槽VN=6.3 m^3装配图 V1001			
装置/工区 UNIT & WORK AREA								
上海 SHANGHAI	专业 SPEC	设备	比例 SCALE	1 :10	第 1 张共 1 张 of	图号 DRAWING NO.		

15-11 上机作业十一：绘制箱体的零件图。

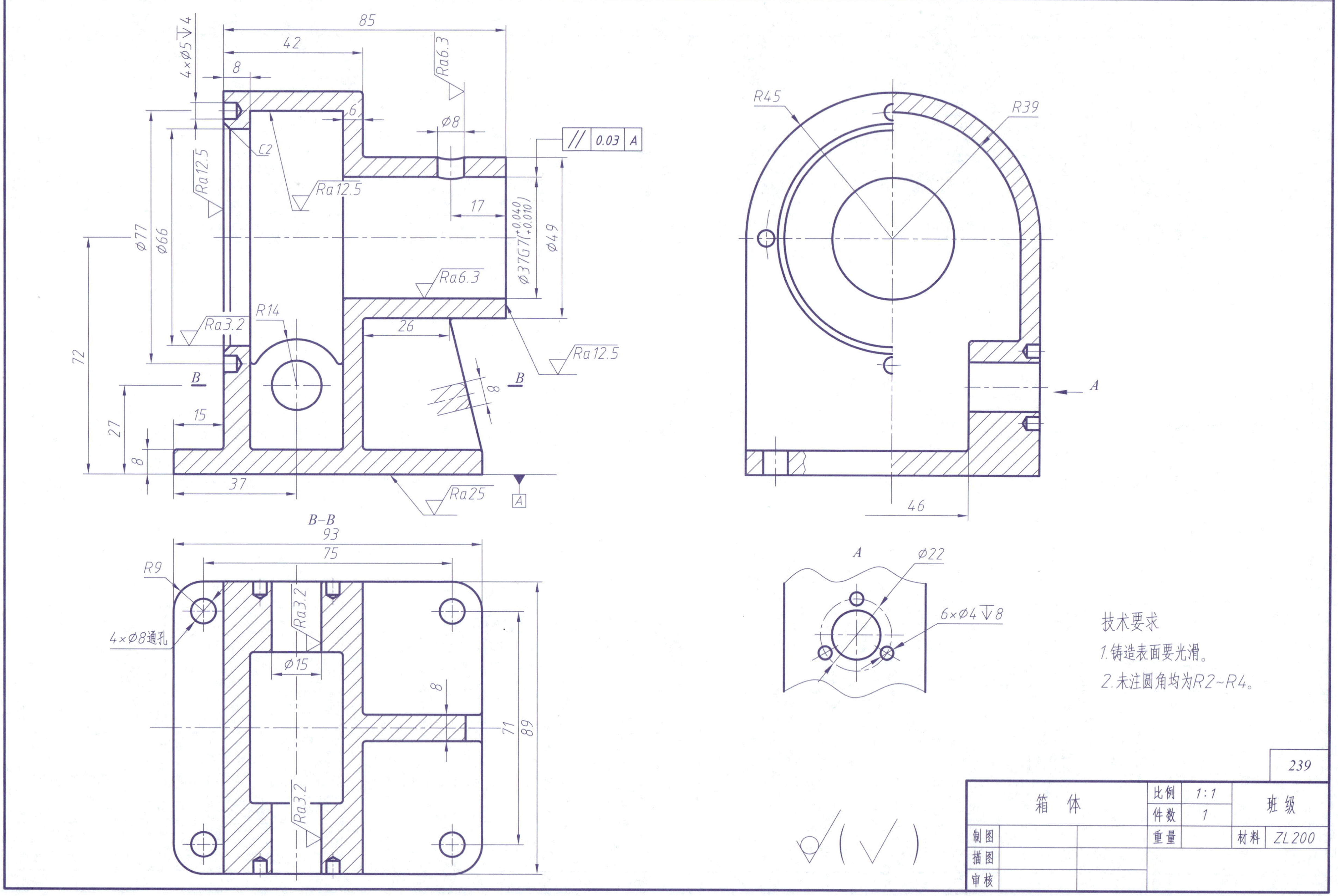